Diotima's Children

German Aesthetic Rationalism
from Leibniz to Lessing

狄奥提玛的孩子们

——从莱布尼茨到莱辛的
德国审美理性主义

[美] 弗里德里克·C.拜泽尔◎著

张红军◎译

人民出版社

策划编辑：刘海静

责任编辑：刘海静

责任校对：吕　飞

图书在版编目（CIP）数据

狄奥提玛的孩子们：从莱布尼茨到莱辛的德国审美理性主义 /

　〔美〕弗里德里克·C. 拜泽尔 著；张红军译 . —北京：人民出版社，2019.5

（2022.6 重印）

ISBN 978 - 7 - 01 - 020603 - 5

I.①狄…　II.①弗…②张…　III.①美学理论 - 研究 - 德国 - 近代

　IV.① B83-095.16

中国版本图书馆 CIP 数据核字（2019）第 055054 号

出版外国图书合同登记：01-2018-8585

狄奥提玛的孩子们

DI'AOTIMA DE HAIZI MEN

——从莱布尼茨到莱辛的德国审美理性主义

〔美〕弗里德里克·C.拜泽尔　著

人民出版社 出版发行

（100706　北京市东城区隆福寺街 99 号）

北京汇林印务有限公司印刷　新华书店经销

2019 年 5 月第 1 版　2022 年 6 月北京第 2 次印刷

开本：710 毫米 ×1000 毫米 1/16　印张：24

字数：365 千字

ISBN 978 - 7 - 01 - 020603 - 5　定价：85.00 元

邮购地址 100706　北京市东城区隆福寺街 99 号

人民东方图书销售中心　电话（010）65250042　65289539

中译者

序言

　　曾在美国哈佛大学、耶鲁大学、宾夕法尼亚大学和锡拉丘兹大学任教的弗里德里克·C.拜泽尔（Frederick C. Beiser，1949—　）教授先生，是英语国家中德国现代思想研究领域的领军人物，曾于 1994 年获"古根海姆奖"、2015 年获"德意志联邦共和国成就勋章"。拜泽尔的德国研究著述颇丰，包括《理性的命运：从康德到费希特的德国哲学》《启蒙、革命与浪漫主义：现代德国政治思想的起源（1790—1800）》《德国唯心主义：与主观主义的斗争（1781—1801）》《浪漫派的命令：早期德国浪漫主义的概念》《作为哲学家的席勒：一种重新考察》《狄奥提玛的孩子们——从莱布尼茨到莱辛的德国审美理性主义》《德国历史主义传统》《黑格尔之后：德国哲学（1840—1900）》《新康德主义的缘起（1796—1880）》和《厌世：德国哲学中的悲观主义》等，而且每一部著作都有较高的学术影响力。比如，关于《狄奥提玛的孩子们——从莱布尼茨到莱辛的德国审美理性主义》，英国《哲学史杂志》就给出了如此评价："本书是对康德、黑格尔以来已经定型和正典化的德国美学和哲学史的彻底重写。不过，它的富有挑战性的观点，来自对被长期忽

1

视的前康德思想家们的仔细重读，来自从最初激发这些思想家思考的那些问题出发重新理解他们的尝试。关于从莱布尼茨到康德的德国美学和哲学，该书是当前我们能够找到的信息量最大、综合性最强的一本，它最终会替代贝克（Lewis White Beck）的《康德与他的前辈们》。"

《狄奥提玛的孩子们——从莱布尼茨到莱辛的德国审美理性主义》一书初版于2009年。在导论部分，作者首先指出，建基于莱布尼茨、开端于沃尔夫而完成于莱辛的德国审美理性主义运动，曾经取得过巨大的文化成就：它树立了文学批评的标准，建立了现代艺术史，开创了美学学科，还启发了德国文学传统的形成，使得德国文化能够和英国、法国一样跻身于欧洲伟大思想文化之列。但是，经由康德、尼采和后现代主义的批判，这一运动所取得的思想成就似乎已经变得完全过时。在理性主义传统被弃之不顾的今天，18世纪的德国审美理性主义，就像那个时代特有的卷毛假发一样，显得非常可笑。

审美理性主义真的已经完全过时？拜泽尔认为，要想回答这个问题，我们还必须首先思考什么是审美理性主义，审美理性主义与启蒙运动的关系，以及拒绝了审美理性主义传统的西方现代美学正面临着何种困境等问题。正如拜泽尔所言，启蒙运动的基本原则，就是理性主宰一切，就是让所有的人类信仰和行动接受理性的批判。于是，和宗教、道德与政治一样，艺术也必然成为理性批判和控制的主题，而德国审美理性主义就是为理性在艺术领域的统治权作辩护的运动，因此是整个启蒙运动的一部分。德国审美理性主义的祖父无疑应该是莱布尼茨。从莱布尼茨开始，审美理性主义主张一种完善美学（aesthetics of perfection），后者的核心命题包括：美学的核心概念和主题应该是美（beauty），而美存在于对完善（perfection）的感知中；完善就是和谐（harmony），就是多样性的统一（unity in variety），就是理性秩序在客观事物中的表现，它可以被抽象成为若干规则；美（beauty）和真（truth）、善（goodness）是同一个东西即完善的不同侧面，美感、真理感和道德感，都相关于完善、相关于事物的秩序；个体的审美判断是一种理性活动，因为它可以在客体自身的完善中找到决定判断真假的理由；个体的快乐的审美经验（the pleasure of aesthetic experience）是一种认识状态，是对完善的直觉，而非纯粹的个人偏好或趣味；批评家的审美批评和艺术家的审美生产都由规则所主宰，而哲学家的目标，就是发现和系统化这些规则。

如果说以沃尔夫、高特谢德为代表的德国审美理性主义是启蒙运动的正午时分，那么从 1750 年开始，以鲍姆加登、温克尔曼、门德尔松和莱辛为代表的德国审美理性主义，已经认识到理性正在遭遇越来越严重的挑战，尤其是来自美学领域的挑战。正如拜泽尔所言，德国的启蒙者们（Aufklärer）开始发现，"比起宗教神秘主义或宗教正统，美学对启蒙运动造成的威胁更为严重；因为正是在自然人性的经验领域而非超越它的超自然领域之中，潜藏着非理性的力量。"[1] 这就是说，美学在其自身发展过程中发现，很多难以解释的审美经验似乎完全无关于对完善的感知，从而也超越了理性的批判和规定。这些审美经验，包括"难以描述之物（Je ne sais quoi）""崇高""新奇而令人惊讶之物""悲剧""天才"等，它们似乎都在揭示这样一个事实，即人性中存在一种非理性的力量，而理性无法认识、规定和主宰这种力量。对这种非理性力量的崇信，在狂飙突进运动中达到了一个巅峰。德国启蒙者们意识到，如果承认这样一种力量的存在，就意味着理性权威地位的丧失，而理性权威的丧失，意味着启蒙运动的彻底失败。于是，他们开始调整自己的完善美学，努力用这种美学的基本原则来解释那些看似难以解释的审美经验。比如，鲍姆加登主张审美活动根本上是认识活动，审美快乐存在于对完善的感知中，并且主张区分知性的集约的清晰性和感性的广延的清晰性，认为前者可以认识抽象的理智事物，后者可以认识具体的"难以描述之物"；温克尔曼把美理解为多样性的统一，理解为复杂的单纯，把崇高理解为美的

---

[1] Frederick C. Beiser, *Diotima's Children: German Aesthetic Rationalism from Leibniz to Lessing*, New York: Oxford University Press Inc., 2009, p.24.

一种形式，理解为单纯的完成与显现；门德尔松把崇高理解为具有非凡程度的完善，而非完善的缺席，认为悲剧性快乐相关于对遭遇不幸者的美德即完善的钦佩；莱辛把天才理解为对规则的无意识依赖，把天才的灵感解释为一种直觉理性。

莱辛逝世于1781年。1790年，康德的《判断力批判》出版，正是这本书，终结了审美理性主义者们的所有努力。康德几乎放弃了完善美学的所有基本原则：他宣称趣味判断完全独立于完善概念，坚称美不可能完全只存在于规律性之中，主张不可能存在一个客观的趣味原则，又把审美判断和认识判断、道德判断相区分，把美和真、善相区分。他虽然还认定美学的核心概念和主题是美，但又认为崇高和美是彼此独立而平等的两个概念。康德理性主义批判的关键前提，是认为快乐的感受是非认识性的，这使得审美判断变成纯粹主观性的，使美不再是对象的客观属性，使理性主义者对趣味原则的寻求变得毫无意义，让完善概念在审美判断中失去用武之地。康德之后，尼采的《悲剧的诞生》进一步打击了审美理性主义。尼采认为，"审美苏格拉底主义"——它是尼采为审美理性主义量身打造的概念，主张美必须是认知性的，主张幸福的关键在于美德，主张我们通过知识获得美德——的致命缺陷在于忽视了酒神精神的非理性能量，而审美快乐的更为有力的源泉，正来自这种生命背后的本能力量。尼采之后，后现代主义的艺术概念给了审美理性主义最后一击。后现代美学认为，艺术的概念不同于可感知的内容。艺术作品的同一性，要么在启发它的理论中发现（如亚瑟·丹托），要么在支持它的机构中发现（如乔治·狄基），要么在传播它的文化传统中发现（如诺艾·卡罗）。艺术作品之为艺术作品，已经与其可感知的特质毫不相干，这完全否定了审美理性主义对审美对象的可感知的完善的强调，从而彻底否定了审美理性主义传统。

然而，后现代美学为此付出了巨大代价：审美不再有任何内容，任何东西，甚至包括汤罐头和小便池，都可以成为艺术作品；美与真、善分离，这导致非理性主义、无政府主义、主观主义和个人主义的盛行，导致道德秩序的颠覆；最后，启蒙运动所构想的光明世界重新陷入混沌，理性划出的边界重新被打破，理性辛辛苦苦建构的现代性城堡，最终成为一片废墟。

如何走出这一困境？拜泽尔在该书前言开宗明义："这项研究来自一种确信，即美学前进的唯一方向，就是回到起点。为了消除当前的困境，我们必须恢复康德之前的美学传统，尤其是从莱布尼茨到莱辛的审美理性主义传统，这一传统连着早期现代和古典的过去。对这一传统的适当研究，可以教会我们懂得美在生活中的重要性，美与真、善之间存在的密切关联，规则的必要性、趣味的重要性和审美经验的认识维度。"① 当然，拜泽尔并非主张完全复原审美理性主义，而是主张坚持与发展审美理性主义的基本原则，而这些基本原则，早已存在于柏拉图《会饮篇》中狄奥提玛给出的教义里。狄奥提玛强调所有的欲望都是不同形式的爱，而爱总是指向永恒和完善之物，因而总是一种原理性或前理性的动力，而不是非理性的冲动；强调爱之所以能够被引向永恒之物和完善之物，靠的正是美这一手段。于是，美总是相关于爱，相关于永恒与完善之物，相关于真、善，相关于和谐，相关于感性与理性的统一。由此，拜泽尔指出，当代美学要想走出自身困境，就必须重新聆听狄奥提玛的教义及其哺育的审美理性主义传统，让美学重新与美相关，让美重新与真、善相关，让审美活动重新以完善或和谐为目标，让艺术重新实现内容与形式的统一。

那么，拜泽尔的观点对当代中国美学的建设有何助益？毋庸置疑，当代中国美学虽然还一直延续着"五四"启蒙运动的梦想，致力于通过建设审美现代性来促进启蒙现代性的发展，但也受到了来自西方现代和后现代非理性主义思想的严重冲击。因此，当代中国美学是继续坚守审美现代性建设的初心，还是转向西方后现代美学的非理性道路，绝不是一个无关紧要的问题。

---

① Frederik C. Beiser, *Diotima's Children: German Aesthetic Rationalism from Leibniz to Lessing*, New York: Oxford University Press Inc., 2009, p.vi.

拜泽尔的这本书，无疑会有助于我们思考这个问题。

本书原著中有不少德文、法文和拉丁文等，译者为此请教了四川大学的贺念师兄及其同人，在此一并致以谢忱。译文虽经反复斟酌，但肯定还有不少欠妥之处，对此译者承担全部责任。

张红军

2018 年于洛阳师范学院

这项研究来自一种确信，即美学前进的唯一方向，就是回到起点。为了消除当前的困境，我们必须恢复康德之前的美学传统，尤其是从莱布尼茨到莱辛的审美理性主义传统，这一传统连着早期现代和古典的过去。对这一传统的适当研究，可以教会我们懂得美在生活中的重要性，美与真、善之间存在的密切关联，规则的必要性、趣味的重要性和审美经验的认识维度。然而，所有这些教义都被康德拒绝了，而且是在草率的争论和有限的趣味基础上。当代美学都依赖于康德的观点，但为此付出了巨大的代价：审美不再有内容。任何东西，甚至包括汤罐头和小便池，都成了艺术作品。

我并不主张完全复兴理性主义美学，而只是主张重新考察它的核心主题。尽管新古典主义时代已经一去不复返，但它的基本观点依然具有重要价值。即使有人要拒绝它们，至少也得清楚为什么要这样做。这意味着我们需要重构理性主义传统的思想基础。这些基础比许多人所猜疑的要牢固得多。归根结底，它们依赖于两个不可动摇的支柱：充足理由律和狄奥提玛的权威。

尽管本研究涉及当代美学，但它主要应被视为对于历史学的贡献。我尝试勾勒了从莱布尼茨到莱辛的德国理性主义传统的大致轮廓。尽管有许多人已经关注了一些个别的思想家，但还没有人把这一传统当作整体来研究。我希望这一宽泛的梳理，既能让我们看到森林，也能让我们看到树木。

本研究不打算完成德国审美理性主义的通史，而只是关注那些最具影响力的核心人物。一部完整的历史必须包括很多所谓的"次要"角色，而我在这里并没有涉及他们，比如克里斯托弗·马丁·威兰德（Christoph Martin Wieland）、弗里德里希·尼克莱（Friedrich Nicolai）、卡尔·菲利普·莫里茨（Karl Phillip Moritz）、约翰·乔治·苏尔泽（Johann Georg Sulzer）、J.J.博德默（J.J.Bodmer）和J.J.布莱廷格（J.J.Breitinger）。我最初打算在几个简短的章节里讨论他们，但最终发现这本书无法留给他们空间。

这本书的任何部分之前都没有发表过。导论的早期版本曾经在新墨西哥大学的奥尼尔讲座上发布；其他部分章节是在瓦萨大学、布朗大学和波士顿大学的演讲的基础。我非常感谢在这些研讨会上给出评论的那些参与者。

我对既有研究的敬意从脚注中可以看出。我的大部分敬意要献给早已过世的一些学者和长久被遗忘的书籍；我同样非常感谢活着的人们，尤其是我在锡拉丘兹大学的本科生和研究生们，在过去的七年时光里，我在那所大学教授美学。一些匿名的国外评论家的评论，对手稿的修改提供了帮助。安德鲁·奇内尔（Andrew Chignell）关于全部手稿的详尽评论，价值非凡。这一计划在早期阶段受到我的朋友和前同事，印第安纳大学米歇尔·摩根（Michael Morgan）的鼓励，我一如既往地对他表示敬意。

弗里德里克·C.拜泽尔

纽约，锡拉丘兹大学

2009年2月

重估审美理性主义

一、辉煌的遗产？

　　不论是在古代还是现代，很少有美学思想传统能够像德国审美理性主义那样持久辉煌。这一运动包括了 18 世纪的一些主要思想家，如克里斯蒂安·沃尔夫（Christian Wolff，1679—1754）、约翰·克里斯托弗·高特谢德（Johann Christoph Gottsched，1700—1766）、亚历山大·鲍姆加登（Alexander Baumgarten，1714—1762）、约翰·约阿希姆·温克尔曼（Johann Joachim Winckelmann，1717—1768）、摩西·门德尔松（Moses Mendelssohn，1729—1786）和戈特霍尔德·埃夫莱姆·莱辛（Gotthold Ephraim Lessing，1729—1781）。它持续了大约 60 年之久，开端于沃尔夫 18 世纪 20 年代的作品，终结于莱辛 1781 年的去世。这一运动的文化成就巨大：它树立了文学批评的标准；它建立了现代艺术史；它开创了美学学科；它还启发了一个民族文学传统的形成，这使得德国文化能够和英国文化、法国文化一样跻身欧洲伟大思想文化之列。历史上很少有美学思想能像这样成为哲学的中心，也很少有美学思想对一种文化整体来说如此至关重要。即使只是建立在这些历史基础上，我们也有足够的理由从事审美理性主义的研究。

尽管如此，当今对审美理性主义的兴趣似乎注定只能是一种与古文物研究相关的兴趣。我们研究审美理性主义，虽然有很好的**历史性**原因，但似乎没有很好的**哲学性**原因。审美理性主义不再对我们的"后现代"言说；它似乎已经完全过时，就像那曾戴在理性主义者头上的假发，已经发霉和陈旧。我们不再能够分享他们自信的理性主义，他们关于美的狭义美学，他们对古典权威的信仰，他们对美学原则的信仰，他们的新古典主义趣味。他们似乎生活于一个完全天真无辜的时代，而这个时代已经一去不复返。而且可以确定的是，我们再也回不到那个审美理性主义的时代，再也不可能恢复那些宏伟的理想和关键的教义。就像我们不再可能戴假发、穿长筒袜和短裤，我们也不太可能恢复审美理性主义。

现在，我们几乎总是根据我们与理性主义的距离来衡量我们思想的复杂程度；这也完全可以理解，因为有那么多的现代和后现代美学来自对审美理性主义的反抗。绝大多数当代美学家都会拒绝或者至少在这个问题上拒绝审美理性主义的核心教义。虽然还很不成熟，我们可以暂时把这些教义归纳为五个命题：

1. 美学的核心概念和主题是美（beauty）；

2. 美存在于对完善（perfection）① 的感知之中；

3. 完善存在于和谐（harmony）之中，和谐是多样性的统一（unity in variety）；

4. 审美批评和生产由规则（rules）主宰，而规则是哲学家发现、系统化和还原基本原理（first principles）的目标；

5. 真（truth）、美与善（goodness）是同一个东西，是基本价值即完善的不同侧面。

---

① 根据语境，"perfection"有时也译作"完美"。——译注

　　这些命题在今天似乎已经过时的一个主要原因，可能是来自两个多世纪前康德（Immanuel Kant）在《判断力批判》（*Kritik der Urteilskraft*）里发起的攻击。由于经受不住这种极具毁灭性的批判，审美理性主义突然从根本上死亡了。除了其中一条，康德断然否定了其他所有命题。当他宣称趣味判断完全独立于完善概念时，他拒斥了第 2 个命题（§15;V, 226—9）[①]；当他坚称美不可能完全只存在于规律性之中时，他在质疑第 3 个命题（V，240—1）；当他主张不可能存在一个客观的趣味原则时，他攻击了第 4 个命题（§§8，17，34；V，215—6，231，285—6）；而当他把审美判断和认知判断、道德判断相区分，即把美和真、善相区分时，他拒绝了第 5 个命题（§4；207—9）。在《判断力批判》中，康德——与其说是故意地，不如说是暗示性地——使自己成为艺术自律（the autonomy of the arts）的代言人；而那肯定真、美、善统一的古典三位一体传统，因此再也不可能恢复了。只有在第 1 个命题方面，康德与审美理性主义有一些相似之处。忠实于他所接受的 18 世纪遗产，康德坚持认为美在美学中拥有一个核心地位。尽管如此，康德对美与崇高的比较——他坚称它们是彼此独立而平等的两个概念——也显示出他与审美理性主义传统的距离。　3

　　让这些命题显得过时的其他原因，在于美的地位的下降。虽然在被忽视一个多世纪之后，美这个概念最近开始显现复苏的迹象，[②] 但它对有些人来说仍然是不可信的，[③] 而且它也不可能享有它在 18 世纪中期所拥有的那

---

① 所有涉及康德著作的参考文献都来自 *Kants gesammelte Schriften*, ed. Prussian Academy of Sciences（Berlin: de Gruyter, 1902）。"§"指的是章节号；罗马数字指的是卷号；阿拉伯数字指的是页码号。

② 比 如， 参 见 Mary Mothersill, *Beauty Restored*（Oxford: Clarendon Press, 1984）；Elaine Scarry, *On Beauty*（Princeton: Princeton University Press, 1999）；John Lane, *Timeless Beauty*（Totnes: Green Books, 2003）；Alexander Nehemas, *Only a Promise of Happiness: The Place of Beauty in World of Art*（Princeton: Princeton University Press, 2007）。

③ 亚瑟·丹托（Arthur Danto）曾经在他的 *The Abuse of Beauty*（Chicago: Open Court, 2003）中反对美的回归。

种核心地位。另外一个原因是，在 19 世纪末，美学女王被废黜，离开了她曾经定义的学科领域。从一开始，美学就被视为关于美的科学。用鲍姆加登的简明短语来定义，美学被视为"关于美的科学（*die Wissenschaft des Schönen*）"①。对理性主义者来说，一种没有美的美学，就是一个语词矛盾（*contradictio in adiecto*）。但是，这个不可思议之物还是出现了。我们现在拥有一种没有美的美学——对理性主义者来说，就好像拥有一种没有声音的音乐。

理性主义传统被弃之不顾的另一个原因，来自当代美学的一个关键教义：艺术的概念不同于可感知的内容。受先锋派的影响，像亚瑟·丹托（Arthur Danto）、乔治·狄基（George Dickie）和诺艾·卡罗（Noël Carroll）这样的美学家，主张艺术作品的身份不在于它的可感知特质，因为有些东西既可以成为一件艺术作品——沃霍尔（Warhol）的《布里洛盒子》和杜尚（Duchamp）的《泉》——又和一件普通的客体（超市货架上的布里洛盒子和男卫生间里的小便池）相比，没有什么特别的可感知特质。由于和可感知特质毫不相干，艺术作品的身份要么在启发它的理论中发现（丹托），要么在支持它的机构中发现（狄基），要么在传播它的文化传统中存在（卡罗）。②这一教义揭示了存在于当代美学与理性主义传统之间的遥远距离，后者主张如果两个客体在所有的感性品质上都是一样的，那么就有理由认为二者都是或都不是艺术作品。

康德第三批判的权威性、美的地位的丧失以及后现代美学的核心原则，似乎是这三者的共谋导致了审美理性主义的完全过时，是它们把一段辉煌的

---

① Baumgarten, *Metaphysica*（Magdeburg: Hemmererde, 1779），Editio VII, §533.

② 关于这一观点常被引用的证据是 Danto, "The Artworld", *The Journal of Philosophy* 61（1964），571–84；George Dickie, *Art and the Aesthetic*（Ithaca: Cornell University Press, 1974）；Noël Carroll, *Beyond Aesthetics*（Cambridge: Cambridge University Press, 2001），pts. I and II。

过去变成了废墟。那么，我们是不是应该宣判它的死刑，并把它的遗体交给　4
那些历史学家——过去时光的送葬者？本书的一个核心主题，就是证明任何
类似的声明都是不成熟的。它打算指出，审美理性主义值得重新考察，不仅
仅出于历史性的原因，还出于哲学性的原因。尽管它完全不打算重新复活作
为一个整体的审美理性主义，但它确实想激发我们重新思考审美理性主义的
一些关键教义，尤其是它的审美判断理论、它的规则概念、它赋予美在艺术
和生活中的作用。当我们返回历史，重构这些教义背后的论证时，我们总是
能够发现，它们建立在坚实的基础之上。实际上，我们越是重新考察反对理
性主义传统的两个最有力的批评者——康德与尼采（Nietzsche）——的反对
的理由，我们越是会发现，他们的批评是无根基的。

我们在这篇导论里要完成的主要任务，就是以一种简明而概括的方式指
出审美理性主义的本质，并举出有关审美理性主义的实例。这包括下述几项
任务：重构审美理性主义的审美判断理论的基础（第二部分），重新评价康
德与尼采的审美理性主义批判（第五、六部分），纠正关于审美理性主义尤
其是它的规则理论的一些误解（第四部分），以及提供一种关于审美理性主
义美学理论的概括性总结（第三部分）。我们将会发现，审美理性主义并没
有依赖于对理性力量的天真信赖，而是从一开始就密切关注理性的局限性
问题（第七部分）。最后，我们会发现，审美理性主义的基本灵感，仍然活
在汉斯-乔治·伽达默尔（Hans-Georg Gadamer）这个当代重要哲学家的著
作里。

二、审美判断理论

审美理性主义的创立依赖于一个基本原则，这个原则也是理性实践本身
的基础。在理性主义认识论和形而上学中，这个原则扮演着关键角色，理性
主义者们有充分理由给予它不低于不矛盾律的地位。这个原则不是别的，就

是充足理由律。就像莱布尼茨（Leibniz）首先指出的那样，充足理由律只是宣称"没有什么东西是没有理由的（*nihil esse sine ratione*）"①。它主要被应用于自然世界中的事件，在那里它表示"没有什么效果是没有原因的（*nullum effectum esse absque causa*）"。但它也适用于真正的信仰或命题，并在其中意味着这些信仰或命题有或应当有保证它们真理性的充分证据。② 这一原则正是在后一种意义上被应用于审美理性主义的。理性主义者在一种规范的意义上理解这一原则：我们**应当**为我们所有的信仰——哪怕是审美的信仰——寻找或拥有充分的证据。

理性主义者的审美判断理论拥有四个主要的信条，它们都建立在充足理由律的基础之上。

1. 审美判断必须是理性的，也就是说，我们必须能够为审美判断找到理由；

2. 这些理由（部分）存在于客体自身的感性特征里；

3. 这些理由（部分）存在于客体的完善或美之中，也就是说，存在于它的多样性统一之中；

4. 快乐的审美经验（the pleasure of aesthetic experience）存在于一种认知状态（cognitive state），也就是对完善的直觉（*intuitio perfectionis*）中。

现在让我们解释一下这些信条背后的基本原理以及它们之间的关联。所有这些信条都可以归入理性主义者的命题，即审美判断是**认知性的**，也就是说，它可以是真的，也可以是假的。理性主义者坚持认为，快乐的审美经验

---

① Leibniz, "Primae Veritates", *Opuscles et fragments inédits*, ed. Louis Couturat（Hildesheim: Olms, 1966）, p.519.

② 莱布尼茨有时候这样描述这一原则，以至于它意味着"一切真实的都有其先天依据（*tout verité a sa preuve a priori*）"。See Leibniz to Arnauld, July 1686, in *Die philosophischen Schriften von Gottfried Wilhelm Leibniz*, ed. C. I. Gerhardt, II（Berlin: Wiedmann, 1879）, 62.

存在于某种意向状态中，也就是说，它相关于客体本身的一些特征。这意味着必然存在一些理由可以解释审美判断，而这些理由可以证明审美判断为真或为假。审美判断的真假，决定于客体是否拥有意向特征，即是否拥有和谐或多样性的统一。与之相抵触的经验主义审美判断理论认为，审美判断是**非认知性的**，也就是说，审美判断中的快乐是非意向性的，只存在于感受或感觉中。① 对于理性主义者来说，他们的认知理论优势在于，它能够满足充足理由律，而经验主义理论的缺陷在于，它违背了充足理由律。理性主义者会指控，经验主义的前提是把感受而不是理性赋予审美判断，这使得人们难以证明自己的偏好优于其他人的偏好。

　　那么，审美判断为什么必须符合充足理由律？我们为什么要为趣味问题寻找理由？针对理性主义者对充足理由律的求助，经验主义者可能有两种回应。首先，这一规律并不适用于趣味问题，因为趣味只是建立在个人喜好的 6 基础上，而后者并不需要什么理由。其次，即使这一规律适用于趣味问题，它也完全只是因为我的感受而让我满足；换言之，我的快乐感受本身就是我的判断的充足理由。但是，一种标准的理性主义反驳可以回敬这两种应答：即使他或她没有意识到，也必须存在或至少存在一些理由，来解释一个人为什么会喜欢这种东西而不是另一种东西。一种绝对任意的趣味，没有任何理由地喜欢一种东西而不是其他东西，是根本不可能存在的。尽管一个人可能没有意识到这些理由，但它们同样在那里影响着他的判断；于是，我们的任务就是意识到这些理由的存在，明确它们，并且有意地评价它们。对理性主义者来说，宣称审美判断是纯粹任意性的，是个人趣味，这种观点就是在不成熟地承认自己的无知。一种纯粹的个人趣味，就像一种任性的意志行为，一种我们找不出任何理由的行为。就像这样的意志行为不存在一样，纯粹的个人喜好也不存在。

---

① "feeling"根据不同语境有时译作"感受"，有时译作"情感"。——译注

在理性主义者和经验主义者之间展开的经典辩论中，康德至少在一个关键方面接近经验主义的立场：他否认了审美判断的认知性特征。在康德看来，审美判断是完全主观的，因为它们关注的是我们在沉思一个对象时所得到的快乐感受；而且这种感受对他来说无论如何不具有认知性特征；它没有给我们关于对象的任何知识。康德用最为明确而清晰的表述谈论这种快乐感受："没有任何东西被指派给对象（*gar nichts im Objeckt bezeichnet wird*）。"（§1；204）①他指出，当我宣称一个对象是美的时候，我并没有涉及对象本身的任何特质；相反，我只是必须假定对象那里具有一些特质（§§6，7；211，212）。在《判断力批判》的第一篇导论里，康德在所有的感觉中挑出快乐感，正因为它的非认知性身份："现在，只剩下一个单一的所谓感觉（*Empfindung*），它永远不会给我们一个关于对象的概念，这就是快乐或不快乐的感受。"（VIII；XX，225）康德似乎确实在第三批判的某些段落里否认了审美判断必须符合充足理由律（§§8，33；V，215—6，284）。他主张，只有在审美判断是客观性的或认知性的时候，在它能够描述对象自身的某些特质的时候，充足理由律才适用。康德对审美判断的分析的最终效果，是剥除了审美判断的所有客观内容，以至于审美判断只关心主体对客体的感受，而非客体本身。康德得出结论：审美判断的唯一理由，只存在于主体的感受之中，因为"重要的只是我如何处理存在于我自身之中的表象"（§2；205）②。

① Cf. KU §8; 214, 在那里，康德再一次宣称审美判断"根本不关心对象的存在（*gar nicht auf das Objekt geht*）"。

② 这里我们不可能公正对待康德快乐概念的复杂性，后者已经成为近来学术研究关注的对象。参见 Rachel Zuckert,"A New Look at Kant's Theory of Pleasure", *The Journal of Aesthetics and Art Criticism* 60（2002），239–52；Hannah Ginsborg, "On the Key of Kant's Critique of Taste", *Pacific Philosophical Quarterly* 72（1991），290–313, and"Aesthetic Judging and the Intentionality of Pleasure", *Inquiry* 46（2003），164–81。

但是，要想剥去审美判断所有的认知性内容，存在一些明显的困难。[1]
第一，任何一个对象都可以是美的。由于类似的感受可以和任何对象相配，
普普通通的对象（比如一个曲别针）也可以拥有最好的艺术作品（比如《蒙
娜丽莎》）才会拥有的审美品质。第二，为审美判断作辩护已不再可能，把
它们普遍化也不再有理由，因为我可以只把我的感受中的某些特别品质视为
判断的原因。第三，批评变得无的放矢，因为没有一个机制可以解决趣味之
间的争端。如果有人不同意我的判断，那么我就没有理由用对象自身的特性
来支持我的审美反应。我所能做的，只是参考我自己的感受品质，并且希望
其他人也同意我的感受。但是按理说，审美欣赏和批评的整个关键，是让我
们对对象本身的特征更加敏感。

为了避免这三个问题，理性主义者假设，一个审美判断的充足理由最终
存在于对象自身的某些品质中。于是，审美判断的认知维度——它涉及对象
的一些特征——对于理性主义者来说就是审美判断的理性层面。理性主义者
并不否认审美判断与快乐相关；在把快乐视为审美经验的试金石方面，理性
主义者并不比康德和经验主义者做得少。但是不像康德和经验主义者，理性
主义者坚持认为快乐是一种认知状态，是对完善的感知或直觉。审美经验的
认知维度，可以给出一个理由解释我们为什么会在某些对象那里得到快乐，
而在其他对象那里得不到快乐，这个理由最终存在于对象自身的某些特征
中。理性主义者并不假装为对象的审美品质提供什么证据或证明，就像康德
所说的那样（§§31，33；V，281，284）；相反，他想做的是把我们的注意力
引向对象的独特品质，让我们更关注这些品质，这样我们就可以正确地感知　8

---

① 这些困难强迫研究康德的学者们提供了一些关于康德美学的修正性解释，这使后者更接
近于理性主义传统。卡尔·阿默里克斯（Karl Ameriks）指出，一个康德主义者应该通过
承认审美判断涉及对象的感性特征而承认趣味的客观性。参见其"Kant and the Objectiv-
ity of Taste"，*British Journal of Aesthetics* 23（1983），3–17。最近，蕾切尔·朱科特（Rachel
Zuckert）指出，康德的"无目的的合目的性"原则，实际上是对理性主义完善概念的重
新表述。参见其"Kant's Rationalist Aesthetic"，*Kant-Studien* 98（2007），443–63。

它们。注意并欣赏这些品质，对理性主义者来说，是我们从这些品质中获得快乐的条件。于是审美欣赏和批评就有了它的生发点。

一旦我们承认审美经验中存在一些客观成分，我们就必须追问这些成分中包含了哪些东西。对象本身中的哪些品质让我们从它那里得到了快乐？如果确实存在这样的品质的话，那么它们有何共同之处？理性主义美的理论之目的，就是要回答这些问题。在审美理性主义中，这种理论扮演着关键的**认识论**角色；它的目的就是详细说明那些能够为审美判断作辩护的各种客观特征。理性主义理论的核心论点是，美尤其（*inter alia*）存在于多样性的统一之中。对理性主义者来说，这是美的唯一必要而基本的条件。如果从一件艺术作品中看不到多样性的统一，却依然宣称它是美的，这样的审美判断肯定是假的。

那么，我们为什么必须接受理性主义的美的理论？美为什么必须存在于多样性的统一之中？这里，理性主义者再一次诉诸充足理由律。理性主义者不仅把这一规律应用于审美判断，还应用于艺术作品。当应用于一件艺术作品时，这一规律意味着，艺术作品中的每一种东西都有它的成因；每一件艺术作品的背后都有一个计划或构想可以解释其每一部分。如果作品满足了这些要求，那么它就是一个有机的整体，也就是说，它呈现了多样性的统一。但是如果它成为这样一个整体，拥有多样性的统一，那么它就具备了成为美本身的必要条件。因此理性主义美的概念建立在充足理由律本身之上。对一件作品来说，充足理由就是作品整体的概念，从中我们可以把握它的各个部分的必要性。美的概念，并非因为仅仅满足"可爱（prettiness）"而变得有限和无关紧要，① 而是被证明为批评本身的基本原则。就像不能放弃一件作品应该具有统一性或是有机整体的要求，我们也不能放弃美。从欣赏者角度看，美正是对这种统一性的感知、直觉或意识。于是，为一个审美判断作辩

---

① 正如丹托所描述的那样。参见其"The Philosophical Disenfranchisement of Art", *The Philosophical Disenfranchisement of Art*（New York: Columbia University Press, 1986），p.13。

护，就涉及证明作品确实具有这种统一性，证明作品所有的部分都能构成一个连贯的整体。尽管当代批评家们会嘲讽美的概念，但他们很少会降低这一要求，即作品的部分应该构成一个连贯的整体；不管承认与否，他们仍然在某种程度上使用这个概念；不管愿意与否，他们仍然是审美理性主义者。　　9

三、理性主义美学

对理性主义传统来说，有一个很大的讽刺，那就是它非常强调系统性思想的重要性，却从来没有产生过一套完整的美学理论，一部包含它所有美学教义的著作。理性主义美学学派中最具系统性的思想家是鲍姆加登；但是他 1750 年出版的《美学》(*Aesthetica*) 这部核心著作，却是未完成的，是一个大的片段。高特谢德 1733 年出版的《伦理学基础》(*Erste Gründe der Weltweisheit*) 和鲍姆加登 1738 年出版的《形而上学》(*Metaphysica*)，可以算是系统性的形而上学著作，它们在作为整体的世界中为审美经验安排了一处有限的空间；但是它们都没有详细地解释这种经验。在关于美的分析中，理性主义者在不同的著作中关注不同的事实；没有人把它们整合成一个系统的理论。因此，为了理解他们的美学，我们除了重构，别无选择；我们必须把这种美学的各个部分放在一起，看看它们究竟能不能形成一个整体。

审美理性主义最突出的特征之一，是它尝试在关于美的客观主义和主观主义理解中开辟一条中间道路。理性主义者小心翼翼地建构了一个可以避免这两个极端的美的概念，它既不是客观的，也不是主观的。他们坚称美不仅仅存在于欣赏者的心里，也不仅仅是存在于事物之中的客观品质，不管我们是否注意到它们。相反，他们认为美存在于主观与客观的**关系**之中，尤其是事物在我们内部生产快乐的力量中。于是，整个学派中观点最具代表性的沃尔夫，把美定义为"存在于对象中、具有在我们内部生产快乐的力量的东西"①。紧随沃尔夫，鲍姆加登把美定义为"一种现象的完善"②，其中的"现象"只是指呈现给感官的对象。理性主义者并不亚于康德，因为他们也强调美包含快乐的感受；但又不同于康德，因为他们否认感受是纯粹主观性的，只是一种不涉及对象的心理状态。相反，他们坚称快乐是一种认知状态，一种再现（representation）形式，也就是对完善的直觉（intuitio perfectionis）。③ 在这里直觉是主观性的，而完善是客观性的，是审美经验的组成部分。完善不能简单构成主体的感知状态，因为它是存在于客体自身中的品质，也就是多样性的统一，客体所有品质在一个整体中的统一。我们不要把理性主义的教义即对完善的感知，混同于对感知的完善。④

从当代视角来看，理性主义美学是折中的、融合性的，它连接了相反理论中最好的成分。当代美学继承了三种相互竞争的审美品质理论：形式主义理论、表现主义理论和模仿理论。理性主义美学融合了每一种理论的元素。理性主义美学认为，一件美的艺术作品应该拥有特别的形式，应该表现情感，应该模仿实在。由于每一种理论都是片面的，都为了夸大审美经验的某一方面而牺牲其他方面，这种折中主义更有理论力量。

就美存在于对完善的感知中——完善包含某种基本的结构或形式特征，也就是和谐或多样性的统一——这一点来说，理性主义美学是形式主义的。从形式上来说，最好的艺术作品在最大可能的多样性中包含了最大可能的统一性。一件作品，只有存在统一性，才可能是一个可被理解的整体，因为它必须被一种心灵的行动所把握；而且还必须存在多样性，以让心灵愉悦和兴

---

① Wolff, *Psychologia empirica*, §545; II/5; 421.

② Baumgarten, *Metaphysica*, §662.

③ Baumgarten, *Metaphysica*, §665.

④ 鲍姆加登、门德尔松和莱辛警告我们不要如此混淆。尽管如此，丹托还是以此反对新古典主义传统和整个美的概念。参见 Danto, "The Appreciation and Interpretation of Works of Art", *Philosophical Disenfranchisement of Art*, p.28。

奋。没有多样性的统一性只是整齐划一，令人厌倦；没有统一性的多样性只是复杂性，令人眼花缭乱。因此，对理性主义者来说，审美快乐存在于两种力量的和谐之中：统一不同之物，使相同之物多样化。

除了形式，理性主义者还强调，模仿或再现是一件优秀艺术作品的必要条件。追随亚里士多德（Aristotle），他们都认为艺术作品是对自然的模仿。在理性主义美学中，模仿有两个维度：形式的和质料的。模仿的**形式**维度存在于对理性规律——不矛盾律和充足理由律，它们适用于所有可能的世界——的遵守中。模仿的**质料**维度存在于理性主义者所谓的"**逼真**（*verisimilitas*）"或"**可能性**（*Wahrscheinlichkeit*）"中。逼真原则要求艺术作品必须类似于世界或实在本身。但这并不是要求诗人或作家只是简单复制外表或发生之事。理性主义者强调虚构和想象的重要性，并且警告艺术绝不能只是历史。但是，他们还坚称一首诗或一幅画应该具有某种道德教训或导向，我们能够把这些教训或导向应用于这个世界。关于诗，他们经常用亚里士多德的方式形成逼真的原则：类似于实在，意味着这样一个角色应该在真实的世界中，以这样一种态度，在这样的特定情况下来行动。他们喜欢引用亚里士多德的格言，即诗有时候比历史更具哲学性，因为它处理的是一个普遍性的真理："这样的人将会可能或必然怎么说、怎么做。"[1]

需要指出的是，在尝试融合形式主义和模仿时，理性主义传统不同于现代形式主义。比如说，克莱夫·贝尔（Clive Bell）和罗格·弗莱（Roger Fry）的形式主义美学，把形式同艺术的再现功能区分开来。贝尔坚称形式自身就是有意义的，是注意的唯一对象，而绝不仅仅是再现的手段或工具。[2]尽管再现可以和审美价值共存，但它与审美价值无关。可以说，理性主义传统的另一种优势，在于它尝试融合形式主义和再现或模仿。伴随现代

11

---

[1]　Aristotle, *Poetics*, ch. 9, 1451b.

[2]　Clive Bell, *Art* (New York: Capricorn, 1958) , pp.22, 24.

形式主义的问题在于，它剥除了艺术对真理的要求，趋向于把形式变得无意义、索然无味和空洞。众所周知，贝尔很难解释清楚他的有意味的形式是如何有意味的；最后，他发明了一个"形而上学假设"，这种假设主张，形式的意味在于它能够让我们在形式自身中洞见实在。① 在诉诸这样的假设时，贝尔实际上又偷偷返回了他希望废除的再现功能理论。理性主义者从一开始就避免了这样的窘境，因为他们从一开始就强调形式本身是有意义的，而且它也因为它的再现功能而有意义。

理性主义传统还强调了艺术的情感或表现力量，以及艺术的再现和形式方面。但是，理性主义传统和现代表现（expression）理论之间的关系是复杂的，尤其是因为这些理论本身变化多端。表现具有一些变量：对艺术家感受、个体性或个性的揭示；作品的表现性，也就是它体现或描绘情感的力量；最后，作品影响观众或听众的力量。理性主义者非常看重作品的表现性，以及它影响观众感受的力量；但他们并不看重艺术家感受的表达，认为后者是私密的和个人的事情，与艺术的普遍主题无关。②

反对理性主义美学的主要观点之一是：由于夸大了理性在艺术中的角色，理性主义美学要求禁止或压制激情。但是，值得指出的是，一些理性主义者强调最好的艺术作品是那些最能够燃起激情的作品。鲍姆加登明确而着重地指出："最有诗意的，是能够激发最有力的情感（*affectus vehementis-simos*）的。"③ 诗的使命就是唤起最生动而清晰的感受，而最生动而清晰的感受就是激情。唤起激情对莱辛来说同样重要，他强调悲剧的品质应该由它从

12

---

① Clive Bell, *Art*, pp.43–55.

② 于是莱辛写道，真正的杰作会让我们忘记它的作者，因为它是普遍自然而非单一个人的产品。See *Hamburgische Dramaturgie*, Stück 36, September 1, 1767, in Gotthold Ephraim Lessing, *Werke und Briefe*, VI（Frankfurt: Deutscher Klassiker Verlag, 1985），361.

③ See Baumgarten, *Meditationes philosophicae de nonnullis ad poema pertinentibus*（Halle: Grunert, 1735），§27.

观众那里引出的眼泪的量来计算。① 没有哪个理性主义者比温克尔曼更反对情感的过度了；但即使是温克尔曼，也没有怀疑艺术作品应该对观众具有情感影响力。在描述贝尔韦代雷博物馆（the Belvedere Museum）的阿波罗雕像时，他强调这尊雕像是如何改变和激励了他。②

　　不管影响观众的情感效果有多强烈，理性主义者还是坚持认为，激情在艺术作品中的表现应该适度，而过分的激情表现是危险的。这与他们对和谐与形式的要求相关，这一要求还包括对平衡和比例的需要。理性主义者对平衡和比例的要求，并不等于禁止表达强烈的情感；但它坚持这样的表达不能主宰艺术作品，或者不能让非平衡状态持续太久。这里的问题是敏感度问题：太多的刺激会压制感官和感受，会让我们停止反应。这看似矛盾其实有道理：能够在观众那里唤起最强烈情感的作品，必然是那些能够节制或控制激情的作品。在强调节制和表达情感过程中保持形式结构的重要性时，理性主义者明智地避免了某些表现理论的极端之处，后者因为过分强调交流感受的需要、过分忽视形式的重要性，以至于允许艺术堕落为感情用事。尽管没有**庸俗艺术**（*Kitsch*）这样的概念，但理性主义者代表着一些新古典主义的审美价值，即朴素、平衡和节制，它们是这种庸俗艺术的解毒剂。

四、规则的意义

　　在后人看来，理性主义传统中最可能让它颜面尽失的方面，莫过于它对规则的强调。理性主义者确实很关心规则，认为规则问题是艺术创作与批

---

① See lessing to Nicolai, November 1756, in Lessing, *Werke*, III, 668–9.

② 参见温克尔曼"Beschreibung des Apollo im Belvedere"及其最初手稿, Johann Joachim Winckelmann, *Kleine Schriften, Vorreden, Entwürfe*, ed. Walther Rehm, 2nd edn（Berlin: de Gruyter, 2002）, pp.267–79。

13 评的核心。美学家的使命就是明确这些规则，把它们系统化，并把它们归并为几条基本原理。艺术与批评越受规则宰制，它们就越是理性的，因为规则就是引导思想行动的一般命令。如果理解了那些主宰艺术的规则，艺术家就能更有效地实现他的目标，批评家也能更准确地判断作品。艺术作为由规则宰制的思想行动，这个看法绝不是理性主义传统的独有之物；它从古代开始就成为艺术概念的基础。例如，它已经明显出现在中世纪盖伦关于艺术的定义中："艺术是对宇宙的系统认知（*Ars est systema praeceptorum universalium*）。"①

尽管在历史上显得很重要，但在当代美学中，再没有比审美规则这样的概念更受到忽视的了。很难想象美学史上还有其他概念像这个概念那样既至关重要又不被理解。现在，那曾经看重这一概念的传统已经消失在历史的迷雾中，我们也看不到它最初的目的和意义了。那么，我们更加有理由返回理性主义传统，去发现它最初的意义。

理性主义的规则意味着什么？这些规则的基本原理又是什么？理性主义者崇信规则的基础，仍然在于他的基本原则——充足理由律。规则与这一基本原则之间的明确关联，可以在理性主义传统的奠基性著作，克里斯蒂安·沃尔夫的《本体论》（*Ontologia*）中找到。在那里，规则被规定为"能够说明符合理性的决定的命题（*propositio enuncians determinationem rationi conformem*）"②。在理性主义传统中有各种不同的规则；一个规则如何被理解端赖于独特的语境。但是，所有的规则都有一个共同之处，那就是它们描述了某种实践，并给予了它一种理由。用沃尔夫的话来说，就是它们明确了一

---

① Wladyslaw Tatarkiewicz, *A History of Six Ideas*（Warsaw: Polish Scientific Publishers, 1980），pp.13, 50, 58.

② *Ontologia*, §520, in Christian Wolff, *Gesammelte Werke*, ed. Jean École, J. E. Hofmann, and H. W. Arndt, vol. II/3（Hildesheim: Olms, 1968），p.406.（斜线前的罗马数字表示"部"序，斜线后的阿拉伯数字表示"卷"序。）

件事为什么被做的理由。

　　理性主义传统中，主要有两个规则概念。第一个是**工具性**（instrumental）概念。根据这个概念，规则明确了指向艺术家目标的必要或最有效的手段。比如说，如果悲剧诗人打算唤起观众的恐惧与怜悯，他的英雄应当具有通常的美德，并且因为一个错误的判断而遭遇不幸。关于这个规则的论证，出现在亚里士多德《诗学》（*Poetics*）的第 6 章中，对理性主义者来说，这一论证是最具权威的章句（*locus classicus*）。第二个是整体性（holistic）概念。根据这一概念，规则建立在作品背后的观念基础上，而这一观念就是整体观念，它决定属于自己的所有部分。规则宣称作品的每一部分都要符合整体观念，或者说，存在于作品中的每一部分都应该有它存在的理由，于是每一部分都在整体中扮演着必要角色，不存在任何多余之物。换句话说，一件艺术作品应该形成一个有机整体，其中整体决定部分，而部分服务于整体；作品因此必须具有多样性的统一。这两个概念都可以解释沃尔夫关于规则的理解，即规则是一个为某种实践寻找理由的命题。但这两个概念对理由的理解各不相同：第一个概念关注艺术家的目的或宗旨，第二个概念关注作品自身的结构。

　　根据这一简短的解释，我们已经可以明确，这两个规则都是不可或缺的。只要艺术家追求目标，而且只要实现目标的手段只有那么多，工具性规则就是不可避免的。由于手段是达到目标的必需之物，既然艺术家选择了目标，他就必须也选择手段。不管目标是什么，所有的艺术家都会发现自己只有有限的手段来实现目标，这些手段决定于媒介和环境。聪明的艺术家为了达到目的，把这些有限的手段用到极致；不管意识到与否，艺术家在这样做时，都在遵守着规则，从而把最有效的手段应用于他的目的。只要艺术作品是连贯的整体，整体性概念就不可或缺。要求统一性的理由有很多：统一性是创造意义的唯一途径；统一性是和观众有效交流的唯一途径；统一性是带给观众快乐的唯一途径。至于哪一条理由适用，应该视不

14

同情况而定。

关于理性主义的规则概念及对它们的论证，我们已经有了初步的理解。现在我们需要再审视一下那些反对规则的典型观点。从18世纪中期开始，至少出现了三种反对规则的观点。第一种观点认为，规则对于创造力和想象力来说，实在是人为而专断的障碍。优秀的艺术家都是天才，他们不需要规则，更不要说遵守规则了。这一观点首次出现于18世纪60年代的狂飙突进（*Sturm und Drang*）运动中，后者为天才反对新古典主义规则的声明辩护，而且从那时到现在，这种观点一再频繁出现，只要它觉得需要为先锋派服务。第二种观点认为，规则会使艺术作品变得俗套和僵化，而它们本来应该是具有原创性和个体性的，是艺术家个性的表现。这种观点也已经在狂飙突进运动中，尤其是在克罗齐（Croce）和科林伍德（Collingwood）的艺术表现理论中变得清楚起来。[1] 第三种观点认为，规则如果提供判断标准，就会涉及对象应该怎么样的概念；但是不存在这样的艺术作品概念，艺术作品的意义不可能被简化为有限的概念。这种观点由康德在第三批判中给出，当康德在那里批判理性主义传统时，这一观点扮演着重要角色。[2]

我们应该怎样看待这些反对观点？在涉及康德对理性主义传统的批判时，我们将会讨论第三个观点。但是现在，我们必须弄明白前两个观点的错误之处。这样的规则，并不会给艺术家的创造力、原创性和自我表现带来危害。工具性规则只是要明确，艺术家应该选择有效的手段来达到目的，而**不管他的目的是什么**。整体性规则只是要明确，艺术家应该怎样构造一个有机整体，而**不管他的主题是什么**。留给艺术家去选择的，是他追求什么样的目的，选择什么样的一般主题。由于只与他如何实现**这**一独特目的相关，只与他如何根据**这**一主题来创造有机整体相关，规则在每一种特殊情况中都表现得各有

---

[1]　See Croce, *Aesthetic*, trans. Douglas Ainslie（Boston: Nonpareil, 1978），pp.35–8, 68–9; and Collingwood, *The Principles of Art*（Oxford: Oxford University Press, 1938），pp.15–41.

[2]　*Kritik der Urteilskraft*, §4, V, 207; §8, V, 215–16; §34, 285.

不同。它们将依赖于明确的目的和明确的手段。它们将在艺术家创造作品时被发现，而不能被先天地规定，或者从一些指导手册中发现。尽管如此，这也不能排除出现一些普遍规则的可能性，只要还存在一些**类似的**目的或主题，只要还存在**类似的**实现目的或主题的手段，这些普遍规则就还有用武之地。

如果规则给创造力、原创性和自我表现带来了危害，那么这也不是来自规则本身，而是来自对规则的错误使用。规则可以从两个方面被错误使用。第一，规则被过分普遍化。当下的例子不同于其他例子，但把适用于当下例子的规则变成适用于其他例子的规则，这就是普遍化。第二，当规则被用于为艺术家的目的决定手段时，人们试图限制艺术家的目的。人们假设艺术家应该写一部特定的作品，或者因循一种确定的流派，即使他的目的是创造一种不同的作品。历史上反对规则的声音大多与这些情况相关；反对者有他自己的价值和立场，因为他反对对规则的**错误使用**。但是，理性主义者却主张，当反对者推翻所有的规则时，他们走得太远了。[①] 就像它不是解决坏的管理问题的办法一样，无政府主义也不是解决坏的批评问题的办法，就像造反者发现有必要创造他们自己的政府一样，先锋派艺术家也发现有必要创造他们自己的规则。当他们建立并误用自己的规则时，他们将会发现自己是新的造反者的目标。

16

五、康德不足取的论争

对审美理性主义的重估，不可能绕过康德《判断力批判》对这一传统的批判。在后面的章节里我们将有机会从几个具体的方面重新考量康德的论争。[②] 这里需要做的，是梳理出康德批判的主要缺点。

---

① 　参见本书第八章第二部分。

② 　参见本书第二章第五部分、第五章第三部分、第五章第五部分。

两个世纪以来，康德研究者们有一个几乎全体一致的意见，那就是，康德对审美理性主义的批判是决定性的，至少在我们单独考虑它的历史影响时确实如此。但是，我们不要把历史与哲学混淆。康德批判的**影响力**是一回事儿，而康德批判的**有效性**是另一回事儿。总的来说，康德研究者表面上愿意接受康德对审美理性主义的解释与批判。但是，康德的批判问题重重；他的批判也因此通常是无根的。在康德批判有影响的地方，它的攻击对象只是一个稻草人；而当他瞄向一个真正的目标时，他又没有击中。

康德理性主义批判的一个关键前提是，快乐的感受是非认知性的。以这一前提为基础，康德得出了一些重要结论：审美判断是纯粹主观性的；美不是对象的属性；理性主义者对趣味原则的寻求是无意义的；在纯粹的审美判断中完善概念没有用武之地。但是非常明显的是，康德的前提以尚未定论的假设为依据。因为康德非常清楚，理性主义开始于相反的理论：审美快乐是认知性的，是对完善的直觉。根据理性主义传统，心灵根本上是一种再现力量、一种再现功能（*vis representativa*），因此，所有的心灵状态，包括感受，都是对世界上的事物的再现。人们通常认为，康德的功能三分理论（即把心灵分为认识的、欲望的和感受的），比起沃尔夫的功能单一理论——视这些功能为再现功能的各种变体——是一种进步。[①] 但是，它究竟进步在哪里？考虑到康德难以为这一前提辩护，进步的理由仍然是模糊不清的。

康德论争攻击的主要目标之一，是理性主义对趣味的客观标准或原则的信仰。康德自己美学的核心特征之一，是它肯定审美判断的普遍性和必然性，同时又否定存在普遍的趣味规则或原则。不管是经验主义还是理性主义传统，18 世纪的标准看法是，趣味判断的普遍性和必然性建立在这些标准或原则上。鼓舞新的审美科学的，是去发现这些规律，从而使审美判断最终拥有一

17

---

① 这是贝克（L. W. Beck）的主要观点之一，它根据接近康德三功能理论的程度来衡量德国哲学的进步。比如，参见 L. W. Beck, *Early German Philosophy,* Cambridge: Harvard University Press, 1969, pp.287–288, 328–329。

个牢固的基础。但是，康德给这样一种抱负泼了一盆冷水，他斥责这种抱负是一种幻觉，说它等同于去寻找点金石。关于这个有争议的声明，康德给出了两种论证。第一，我们不能通过推理，或者通过一件作品符合规则，就证明它是美的；对艺术作品价值的最终检测标准，毋宁说是我们从中得到的快乐（§§31，33，34；281，285—6）。第二，我们并不根据艺术作品是否符合有限的概念，而是根据它们是否能够在想象力和知性之间引起自由的游戏来作出判断，在那里我们可以对它们使用无限多样的概念（§§8，17；215—6，231）。

这两种论证都不是最终结论。在使快乐成为审美价值的终极检验标准方面，第一种论证可能是正确的；但这并不意味着趣味的客观原则是不可能的，或者甚至是不必要的。因为就像任何一个理性主义者都会坚持的那样，这些原则的目的不是替换快乐，而是解释快乐。理性主义者也把快乐视为艺术作品价值的终极试金石；他的规则的目的只是解释快乐，或者是尝试着帮助创造快乐。规则将会引导批评家的判断和艺术家的生产；但规则自然应当来自过去所有已经生产出快乐的艺术作品的典范。有一些原因可以解释为什么一件符合规则的作品并没有带来快乐：那些规则是不完全的，是表述错误的，是被不正确使用的，或者是自身不充分的。但无论如何，让快乐成为最终的检验标准，绝不意味着根本不存在规则。① 宣称审美快乐不可能根据有限的概念来描述，康德的第二个论证在这一点上可能也是正确的；但是从这一点并不能推出这一结论，即不存在生产快乐的规则，更不要说判断快乐的标准了。比如说，一个印象派画家会凭借有限的规则和技巧赋予他的作品以闪烁不定、难以把握的特征；但这绝不是说，这些特征是不可描述的。同样，一个批评家可能根据有限的规则来判断一部恐怖电影的特征——不管它是连贯的、有趣的还是勾起悬念的——即使他不能分析由电影带来的感受的原因或其构成元素。

康德论争的核心，是他对完善概念——审美理性主义的基石——的攻

---

① 这一点将在本书第五章第三部分进一步探讨。

击。在《判断力批判》一书第一部分的第一卷的部分章节里，他把这个概念作为主要的攻击目标。他不提名地指出，某些"著名哲学家"——很可能是鲍姆加登、迈耶（Meier）和门德尔松——把美等同于完善。康德承认，对他们的理论的考察，是"趣味批判中至关重要的事情"（§15；227）。他关于完善的论争的部分动机，来自他对形而上学的一般批判。康德认为完善概念包含一种亚里士多德式的关于终极因的形而上学，后者超越了可能性经验的界限。他用来败坏理性主义美学的部分策略，是让它背上古老的经院形而上学——一种僵死的亚里士多德式目的论——的包袱。在《判断力批判》的第二卷，他让这种形而上学遭受毁灭性的批判，以至于所有反对这种形而上学的论证都适用于美学。

为了理解与评价康德的批判，首先有必要严格而全面地把握康德置完善概念于其中的系统语境。他视完善为"**内在的客观合目的性**"（§15；227）。这个短语里的每一个术语都需要解释。**合目的性**（*Zweckmäßigkeit*）意味着客体对某个目标的符合。更为学术性地说，**目的**（*Zweck*）是"一个概念的客体，在这个概念被视为这个客体的原因的情况下"；而且"合目的性"是"概念关于它的客体的因果关系"（§10；229—30）。**主观的**（Subjective）合目的性，是当目的只包含感知主体的一些兴趣时才存在，所以它不是客体自身的可能性的基础；而**客观的**（Objective）合目的性在目的属于客体自身时存在，因而是客体可能性的基础（§11；221）。**外在的**（Extrinsic）客观合目的性是统一性，它存在于一个目标被强加于客体，以至于客体成为一个实现代理人的目标的手段，而不是它自身时。当客体为自身目标而行动时，**内在的**（Intrinsic）客观合目的性就存在，以至于客体是它实现自身目标的代理人。这样完善就成为**内在的**合目的性，因为我们关注的是客体自身固有的目标，而不是为别的东西而存在的统一性。完善还是**客观的**合目的性，因为目的或概念"包含了客体内在可能性的基础"（§15；227）。更准确地说，完善是"一个事物的杂多与其概念的和谐一致"，其中概念意味着"这个事物应该是什

么"或者"它原本是什么"（§15；227）。现在我们可以清楚地看到，康德是
如何把完善与亚里士多德的目的论连在一起的：他对概念的描述误解了亚里
士多德对形式—终极因的解释。

　　一旦用这些术语解释了完善，康德就很容易使完善变得与审美判断毫不
相干了。他指出，纯粹的趣味判断不涉及任何目的概念，或任何客体原本应
该是什么的假设。即使我们没有关于鲜花、叶子、自由图案和幻想曲的概
念，我们同样可以视它们为美的（§§4，16；207，229）。我们从这些客体那
里得到的审美快乐在于我们对自己才能的自由发挥，一旦我们打算赋予这些
能力以特别的概念，它们就会被阻碍和缩减。康德被迫承认有些趣味判断确
实存在赋予一个东西以有限概念的事实；比如说，一个人、一匹马和一幢建
筑的美；但是康德坚称，由于包含这样的概念，这些判断就不再是**纯粹的趣
味判断**(§16；230)。与此相应，康德区分了自由的美和仅仅只是依附性的美，
其中前者是纯粹的审美判断的主题，而后者是不纯粹的审美判断的主题。那
些让对依附性的美的判断变得不那么纯粹的东西，或者那些审美判断的不那
么完美的例子，源自它们的概念限制了我们的想象力的自由游戏，从而减少
了我们的审美快乐（§16；229—30）。

　　我们怎样理解这种批判？有两条评论与之相应。第一，康德对完善概
念的解释是错误的。至关重要的是要看到，当鲍姆加登和沃尔夫解释完善
时，它根本不需要涉及客观目的性。他们对完善状态的解释，只是宣称它存
在于和谐一致中，存在于多样性的统一中。[①]尽管多样性背后的统一可以和
一个概念那样是可解释的，但这个概念不需要是一个目的。这个概念给了事
物充足的理由，解释它为什么如其所是地存在或行动；但这种理由可能是形
式因、效果因、质料因或终极因。[②]确实需要指出的是，与康德的策略完全

19

---

① 　See Wolff, *Ontologia*, §§503, 505; and Baumgarten, *Metaphysica*, §§94, 101.

② 　见本书第二章第五部分和第五章第五部分。

相反，鲍姆加登和沃尔夫从他们的宇宙论中驱除了目的论。[①] 尽管他们在自然神学中给予目的论一个重要角色，但他们并不认为它在他们的宇宙论中有何说明价值，后者是完全机械论的。于是，完善概念只是意味着，在审美经验背后仍然存在某种秩序或和谐，而且它不需要涉及客观目的性的影响。当康德坚持作为审美判断对象的图案的重要性时，他非但没有质疑这一点，反而实际上非常肯定它（§14；225）。一旦废除目的论，康德的立场就不像他说的那样远离理性主义了。[②] 第二，严格地说，为了保持一致，康德甚至不应该承认依附性或从属性的美。因为审美品质是"完全独立于完善概念的"，而且因为依附性的美涉及完善概念，所以很难说明怎么会存在一种依附性的美。它不应该是一种次级的美，而根本就不是美。当他把人性完善的概念纳入"美的理想"（§17；V，231—6）时，康德美学的不一致性就显得更加令人尴尬了。在这里，似乎某些类型的完善甚至连次级的美也不是。可是，如果康德始终如一地排除任何完善形式的话，那么他就只剩下一种非常狭隘的美学，那里美的典范，就是阿拉伯花纹。[③]

六、狄奥提玛对狄俄尼索斯

康德之后，审美理性主义最有力的批判者是尼采。除了《判断力批判》，

---

① Wolff, *Discursus praeliminarius*, §§99– 102; II/1.1, 45–6; and *Cosmologia generalis*, 'Praefatio', II/4, 14.

② 很久以前，伴随康德对理性主义立场的解释而产生的问题，以及康德最终与理性主义立场的亲和性，都已经被萨洛蒙·迈蒙（Salomon Maimon）在其文章"Ueber den Geschmack"[*Deutsche Monatsschrift* 1（1792），296–315. See especially pp.208–9] 中指出过了。还可以参考他的另一篇文章"Schreiben des Herrn Salomon Maimon an den Herausgeber"[*Gesammelte Werke*, ed. Valerio Verra, 5vols（Hildesheim: Olms, 1965–76），III, 332–9]。

③ 对康德美学狭隘性的抱怨由来已久。最先发出这种抱怨的人是施莱格尔兄弟。参见 A. W. Schlegel's *Vorlesungen über schöne Literatur und Kunst*, in *Vorlesungen über Ästhetik*, ed. Ernst Behler（Paderborn: Schningh, 1989），I, 228–51。

再没有哪本著作比《悲剧的诞生》(*Die Geburt der Tragödie*) 更促成了这一传统的死亡。在这本书中，尼采并没有明确批评过任何一位理性主义者；他也没有把理性主义传统作为一个整体来瞄准；他曾经顺便提及温克尔曼和莱辛，不过只是赞扬他们。① 尽管如此，《悲剧的诞生》整部书实际上都可以被解读为对审美理性主义的攻击。因为正是在反对**"审美苏格拉底主义"**——这是为审美理性主义量身打造的术语②——的过程中，尼采形成了他的悲剧哲学。审美苏格拉底主义主张美必须是认知性的，主张幸福的关键在于美德，主张我们通过知识获得美德。所有这些教义都被理性主义者明确肯定过。

尼采对审美苏格拉底主义的批判，可以归结为一个基本观点：它忽视了狄俄尼索斯式存在 (the Dionysian)，忽视了生命背后的非理性活动和本能力量。在他看来，理性主义美学是明显的——而且是片面的——阿波罗式的 (Apollonian)，因为这种美学只是在对秩序或完善的感知中发现审美快乐。因此，这种美学很难发现审美快乐的其他有力源泉：我们和自然力量同为一体的感受，它在生与死、秩序与混沌、和谐与冲突之中表达自身。尼采对狄俄尼索斯式存在的发现，被誉为美学史中的重要一步，它使审美理性主义变得天真和幼稚，仿佛后者依赖于一种孩童式的盲目，对生命的非理性力量一无所知。 21

仔细考虑一番，我们会发现，天真的指控与其说适用于理性主义者，不如说更适用于尼采。因为尼采写作时似乎把狄俄尼索斯式存在范畴作为一个

---

① 在该书第十五部分，他称莱辛为"最诚实的理论家"，因为比起真理本身，他更关心对真理的追求。在第二十部分，他赞扬了温克尔曼、席勒和歌德揭示希腊人秘密的思想努力。参见 *Die Geburt der Tragödie*, in Nietzsche, *Sämtlichte Werke, Kritische Studienausgabe*, ed. Giorgio Colli and Mazzino Montinari, 15 vols (Berlin: de Gruyter, 1980), I, 99, 129。在 *Götzen-Dämmerung* 中，尼采曾经明确批评温克尔曼没能承认狄俄尼索斯式存在 (*Werke*, VI, 159)。我们将在本书第六章第九部分讨论尼采关于温克尔曼的批评。

② *Die Geburt der Tragödie*, in Nietzsche, *Sämtlichte Werke, Kritische Studienausgabe*, ed. Giorgio Colli and Mazzino Montinari, 15 vols (Berlin: de Gruyter, 1980), I, 85, 94.

基本事实，一个无可争辩的根据，一个所有哲学立场都必须承认的东西；但问题是这个范畴本身却依赖于一些可疑的哲学假设。在叔本华（Schopenhauer）的物自体和表象二元论语境之外，尼采的狄俄尼索斯式存在概念毫无意义，根据这一语境，意志主宰着物自体领域，而思维主宰着表象领域。由于叔本华把思维和充足理由律限制在表象领域，他的意志必须是一种**非理性的**力量，是表象背后盲目的本能。但是，没有哪个理性主义者会接受叔本华的区分，他们都会质疑尼采所定义的狄俄尼索斯式存在。理性主义者否认在物自体与表象之间存在根本区别；他们强调我们不可能把意志从思维中区分出来。还有，说理性主义者不承认下意识、冲动和本能之物的存在，这是一个虚构；事实正与此相反。他们之所以与笛卡尔（Descartes）和洛克（Locke）心理学断绝关系，正是因为这种心理学使得自我意识可能成为所有再现的必要条件；追随莱布尼茨，他们认为很多感知藏在下意识即所谓的微觉（*petites perceptions*）中，这种微觉对我们所有的行为和信仰都有强大的影响。理性主义者不同于康德和叔本华的地方在于，他们否认这些下意识的感知在种类上不同于我们的自我意识思维的感知；相反，他们认为在所有感知中存在一种连续性，它们之所以可以相区分，只是因为它们的清晰程度和独特程度各有不同而已。

一旦我们认识到审美理性主义来自一个完全不同于狄俄尼索斯和古希腊悲剧的灵感源泉，尼采批判的天真性就变得更加明显了。尼采不得不对这一源泉视而不见，而不是肯定它。这一源泉和狄俄尼索斯一样是古希腊的，同样令人陶醉。就像尼采所认为的那样，它不是苏格拉底（Socrates），而是苏格拉底的老师——狄奥提玛。在希腊哲学中，再没有像她那样有说服力的老师了，她是一个真正的哲学施虐狂！就像弗里德里希·施莱格尔（Friedrich Schlegel）很久前曾经指出的那样，她是柏拉图（Plato）对话录里唯一可以教诲苏格拉底的对话者，在她面前，苏格拉底扔掉了他所有的辩证艺术。①《会

22

---

① 参见施莱格尔 "Über die Diotima", in *Kritische Friedrich Schlegel Ausgabe*, ed. Ernst Behler, Jean Jacques Anstett, and Hans Eichner（Munich: Schöningh,1958），I, 70–115.

饮篇》中狄奥提玛教义的核心，是说所有的欲望都是爱的形式，爱被引向永恒之物，而爱被引向永恒之物，靠的是美这一手段。于是，在她看来，爱欲（the erotic）不是接近理性的或非理性的，而是原理性的和前理性的动力，其目的是实现与永恒形式的统一。这一教义，是哺育审美理性主义者的乳房；青年莱布尼茨、温克尔曼、莱辛和门德尔松正是在吮吸这个乳房的过程中成长的。我们尽可以把所有理性主义者想象为狄奥提玛的孩子们，想象他们坐在她的旁边，仔细聆听她宝贵的智慧话语。一旦我们全面认识到她的母性灵感，对尼采我们就会反败为胜。因为，有必要提出如下问题：尼采真的领会爱欲了吗？根据叔本华的二元论，尼采真的**能够**理解爱欲吗？或许可以说，审美苏格拉底主义优于尼采狄俄尼索斯哲学的地方，在于它认识到了爱欲深远的重要性。审美理性主义和尼采悲剧哲学的对立，并非如尼采所说是苏格拉底和狄俄尼索斯的对立，而是狄俄尼索斯与爱若斯（Eros）的对立。[①] 一旦我们发现狄奥提玛是审美理性主义的源泉，我们就可以领会审美理性主义为什么会赋予美如此重要的地位，而当代美学为什么会如此盲目地不理会它。通过使美成为爱的对象，狄奥提玛向我们证明，美是生命的必要组成部分，它藏在我们最强大的动力之后，是我们最深的渴望的目标。如果她是对的，那么美就必须是美学的核心，而且就像无法排除爱本身一样，我们也无法排除美。美在所有意志（volition）中扮演的核心而关键的角色，被所有的理性主义者深刻领会到了，他们把完善——美背后的秩序——视为所有欲望的对象。

　　我们现在也可以站在一个立场上把握美衰落的原因了。其根源在于康德在《判断力批判》开头几段中把美从善中区分出来。通过让美成为**无利害的**沉思的对象，康德剥夺了美与爱若斯之间的鲜活关联。于是，追随康德的当代美学会宣布美的死亡，就不奇怪了。一旦美与生命的活力本身切断了关联，美就变成无关紧要之物了。

[①]　Nietzsche, *Werke*, I, 83. 在《悲剧的诞生》中，尼采只提过一次"the erotic"。他称苏格拉底是"真正的好色之徒（*dem wahrhaften Erotiker*; *the true erotic*）"（ibid., I, 91）。

根据尼采在《悲剧的诞生》中的解释，人们可能会认为理性主义者不重
视艺术。毕竟，尼采写道，审美苏格拉底主义是阿提克悲剧的谋杀者，它把
艺术降格为哲学的**婢女**。① 然而颇具讽刺性的是，历史上没有哪一种哲学运
动像审美理性主义那样更加重视艺术。他们可能会完全赞同尼采著名的格
言，即"生存只有从一种审美的立场来看才是有理由的"②。他们也会认为艺
术对于肯定生命的价值来说是至关重要的。但是他们赋予了艺术一个完全不
同于尼采的角色，这个角色完全符合他们截然相反的乐观主义的世界观：艺
术不应该隐藏生存的恐怖，而应该揭示生存的完善。追随莱布尼茨的理性主
义者坚持认为，这个世界是所有可能世界中最好的那一个，而他们赋予艺术
的重要角色，就是让它支持这种乐观主义。美学对于他们的一般世界观的重
要性，直接来自他们对快乐的分析。根据这种分析，所有的快乐都是审美
的，因为它们存在于对完善的感知中，而完善就是美自身的客观对应物。美
学的角色因此就是肯定生存的完善，肯定神的智慧，后者在可能是最好的秩
序里创造了万物。美学因此成为理性主义神正论的重要组成部分：通过美的
经验，我们肯定神的智慧与善良，后者在最完美的秩序里创造了万物。但
是，我们完全不必通过理性主义的神正论发现它的美学的价值。即使我们拒
绝了神正论，我们仍然可以接受狄奥提玛解释美的智慧，而这种智慧，正是
审美理性主义灵感的主要源泉。

七、非理性主义的挑战

如果我们认为审美理性主义是"教条主义"，也就是说认为它对理性力
量抱有非批判性的信任，那么我们就是在误解审美理性主义——确实，我

---

①   Nietzsche, *Werke*, I, 87, 94.

②   Nietzsche, *Werke*, I, 47, 152.

们在逃避那些反对它的问题。教条主义，这是我们在康德《纯粹理性批判》
(*Kritik der reinen Vernunft*) 中看到的关于理性主义的陈词滥调。[①] 但是，康
德的历史概述是令人误入歧途的，因为它是追求私利的。关于审美现象，理
性主义者几乎从一开始就对理性的局限性问题充满了自觉意识，或者说饱受
这个问题的困扰。[②] 审美理性主义的大部分历史，都是在捍卫理性的边界，
抵御非理性主义的挑战。

24

　　这些挑战究竟是什么？理性主义者又如何尝试应对这些挑战？我将在后
面的章节中详细讨论这些问题。这里，作为一个概要和预览，我们只考虑最
重要的东西。

　　从广阔的历史视角来看，审美理性主义只是漫长的启蒙故事中的一个章
节。启蒙运动的基本原则，就是理性的主宰，也就是说，所有的人类信仰和
行动，都必须接受理性的批判。[③] 启蒙运动因此致力于把理性的主宰范围扩
展到生命的每一方面。艺术，和宗教、道德与政治一样，也成为理性批判和
控制的主题。

　　理性主义者对启蒙事业的支持，表现在他们的审美判断理论中。这种理
论的基本意图，就是为理性在艺术领域的统治权作辩护。如果这种理论是正

[①]　*Kritik der reinen Vernunft*, B789, 880–3.

[②]　在关于 18 世纪美学的最为智慧的著作之一，阿尔弗雷德·博伊姆勒（Alfred Baeumler）
的 *Das Irrationalitätsproblem in der Aesthetik und Logik des 18. Jahrhundert bis zur Kritik der
Urteilskraft*——该书是其 *Kants Kritik der Urteilskraft: Ihre Geschichte und Systematik* (Halle:
Niemeyer, 1923) 的第 1 卷，事实上也是唯一一卷——中，这个问题是核心议题。尽管博
伊姆勒是一个狂热的理性社会主义者，但值得肯定之处在于，他强调了非理性问题的重
要性，承认它在理性主义的发展过程中的形成作用。不过，需要指出的是，他对这个问
题的思考过分狭窄。他把它等同于难以言表的个体之物——"难以描述之物"问题；他忽
视了所有由天才、崇高和悲剧引起的重要问题。

[③]　关于这一原则的全部意义与重要性，参考我的 *The Sovereignty of Reason: The Defense of
Rationality in the Early English Enlightenment*（Princeton: Princeton University Press, 1996），
pp.3–5, 20–4。

确的，那么审美经验与生产就应该从属于理性批判与解释。因为理性主义者把完善，即审美经验的客观内容，理解为理性秩序的**最佳**形式。理性秩序存在于和谐即多样性的统一中，因为它可以被公式化为一个概念或一条规则，后者可以把许多东西把握为一种东西。

　　早在 1750 年之前，启蒙运动的正午时分，完善美学就受到了来自各方的攻击。德国启蒙者（*Aufklärer*）之所以十分严肃地对待这些攻击，不仅仅是因为他们视这些攻击为对理性统治权的威胁。宣称审美经验不仅存在于对完善的感知中，就是坚持认为其他超越了理解的东西，因此也就是超越了理性批判的东西，也属于这种感知。18 世纪对美学抱有极大兴趣的最主要原因，是人们——不管是那些启蒙者还是他们的对手都一样——确信理性的统治权受到威胁。比起宗教神秘主义或宗教正统，美学对启蒙运动造成的威胁更为严重；因为正是在自然人性的经验领域而非超越它的超自然领域之中，潜藏着非理性的力量。我们可以依据如下几个标题把对完善美学的批评进行分类：

"难以描述之物（*Je ne sais quoi*）"

　　人们通常认为，审美经验的独特品质，存在于某种根本难以规定和解释的东西之中、某种难以用语词确定和表达的东西之中、某种所谓"难以描述之物"之中。这个问题曾被 17 世纪末期法国的布瓦洛（Boileau）、鲍赫斯（Bouhours）和克鲁萨兹（Crousaz）详细讨论过；它也是莱布尼茨关于感觉特征的分析的核心主题。虽然莱布尼茨并没有解决掉这个问题，但它后来成为鲍姆加登的目标，后者把它视为"广延的清晰性"①。

崇高（*Sublime*）

崇高之物一直是对完善美学的挑战。我们从某些对象——湍急的河流，

---

① 见本书第一章第三部分和第五章第二部分。

无限延伸的沙漠、蓝天和海洋——中获得快乐，它们不同于任何可感知的和谐。尽管完善被我们把握为某种整体或统一的东西，但崇高之物超越了任何把它感知为整体或统一的东西的力量，而我们之所以获得快乐恰好出于这个原因。因此，有必要区分美的东西与崇高之物，把关于完善的美学限定为只与美的东西相关。

由于它们有时候是模糊不分的，所以有必要区分"难以描述之物"问题和崇高之物问题非常重要，因为它们有时候很容易混淆。尽管两种东西都超越了概念表述，但"难以描述之物"是与美相关的难以言传的品质，因而与某种可以在有限范围内理解的事物相关；而崇高完全超越了美的限制。或者说，"难以描述之物"作为一种难以理解的品质，来自但无法还原为秩序和比例，而崇高之物超越了所有秩序与比例。

崇高之物对完善美学的挑战首次出现在 18 世纪 40 年代的德国，当时高特谢德正与瑞士美学家 J. J. 博德默和 J. J. 布莱廷格论战。[①] 随着埃德蒙·伯克（Edmund Burke）《关于我们崇高与美观念之根源的哲学探讨》（*A Philosophical Enquiry into the Origin of Our Ideas of the Sublime and Beautiful*）于 18 世纪 50 年代的出版，这个问题变得更加明显与急迫。问题首先由门德尔松提出，他不是把崇高解释为完善的缺席，而是解释为具有非凡程度的完善。[②]

新奇而令人惊讶之物（*The New and Surprising*）

有时候我们在感知一些新奇而令人惊讶之物时获得快乐，因为它们破坏和颠覆了我们关于秩序、和谐和比例的感觉。由于并非无限或不可衡量的，新奇和令人惊讶之物不一定是崇高之物，但我们之所以从前者那里得到快乐，正是因为它是非理性的，它颠覆了我们正常的秩序感。

26

---

① 　见本书第四章第三部分。

② 　见本书第七章第五部分。

在与高特谢德的争论中，博德默和布莱廷格宣称，要平等对待新奇与令人惊讶之物和美的东西。

悲剧（*Tragedy*）

我们在观看悲剧性事件——无论是虚构的还是现实的——中同样可以获得快乐，即使我们并不希望它们发生。我们喜欢从远处目睹一场海难、观看伦敦火灾或者里斯本大地震，尽管我们对此深感遗憾，甚至愿意牺牲自己的生命来避免这些事故的发生。但是，这些事件绝非完善性，反而是它的反面。悲剧性的快乐问题由门德尔松于 1755 年在其著作《关于感觉的通信》（*Briefe über die Empfindungen*）中提出，在那里他尝试根据一种混合的快乐概念来解释这一问题。①

天才（*Genius*）

完善美学的问题日渐凸显，这不仅从观众的立场来看如此，而且从创作者的立场来看也是如此。这种美学宣称所有的审美生产与感知都必须符合规则；但是，我们之所以看重天才，正是因为天才**打破**或**超越**了规则，或者因为他创造了属于自己的规则。随着 18 世纪 60 年代狂飙突进运动的兴起，关于天才的声明变得越发尖锐。它们遭遇到莱辛与门德尔松的反对，后者强调天才对规则的依赖，并把灵感解释为一种直觉理性。②

没有谁比康德更看重这些针对理性权威的挑战。走进《判断力批判》的一条最好的路，就是把它理解为对这些挑战的回应。康德的回应是复杂的，并且走向两个完全相反的方向：它既扩大又限制了理性的力量。面对"难以描述之物"，他限制了理性的力量，把这种东西理解为想象力和知性之间的

---

① 见本书第七章第三部分、第四部分。

② 见本书第七章第八部分和第八章第三部分。

非决定性的相互影响；而面对崇高之物，他又扩大了理性的力量，根据实践理性的观念来解释这种崇高之物。康德的回应非常不同于理性主义传统，后者希望通过重释完善美学来应对这些问题。

我们必须把关于康德相较于理性主义者的回应的优势之讨论放到其他场合中去。这里需要确定的唯一一点，就是要明确康德对这些问题的关注绝非独一无二的。康德与理性主义者之间的不同，不是批判与教条之间的不同，而是反对非理性主义问题的两种路径之间的不同。

27

八、伽达默尔和理性主义传统

对于 20 世纪美学的关键著作——汉斯-乔治·伽达默尔的《真理与方法》（*Wahrheit und Methode*）来说变得非常明显的事实是，审美理性主义至少有某些核心教义并不是毫无用处的老古董，它们在当代还会产生反响。伽达默尔值得称赞的地方在于，他是 20 世纪少有的几个复兴审美真理概念的思想家之一，他反对康德对审美经验灾难性的主观化。针对康德的审美自律理论，没有谁能够提出比他更有力的批判，或者说没有谁能够给出证明审美经验的认知维度的更有力的例子。在反对康德主观主义和复兴审美真理概念的过程中，伽达默尔为我们重新考察理性主义传统做了很多准备工作。

然而，这并不是说伽达默尔本人赞同这样一种重新考察。在《真理与方法》最后一章中，伽达默尔承认自己的观点和理性主义传统之间有密切关系。① 理性主义传统是对古希腊哲学的"美的形而上学"的"最后体现"，而他致力于复兴的，就是这样一种形而上学，即使只是部分地复兴。尽管如此，伽达默尔还是认为理性主义传统是不可救药的。在他看来，这一传统的致命缺点是，它的美学建立在无望而过时的形而上学之上。理性主义形而上

---

① Hans-Georg Gadamer, *Wahrheit und Methode*, in *Gesammelte Werke* (Tübingen: Mohr, 1990)，I, 484.

学的关键是它的实体概念和目的论世界观。但是，康德对这些教义的批判是如此有效，以至于现在已经没有人再希望复兴审美理性主义了。尽管伽达默尔在希腊美的形而上学中发现了某种有价值之物，但它并不存在于被 18 世纪理性主义者保留的教义中。

我们已经找到了一些可以质疑康德审美理性主义批判——尤其是他宣称审美理性主义的教义依赖于一种目的论形而上学——的理由。以此为基础，伽达默尔没有理由认为自己疏远了理性主义传统。但是如果完全离开形而上学，就有足够理由相信伽达默尔与理性主义传统的关系比他认识到的要亲密得多。值得指出的是，在努力复兴审美认识概念时，伽达默尔一再求助于理性主义者同样求助的灵感：柏拉图《斐德罗篇》（*Phaedrus*）中的教义，即美是可认知之物的感性显现。① 和理性主义者一样，伽达默尔也把审美经验视为对本质真理的认识。一件艺术作品能够让我们洞见真理，不是靠模仿特别的显现，而是靠揭示经验的普遍方面。然而模仿观念有时候仍然很重要，依然在理性主义传统中扮演着关键角色，伽达默尔同样建议应当恢复和重释模仿，以使艺术作品真正的认知维度的价值得到充分发挥。② 被重新解释的模仿，不再是对表象的复制或抄袭，而是对经验的实质性或普遍性方面的揭示。这样一种重释，肯定与理性主义者意气相投。

尽管具有相同的柏拉图式的灵感，伽达默尔仍然被理性主义对规则的全神贯注所困扰。虽然伽达默尔只是偶尔评论过，③ 但他发现这种全神贯注特

---

① Hans-Georg Gadamer, *Wahrheit und Methode*, in *Gesammelte Werke*（Tübingen: Mohr, 1990），131, 485. Cf. 119. 在那里，伽达默尔提到柏拉图的追忆教义，这应该和理性主义者们完全意气相投。

② Hans-Georg Gadamer, *Wahrheit und Methode*, in *Gesammelte Werke*（Tübingen: Mohr, 1990），120-1.

③ Hans-Georg Gadamer, *Wahrheit und Methode*, in *Gesammelte Werke*（Tübingen: Mohr, 1990），484. 在这里，伽达默尔曾经轻蔑地提及 "理性主义规则美学的古典外表"。伽达默尔似乎接受了康德的 "规则美学" 批判（Ibid., 47）。

别成问题，因为他发现理性主义传统难以在审美真理和科学真理之间作出正当区分。对伽达默尔来说，最重要的是要在这两种真理之间作出明确区分，因为这种区分能够为审美经验确保一块合适的真理领域。如果科学是真理和探究的唯一领域，那么审美经验就像康德所教导的那样是主观的。对伽达默尔来说，理性主义传统更深层次的问题在于，后者因为过分强调规则而危害到了这种区分。伽达默尔认为科学真理的独特之处在于它坚持方法论规则。① 他在笛卡尔的《规则》中看到了现代科学精神的缩影，在那本书里，探究者被建议根据独特的规则寻求真理。② 伽达默尔比较了科学根据方法规则对真理的追求与柏拉图式的辩证法，后者持续不断的质疑从来不会受制于有限的规则或特别的议程。辩证的精神打开了探究的边界，在原来没有问题的地方提出了问题；但这样的精神会因坚持规则而被消除，因为规则先天就会限制探究，会因为明确的程序和目标而约束探究。伽达默尔相信艺术具有同样的辩证精神，因为它们在尝试不断拓宽经验的边界和真理的维度。 29

　　我们将在此离开关于伽达默尔明确区分审美真理和科学真理的功过这一宽泛的问题。很明显，康德的自律概念和浪漫主义的天才观，仍然在伽达默尔的思想里扮演着关键角色，尽管他一直在努力克服它们。这里只需说伽达默尔自己对艺术作品的分析假设了审美规则的存在就够了。比如说，当他分析艺术作品作为一种客观结构——这一结构超越了它的创造者和观众——的观念时，他假设这一结构的客观方面是比较规范的，也就是受规则支配的。③ 正是艺术作品的这个规范维度，确保了作品不可能被简单缩减

---

① Hans-Georg Gadamer, *Wahrheit und Methode*, in *Gesammelte Werke*（Tübingen: Mohr, 1990），243, 275, 282.

② Hans-Georg Gadamer, *Wahrheit und Methode*, in *Gesammelte Werke*（Tübingen: Mohr, 1990），464.

③ Hans-Georg Gadamer, *Wahrheit und Methode*, in *Gesammelte Werke*（Tübingen: Mohr, 1990），107–16. 尤其是参见该书第 112 页："预先规定游戏空间界限的规则与秩序，构成某种游戏的本质。"

为创造或欣赏它的主体的经验。而且当伽达默尔坚称艺术作品是一个完全自足的整体时，它的意义对创造者和观众都施加限制时，他还假设了艺术作品拥有充足理由或基本理念，而这理由或理念就是创造和批评作品的规则。[1] 困扰伽达默尔审美规则概念——对探究和灵感的约束——的东西可能是正当的；但它很难给出完全扔掉审美规则概念的理由。于是，规则对于艺术创造与批评的不可或缺性，对伽达默尔明确区分审美真理和科学真理提出了疑问。

伽达默尔恢复审美真理的最大功劳在于，他返回审美真理的古典根源——柏拉图那里。正是柏拉图的辩证精神启发了伽达默尔的艺术解释学和艺术哲学。但是，当伽达默尔认为自己的艺术哲学是对美学的克服时，他明显误入歧途了。在返回柏拉图过程中，伽达默尔不但没有超越美学，反而是返回到了美学原初的灵感中。因为《斐德罗篇》和《会饮篇》（*Symposium*）的精神，正是18世纪中期美学创新的背后原因。正如伽达默尔所做的那样，把康德视为现代美学的精华是一个严重错误。作为爱若斯的陌路人，康德从来没有理解过狄奥提玛的教诲，而后者才是现代美学背后真正的指导精神。

有如此多的期待需要我们来完成！这些初步结论将会在下面的章节里予以详尽分析和说明。我们在这里尝试去做的，只是粗略描述一种已经被遗忘的哲学传统的轮廓和基本原理。这一传统就像被埋藏的珍宝库，我们现在就要去发掘和探索它的内容。我们要仔细关注这些狄奥提玛的孩子们，就像在两千年前苏格拉底曾经认真聆听狄奥提玛本人的教诲一样。

30

---

[1]　Hans-Georg Gadamer, *Wahrheit und Methode*, in *Gesammelte Werke*（Tübingen: Mohr, 1990），99–100.

第一章

莱布尼茨和审美理性主义的根源

一、祖父的悬案

　　莱布尼茨是德国美学的祖父。德国美学的父权声明，通常被保留给鲍姆加登，因为后者的《美学》（*Aesthetica*）为这个现代学科命了名。然而我们很快将会发现能够反对这一声明的理由，并且把美学之父的称号留给沃尔夫。但无论鲍姆加登和沃尔夫中的哪一位被称为美学之父，莱布尼茨却一定是美学之祖父，因为后者系统阐述了那么多的术语、心理学和认识论，而这些都是鲍姆加登和沃尔夫美学的基础，也是作为一个整体的审美理性主义的基础。公正地说，康德之前的整个审美理性主义传统，都建立在莱布尼茨的地基之上。假设莱布尼茨的影响终止于康德，好像康德已经一劳永逸地埋葬了莱布尼茨，这完全是错误的，因为在后康德时代，莱布尼茨的遗产依然充满活力。对于早期浪漫主义（*Frühromantik*）和歌德时代（*Goethezeit*）来说，如此重要的关于世界的审美概念——认为世界是一件艺术作品或有机体——就扎根于莱布尼茨的形而上学。赫尔德（Herder）和青年谢林（Schelling）在其核心著作中为美学概念奠基时，总是一再求助于莱布尼茨，这并不让人意外。① 康德想要埋葬的精神，又被他之后的人们复活了。

不过，为莱布尼茨声索美学的祖父权，有一点悖谬，因为尽管他对德国美学的影响巨大，但他本人却很少关注这一主题。他对美学问题不感兴趣，也没有明确的趣味理论。因此，恩斯特·卡西尔（Ernst Cassirer）这样写道："在莱布尼茨的哲学结构中，审美动机并没有扮演关键角色。"② 表面上看，卡西尔的评论是完全正确的。莱布尼茨对他那个时代的美学讨论与论争的参与，可谓微不足道；这种参与对他的思想的发展也无关紧要。他关于审美问题的有限评论都是零碎而偶然的。③

我们该怎样解析这一悖论？怎样解释他对美学影响非凡却很少关注美学问题的矛盾？答案当然在于莱布尼茨哲学中深刻的美学维度。即使莱布尼茨没有明确的美学理论，美学概念也在他的整个哲学中扮演关键角色。所以，从更深层次上看，卡西尔的评论又是完全错误的：审美动机在莱布尼茨的哲学结构中确实具有决定性的地位。

莱布尼茨的形而上学中有一条藏得很深的美学线索。毋庸置疑，莱布尼茨形而上学的核心概念是他的实体概念，因为他视实体为实在的基本单元。莱布尼茨用活力（*Vis viva*，*Kraft*）来定义实体，他把这种活力规定为统一多样性、在多样性中创造统一性的力量。存在于多样性中的统一性，就是秩序或和谐，而后者正是美本身的结构。于是，活力自身显现为美，美也因此成为衡量一种实体的力量的标准。实体的力量越强大，美就越强大。在其晚

---

① See Herder's *Gott, Einige Gespräche*, in *Sämtliche Werke*, ed. b. Suphan, 33 vols.（Berlin: Weidmann, 1881—1913），XVI, 458–64; and Schelling's *Ideen zu einer Philosophie der Natur*, in *Sämtliche Werke*, ed. K. F. A. Schelling, 14 vols.（Stuttgart: Cotta, 1856），II, 20.

② *Freiheit und Form*（Berlin: Cassirer, 1916），p.64.

③ 尽管其中只有一段谈论趣味问题，但最重要的是莱布尼茨论沙夫茨伯里（Shaftesbury）*Characteristics* 的 "Remarques"。参见 *Die philosophischen Schriften von Gottfried Wilhelm Leibniz*, ed. C. I. Gerhardt, 7 vols.（Berlin: Weidmann, 1875–90），III, 423–31（后文将把该版本简称为 "G"）。

期写就的一个片段《一门新的普遍科学之基础与例证》（"Initia et Specimina Scientiae novae Generalis"）里，莱布尼茨本人通过确定力量对美的显示或显现，把这种关联明确了下来：

> 说到力量，如果它越是能够通过从一中或在一中产生多来证明它自己，那么它就越强大，因为一主宰着多种事物，并在它里面构成它们。现在，多样性中的统一性不是其他，就是和谐；而且……来自和谐的秩序，就是所有美的源泉……从这里我们可以看到，幸福、快乐、爱、完善、本质、力量、自由、和谐、秩序和美是如何关联在一起的，当然，这只能被少数人恰当地发现。①

　　莱布尼茨哲学的审美维度最明显地表现在他的伦理学中。莱布尼茨用本质上是美学的术语来思考至善。他把至善视为幸福或宁静，它存在于永恒的快乐中。② 他认为，快乐来自对完善的感知，以至于完善的程度越高，快乐的程度也越高。但是对莱布尼茨来说，来自对完善的感知的快乐，与来自对美本身的感知的快乐，没有什么区别。于是，莱布尼茨视所有的快乐——幸福的基本内容——为一种审美现象。莱布尼茨指出，即使是感官的或肉体的快乐，也是审美的，因为它来自对完善的感知，即使我们并没有完全意识到完善本身。③ 　33

　　美在莱布尼茨的神正论中也扮演着关键角色。对莱布尼茨来说，神正论就是尝试为上帝待人的方法辩护，也就是去解释为什么上帝允许恶在宇宙中的存在。莱布尼茨神正论的核心论点是：这个世界是所有可能世界中

---

① See G VII, 87. Cf. "On Wisdom", in *Philosophical Papers and Letters*, ed. L. Loemker, 2nd edn. (Dordrecht: Reidel, 1969), p.426.（后文将把这一版本简称为 "L"。）

② G VII, 86; L425. See also "Elements of Natural Law", L, 136–7.

③ G VII, 87; L426.

最好的那一个；换句话说，上帝神圣的善是不可能创造一个不够完美的宇宙的。① 但是当莱布尼茨宣称这个世界是所有可能世界中最好的那一个时，他可能还会补充说道，这个世界是所有可能世界中最美的那一个。把所有可能世界中最好的那一个变成最美的那一个，人们只需沉思它的完善，因为美就是从沉思完善中得到的快乐。因此，美在莱布尼茨神正论中的角色已经非常清楚了：它确定了神性完善在宇宙中的存在。只要我们发现了美，我们就会意识到某种东西是完善的；而当我们视之为完善的时候，我们就确认了它的创造者的智慧与善。于是，通过美我们在神性创造中获得快乐，它让我们准备好接受上帝的待人方法。莱布尼茨相信，对上帝待人之法的默许，对我们爱上帝和荣耀上帝来说是至关重要的，而爱上帝和荣耀上帝是我们的最高责任。②

当我们考虑到莱布尼茨经常通过求助于一种美学比喻———一种关于和谐整体的观念——来解释恶的时候，莱布尼茨神正论中的审美维度就变得更加明显了。③ 他把宇宙视为"一首伟大而真正的诗"④，还把恶比作不和谐，而这对宇宙的和谐来说是必要的。和谐之美存在于多样性的统一中，但最高层次的美来自一种多样性，而多样性的各个元素不仅完全不同，而且彼此冲突。就像最高层次的美来自对最大程度的不一致的统一那样，宇宙的完善来自冲突本身的恶。于是，恶成为生存的一个关键事实，就像不一致对美来说是必要的，恶对宇宙的完善来说也是必要的。这样，对莱布尼茨来说，就像

34

---

① *Discours de métaphysique*, §3, G IV, 428.

② *Discours de métaphysique*, §4, 429–30.

③ See especially the early *Confessio philosophi*, in Leibniz, *Sämtliche Schriften und Briefe*, ed. Akademie der Wissenchaften（Berlin: Akademie Verlag, 1980）, VI/3, 122–3, 130, 146.（后文将把此版本简称为"AA"）See also the 1677 fragment, "Conversatio de libertate", in *Textes Inédits*, ed. Gaston Grua, 2 vols.（Paris: Presses Universitatires de France, 1948）, I, 271.（后文将把此版本简称为"Gr"）

④ 这个比喻出现在 "Meditations on the Common Concept of Justice"（L 565–6）中。

对尼采来说那样，生存只有作为一种审美现象才是正当的。[①]

只有当我们把莱布尼茨放进他所处的那个广阔的历史语境中，把他和宗教改革的遗产进行比较时，莱布尼茨在美学史中的重要性才会完全显现出来。很难想象还有一种态度，比新教神学更敌视生命的审美维度。路德（Luther）和加尔文（Calvin）神学的几乎每一个关键特征——主张唯名论，认为终极救赎是唯一最高的善，明确区分天国与尘世——都在打击美学。感官的美，只是诱惑我们留守在尘世领域，而那里我们不可能找到救赎；思想的美，又总是幻觉，因为当一般概念只是被思想认识到的规律（*modi cognoscendi intellectus*）时，就不存在永恒形式的领域。莱布尼茨的伟大成就在于，他恢复了审美领域的合法性，坚决反对新教神学的消极影响。在这样做的时候，他回到了柏拉图的形而上学，以恢复形式（the Forms）的地位；也回到了托马斯（Thomas）神学，以重建自然与恩典领域的关联。我们发现，《斐德罗篇》和《会饮篇》的一些主题又回到莱布尼茨的哲学中：对美的感知，就是对形式的理智直观的初期表现；生活的目标是对美的沉思；对美的感知是爱的源泉。通过重回这些柏拉图式的主题，莱布尼茨让文艺复兴的精神在新教文化中保持鲜活的存在。这样，在所有新教牧师都在拼命迫害和驱逐狄奥提玛时，正是莱布尼茨为她提供了避难所和安慰。

不过，莱布尼茨的成就绝不是一点问题也没有的。柏拉图对待艺术的那种矛盾心态，同样出现在莱布尼茨的哲学里。我们在那里不仅可以看见《斐德罗篇》和《会饮篇》的遗产，也可以看见《理想国》（*Republic*）的遗产。尽管莱布尼茨并没有把艺术家从他的城邦中驱逐出去，但他和柏拉图一样让哲学家扮演引导趣味的角色，并且允许哲学家控制和审查艺术家。尽管莱布尼茨从来没有像柏拉图那样把艺术贬低为对现象的模仿，但他认为，由

[①] Cf. Nietzsche, *Der Geburt der Tragödie*, in *Sämtliche Werke*, ed. Giorgio Colli and Mazzino Montinari, 15 vols.（Berlin: de Gruyter, 1980），I, 152.

于涉及感性媒介，艺术只能提供一种理智认识的模糊形式。这种经验的全部意义，只能被哲学家全面理解和解释。艺术家通过感性媒介模糊地认识到的东西，哲学家能够用准确而独特的术语把它表达出来。于是，就像柏拉图那样，莱布尼茨把理性的洞见——对结构或形式的理智感知——视为知识的典范，而艺术家只能对此提供一种不成熟的表现。莱布尼茨对待艺术的矛盾心态，将会一再出现在审美理性主义的传统中。

35

二、美的理论

莱布尼茨虽然没有专门的美学理论，但也偶尔提出一些美的定义。[①] 最明确的一个定义，出现在他的《自然法片段》（"Elements of Natural Law"）（1670—1）中："我们寻求美的东西，因为它们是令人快乐的，因此我把美定义为对令人快乐之物的沉思。"[②] 从这个定义我们可以看出，莱布尼茨把美视为一种完全主观性的品质，因为它似乎只存在于我们在对客体沉思时所获得的快乐里。但这一印象很快就被莱布尼茨关于快乐的一般理论所纠正。他坚称快乐是对事物的卓越（excellence）或完善的感受，不管这种快乐是在我们自身之中还是在别人那里。[③] 这种完善或卓越，不是我们植入对象之中的品质，而是对象自身所具有的品质，不管它是不是被我们感知到了；因为

---

① See also "De existentia", from *De summa rerum*, AA VI/3, 588; "Elementa juris naturalis", AA VI/1, 484; "Elementa verae pietatis" AA VI/4, 1358; and 'De affectibus', AA VI/4, 1415.

② L 137.

③ "……快乐不是其他，而是对不断增加的完善的感受……"（from "Two Dialogues on Religion", L 218）"……快乐不是其他，就是对完善的感受"（from "Reflections on the Common Concept of Justice", L 569）；"快乐是对完善或卓越的感受，不管它们是在我们自身之中还是在别的什么地方"（from "On Wisdom", L 425）；"我完全相信快乐是对完善的感觉，痛苦是对不完善的感觉，它们是如此值得注意，以至于人们意识到它们的存在"（from *Nouveaux Essais*, G V, 180）。

莱布尼茨把完善定义为事物的积极实在的程度或本质，而不管它的所有有限性。① 他进一步解释道，就像和谐那样，完善在事物的力量中显现自身，在它把各种特性统一为一的能力中显现自身。② 于是，快乐不仅是一种感受，还是一种认知状态，是对处于实在中的事物自身的再现，也就是对它的完善、它的多样性统一或和谐的再现。

36

　　这样，对莱布尼茨来说，美既是一种主观的品质，也是一种客观的品质。美之所以是主观的，是因为它涉及快乐的感受；美之所以是客观的，是因为它是对事物结构特征的感知，也就是对事物的和谐或多样性统一的感知。美因此在根本上是理性的，它涉及主体对客体的独特品质的反应，或者涉及这些独特品质如何作用于主体。于是，莱布尼茨的定义让他处于那些现代经验主义者和古典思想家中间的立场上，其中前者认为美是完全主观性的品质，而后者只是把美定义为和谐、对称与合比例。莱布尼茨所走的这条中间道路，预示着审美理性主义的整个传统，后者将会同样把美视为主观与客观之间的关系。

　　值得特别指出的是，莱布尼茨把美视为一种特殊的快乐。就像所有的快乐一样，美来自对完善的感知；但这是一种特殊的快乐，它来自对完善的**沉思**（contemplation）。当我们沉思一个客体时，我们是就客体自身来评价它

---

① "我用**完善**一词表示一种非常简单的品质，它是积极而绝对的，或者能够表现它尽其所能可以表现的。"（from "Two Notions for Discussion with Spinoza", L 167）"**完善**是实在或本质的量或程度，就像**强烈**是品质的程度，**力量**是行动的程度那样。"（from Letter to Arnold Eckhard, Summer 1677, L 177）"当我们把限制事物的规定与边界撇在一边时，**完善**在严格意义上来说不过就是积极实在的量。"（from *Monadology*, §41, L 647）"**完善**……是积极实在的程度，或者……是确定可理解性的程度，因此，事物越完善，就越有更多值得关注的东西被发现。"[from Leibniz to Wolff, Winter 1741–15, in *Philosophical Essays*, ed. Roger Ariew and Daniel Garber（Indianapolis: Hackett, 1989），p.230]

② 参见"On Wisdom"（L 426）、莱布尼茨致沃尔夫的信（Leibniz to Wolff, April 2, 1715, G 231），尤其是这封信（May 18, 1715, G 33–4）："完善是事物的和谐……也就是说，是一种多样性的协同或统一状态。"

的品质，而不是出于任何利用或消费客体的利益。身体的快乐也来自对客体的完善的感知，也就是对它们刺激或滋养我们的力量的感知；但它们不属于**审美**快乐的形式，因为它们并没有来自对客体的沉思，而是来自利用或消费客体的利益。

然而，莱布尼茨对沉思的强调，并不意味着他好像已经同意康德的想法，即审美快乐是无功利的，是完全不同于欲望的。相反，他就像狄奥提玛的真正弟子那样，明确坚持对美的感知可以引发爱。[①] 无论何时我们从生命存在或理性存在的完善、丰富或幸福中获得快乐，我们都会爱这种存在。[②]但是，我们并不会爱所有的美，因为一些无生命之物虽然很美，但我们并不会爱它们。我们只是延伸性地谈论对无生命之物——比如一幅画——的爱。但是，只要我们意识到其他生命之物或理性之物的完善，并从其自身出发评价它时——也就是说，只要我们意识到它的美——我们就会爱上它。

同样重要的是，莱布尼茨并没有把美局限于感官世界，好像它只存在于我们通过感官可以感知的范围。我们不要把他的观点和他的许多继任者——鲍姆加登、迈耶、苏尔泽和门德尔松——的观点混为一谈，他们认为美是对完善的**感性**把握。尽管莱布尼茨认为所有沉思性的快乐都包含美，但他并不把这种快乐局限于感官或物理世界；它并非我们的感官或身体本性所独有的一种感受。相反，他坚称存在一些纯粹**理智的**快乐，尤其是那些来自对宇宙和谐的沉思的快乐。所有快乐中最高层次的快乐是一种美的愿景，它是对上帝的直觉，直接来自对"事物的和谐或事物中美的原则"[③] 的沉思。

莱布尼茨把理智的快乐而非感性的快乐视为所有快乐的典范。于是，他坚称完善存在于和谐之中，而我们只有通过理智才可以把握这种和谐。感性的快乐之所以适合我们，仅仅因为它们是对和谐的一种下意识的或模糊的感

---

① "On the Wisdom", L 426.

② "Elements of Natural Law", L 137; and *Nouveaux Essais*, G, V 149–50.

③ L 109.

知。因此，莱布尼茨在他的《论自然与恩典的原则》（*Principes de la Nature et de la Grace*）中写道："感官的快乐是被模糊认识到的理智的快乐。"比如说，音乐使我们陶醉，那是因为它的美只存在于"数字的和谐与……对发声体的震动节拍的计算中"。①

三、关于感觉的分析

莱布尼茨美学观点的核心之处，是他对感性品质的总体解释。莱布尼茨虽然没有把美限制为感官的快乐，但他充分认识到许多典型的审美品质都是感性的。莱布尼茨对感性品质的解释，是整个审美理性主义传统的基础，对那些坚称美是一种感性快乐的人们来说尤其如此。

在给苏菲·夏洛特（Sophie Charlotte）的信中，莱布尼茨写道，感性品质是神秘莫测的。②并非如经验主义者所认为的那样，我们对感性品质的理解并不多于对其他东西的理解。我们运用我们的感官，就像盲人运用他的手杖。它们帮助我们在颜色、声音、气味和滋味的基础上区分对象；但是它们无法看见这些品质自身的本质。因为这些品质存在于**觉察不到的**部分之中，后者是感官自身难以把握的，比如说，空气的震动或颗粒的运动。我们只能通过推理认识到这些部分；但我们不知道它们的运动如何生产出独特的感性品质，比如说，为什么只是这种光的折射让我们看到了红色而不是蓝色。于是，莱布尼茨认为，感性品质是如此神秘，以至于我们甚至不能为它们提供一些只是名义上的定义。名义上的定义，是一种足以认出一个东西或把这个东西从其他东西那里区别出来的标志或符号。但我们不可能仅仅依靠标志或符号来认识感性品质；在我们理解我们正在讨论的东西之前，我们必须首先

38

---

① *Principes de la Nature et de la Grace*, §17; G VI, 605.

② Letter to Sophie Charlotte, G, VI, 499–500.

切实感受到它的品质。比如说，如果需要理解蓝色是什么，我们就必须直接看到它。仅仅通过符号来认识，我们并不比盲人好到哪里去。

莱布尼茨对感性品质的分析，以他的思想分类法为前提，后者曾经在他的《对知识、真理与观念的沉思》（"Meditaiones de Cognitione，Veritate et Ideis"）[①] 中得到描述。根据他的分类，所有的知识不是含混的（obscure）就是清晰的（clear）。如果一种观念不足以认出某物，把它从其他物中区分出来，它就是含混的。当我不能把毛莨和雏菊、矮牵牛区分开来时，我对毛莨的观念就是含混的。但是，如果一种观念足以认出某物，并把它从其他物中区分出来，这种观念就是清晰的。莱布尼茨补充道，所有的清晰观念，要么是模糊的（confused），要么是明确的（distinct）。如果一种观念不能一个一个地列举出一物不同于其他物的所有标志或性能，它就是模糊的；但是如果我能列举出它们，这种观念就是明确的。他继续写道，一种明确的观念，就像化学家关于黄金的观念；从延展性和可溶于王水的特性，他把它从所有其他物质中区分出来。莱布尼茨进一步指出，所有明确的观念，不是充分的（adequate）就是不充分的（inadequate）。充分的观念是指它可能列举出包含进它们的每一种特征中的所有东西，不充分的观念是指它不可能做到这一点。比如说，化学家可能也拥有关于黄金的充分知识，如果他能够详细说明包含进它的独特特征中的所有东西；比如说，如果他能够准确解释延展性和溶于王水的特性由什么组成。于是，充分的知识就存在于一种每一个特征都彼此分明的确定知识中，或者如莱布尼茨所言，"当进入明确的观念中的每一种东西再一次被明确地认识到时"。

根据这种分类法，莱布尼茨认为感性品质既是清晰的又是模糊的。[②] 它们之所以是清晰的，是因为我们能够立刻认出它们，并把它们从其他东西那

[①]　G，IV，422–6.

[②]　"Meditationes"，G IV，422–3 and Letter to Sophie Charlotte，G，VI，499–500.

里区别出来；但它们又是模糊的，因为我们不能解释它们由什么组成，或者列举出它们的突出特征。因此感性品质是原始的，因为即使我们能够确定它的原因，比如光呈直线传播，声音呈波浪形传播，我们却无法根据进一步的特征或性能来定义它们。莱布尼茨之所以认为感性品质是模糊的，不仅因为它们是**不可定义的**，而且因为它们是**合成的**，也就是说，它们是许多不同元素的组合。比如说，我们感知到的是许多振动或彼此影响的颗粒，但是感官把它们混同为一种感觉，即感官统一了这些振动或颗粒，把它们视为一个东西，尽管事实上它们是一起行动的很多东西。莱布尼茨坚持认为，感官的本质就是混淆各种事物，也就是把许多分别发生和相继发生的事物放在一起同时感知。比如说，感官把一个正在旋转的纺车看成是透明的，而实际上，它的旋转包含了纺翅与空隙的快速接替。而从字面意义上看，模糊（be confused）就是混合在一起（be fused together），就是把许许多多的东西看成一个东西。

虽然莱布尼茨认为感觉混合了各种事物，但他仍然认为感觉提供某种认识实在的形式，尽管那是一种模糊的、不牢固的形式。他指出，如果我们分析感性品质的原因与构成，我们就会最终发现实在本身。[①] 它们是这一实在的表象与效果，不可避免地来自这一实在，来自对许多不可感知的部分的聚合；它们因此并非只是幻觉。它们因此是他所谓"有充足理由的现象（*phaenomena bene fundata*）"，也就是建基于实在中或自然之上的表象，就像彩虹的颜色自然来自雨滴对阳光的反射。[②] 莱布尼茨解释道，感性品质给我们关于实在的知识，根据的是感觉和它们的原因之间的**形式相似性**。不同于洛克，莱布尼茨认为即使是所谓的"第二性的质"如颜色、滋味和气味，也都和它们的对象有相似之处。尽管实在本身是绝对可理解的，但感性品质

---

① "Leibniz to Foucher", 1676, G I, 373.

② "Leibniz to de Volder", 1704–5, G II, 276 and to Arnauld, October 9, 1687, G II, 118.

拥有一种潜在的形式基础或结构，这类似于它们的可理解的原因与内容。莱布尼茨用"表现（expression）"概念来定义感性品质与它们的原因之间的相似性。他解释道，"当一种东西和另一种东西之间存在持续而有规律的关联时"，"一种东西表现其他东西。"① 比如说，透视中的投影，表现出一种几何学特征。或者，他还这样定义表现："这就是说，在存在关联的事物中表现事物，这些关联与被表现的事物的关联一致。"② 这意味着我们可以通过考虑表现中的关联进入被表现的事物的知识。于是，从那些给予我们感官的品质里——如果我们能够有效分析它们——我们就可以推断出实在自身的本质。莱布尼茨明确指出，表现为所有类型的知识所共有，它们包括自然的感知、动物的感受和理智的知识。

40　　莱布尼茨的感觉分析对感性审美经验的认识论地位有着模糊不清的影响。一方面，不论如何模糊，这种经验依然能够让我们洞见到实在本身。就像所有的感性经验一样，审美经验是对它的原因的表现，因而和原因具有形式上的相似性。但是另一方面，正是由于它的模糊，审美经验依然要接受理性认识的衡量，并被发现存在不足；和理性认识相比，它仍然处于较低的水平。感觉只是我们能够或将会通过理性的彻底分析认识到的事物的**模糊**形式。因此，虽然莱布尼茨给予审美经验某种认识论的重要性，但它是一种被贬低的认识形式：一种**模糊的**理智认识。除了它所提供的快乐，艺术实在是一种可有可无的认识形式。它们所启示或预示的知识，还需要科学来更准确地发展下去。

　　在少数几个地方，莱布尼茨把他的感性品质分析应用于审美经验。他在《形而上学论》（*Discours de métaphysique*）中解释道，正是感觉的模糊性，能够解释审美经验的难以言表性，解释为什么我们难以准确界定那让我

---

① Leibniz to Arnauld, October 9, 1687, G, II, 112.

② "Quid sit Idea", G, VII, 263.

们快乐的东西。① 一首诗或一幅画中存在的"难以描述之物"，恰好来自我们无法确定它的感性品质。如果我们硬要分析这些品质的内容，它们就会完全失去它们的审美感染力。于是，莱布尼茨在《人类理智新论》（*Nouveaux Essais*）中这样写道：

> 既想保留这些模糊的形象，又想通过想象本身认识它们的内容，这是自相矛盾的。就像既想享受被某种美丽的风景欺骗，又想同时看到那骗术——后者会糟蹋那让你享受的效果。（G V，384）

莱布尼茨对"难以描述之物"的发现意义非凡，因为这等于承认理性在感性审美经验中受到了限制。"难以描述之物"是不能被理智准确规定、分析或定义的东西；当我们尝试去解释它时，它就会被破坏掉。但对"难以描述之物"的承认明显让莱布尼茨感到不安。如果在某些段落里他承认这种东西的地位的话，他又会在其他段落里予以否认。在他暗示审美经验的快乐来自这种经验的理智结构的地方，他似乎在否认这种东西的地位。于是，在《论自然与恩典的原则》中，莱布尼茨才会写道："被模糊地认识的感官的快乐，可以还原成理智的快乐。"② 在《论情感》（"De affectibus"）中，他还主张，真正的美是经过分析后仍然存在的东西，那时它所有的元素都会得到清晰而确定的认识。③ 这里，有两条处于张力状态的教义；因为如果像莱布尼茨所暗示的那样，审美快乐原则上可以完全还原为理智快乐，那么"难以描述之物"就不可能再是来自感觉的快乐的根源。莱布尼茨似乎把感觉的模糊性同时视为审美快乐的必要条件和障碍。就像我们将要看到的那样，莱布尼茨把他的不安传给了后代。在他的许多继承者那里，这种张力总是一再出现，他

---

① §24, G, IV, 449; cf."Meditationes", IV, 423.

② *Principes de la Nature de la Grace*, §17; G VI, 605.

③ "De affectibus", AA VI/4, 1415.

们坚称理智的分析既会破坏又会强化审美经验的快乐。

四、古典的三位一体

莱布尼茨留给审美理性主义最重要的遗产之一，就是"古典的三位一体"——也就是真、美、善的统一——原则。尽管莱布尼茨并没有明确地捍卫或详尽地说明这一原则，但它确实是暗含在他整个形而上学中的要义。当然，这一原则并非他的发明，因为它可以回溯至柏拉图的传统；它也在中世纪重新出现，尤其是在托马斯主义的传统里。莱布尼茨只不过是在新教神学的遮蔽之后重新恢复了它，后者的唯名论削弱了这一原则背后的本质主义或观念实在论。这一原则后来成为审美理性主义的基本教义之一。对沃尔夫、高特谢德、鲍姆加登、迈耶和门德尔松来说，三位一体确实是他们美学的关键。

效忠于古典三位一体，确实是审美理性主义区别于康德传统的特征之一。康德《判断力批判》的一个伟大壮举，就是撕裂了古典的三位一体，完全切割了善、真和美的领域。在开头的五段话里，康德对审美判断、道德判断和认知判断作出了决定性的区分。由于审美判断只关注快乐的感受，康德认为它们并不涉及存在于它们的对象中的任何东西；因此，它们不是认知判断，因为后者必须涉及对象的客观特征。[1] 如此一来，康德切断了美与真的关联。康德进一步指出，审美判断由于是无功利性的，独立于我所欲望的对象的存在，所以也不是道德判断，后者总是把自身交付给它们的对象的存在。[2] 仅仅以这些论证为基础，康德就在第五段得出结论，即真、美与善的领域是完全分离的。

---

[1] *Kritik der Urteilskraft*, §1; V, 203–4.

[2] Ibid., §4; V, 207–8.

由于康德的区分，以及建立在这种区分之上的审美自律教义已经变得如此流行，而且由于它们看上去几乎就是基本常识，以至于对现在的我们来说，很难再去构想一个替代品，即使三位一体曾经是流行千百年的支配性教义。因此，有必要重返莱布尼茨复活三位一体的阐述。这将会有助于澄清审美理性主义和康德美学的一些基本假设。

对莱布尼茨来说，那把古典的真、善、美关联在一起的东西——把它们合而为一的黏合剂——是他的完善概念，这一概念既关键又难以理解。忠实于经院哲学传统，[①] 莱布尼茨用事物的积极实在来定义完善，它的本质某种程度上不受其他东西的束缚与限制。不完善是事物的消极实在，会限制事物的本质，阻碍它实现自己的本质。因此，我们根据两个变量来衡量完善与不完善：根据本质自身的积极实在的程度；根据事物实现或现实化本质的程度，而不管它如何被限制。于是，完善就包含了一个衡量事物的标准；但是，这个标准不是**外在的**，我们可以用它衡量事物对我们的目的实现是否有用，而是**内在的**，从那里我们看到事物自身的本性；换句话说，我们衡量完善的程度，是看一个事物是否能够实现或现实化**自身的**本质。由于完善自身显现为统一多样性的力量，我们也可以通过和谐的程度来衡量完善，因此和谐程度越高——越多的事物被统一为一个事物——完善的程度就越高。

如果这样理解完善，我们就很容易清楚完善概念是如何统一真、美与善的。在完善是事物的实在这一意义上，以及在它的秩序提供区分真与假、实在与虚幻的标准这一意义上，完善是真。[②] 由于善存在于自我实现，即事物的本质或本性的实现中，所以完善就是善。最后，由于美就是和谐，以及我们在沉思它时得到的快乐，完善就是美。

---

① 参见 Aquina, *Summa theologica*（I, q. iv, a 1）："一个事物的完善程度与它的现实化程度成正比。"

② 参见 "De modo distinguendi phaenomena realia ab imaginaribus", G VII, 319–22; L 363–6。其中，莱布尼茨强调过作为实在标准的秩序的重要性。

因此，莱布尼茨绝不会接受康德在诸判断形式间作出的区分。对他来说，审美判断就是认识的一种形式，因为快乐来自对完善的感知，而完善是事物自身的客观品质，是它的和谐结构。审美判断也是一种道德判断，因为说某物是美的，意味着某物是完美的，是可欲的。总而言之，对莱布尼茨来说，选择一个完美的对象——所有选项中最好的那一个——却又不想要它，这是不可能的。他坚持认为，意志（will）就是努力实现理智认为是善的东西的力量；没有动机或原因的意志，对善或恶漠不关心的意志，只是一种虚构。①

莱布尼茨尝试恢复古典三位一体时，有两个基本的前提条件。第一个是他的本质主义，即对美丑、善恶的区分建立在事物的本质或本性之上。根据这一教义，善、恶、美、丑都有自己特别的客观本性，它们独立于赞成或不赞成它们的意志或趣味。某物自身是好的或美的；我们想要它是因为它是好的，我们喜欢它是因为它是美的；并不是说我们想要它它才是好的，我们喜欢它它才是美的。莱布尼茨认为，如果单单意志或趣味就能决定事物的好与美，那么同一个事物可能既是好的又是坏的，既是美的又是丑的，取决于我们的意志或趣味的一时兴致。第二个基本的前提条件是莱布尼茨的目的论，它根据事物的目的来确认事物的本质或本性。追随亚里士多德，莱布尼茨通过终极因来确定形式因，于是事物的目的就是实现它的本质形式或本质。他根据力量所作的实体定义，就是在有意识地复活亚里士多德的"隐德莱希（entelechy）"概念。②

这两个前提条件都受到了康德的质疑。首先，他视莱布尼茨的本质主义

---

① 参见"A New Method for Learning and Teaching Jurisprudence"，§31："去意愿，就是去思考一个东西的善。"（L 88）还有莱布尼茨的"Fourth Letter to Clarke"："一种没有任何动机的纯粹意志，只是一种虚构。""在我们漠不关心的事物里，不存在选择的基础，从而也没有挑选或意愿的基础，因为选择必然建立在某种原因或原则之上。"（G VII, 371; L 687）

② See Leibniz, *Nouveaux Essais*, G V, 155, Livre I, chap. xxi, §1.

为一种实体形式，是纯粹理性的首要幻觉，它在我们寻找事物中的必然性时误解了必然性。不同于莱布尼茨，康德坚称让事物变得有价值的，只是理性的意志本身，因此我们没有理由假设事物自身具有价值，它先于理性代理人的目的而存在。① 其次，他还质疑究竟能不能把目的归于任何事物，却不包括理性代理人。我们无法证明非理性的生命存在能够有目的地行动，因为它们没有意识或理性；② 而且假设无生命的存在是有目的的更为荒唐，因为这违背了惯性定律，根据这一定律，事物只有在被外在的原因推动时才会 44 运动。③

尽管康德的批判完全适用于莱布尼茨，但重要的是要看到，这种批判对莱布尼茨的理性主义传统继承者们却并不那么有效。他们确实信奉三位一体原则；但在为这一原则提供基础时，他们并不完全追随莱布尼茨。尽管他们确实是本质主义者，但他们对莱布尼茨的目的论并没有太多的热情，后者似乎又把陈旧的经院哲学的本质和终极因引入了物理学。理性主义传统远离它的祖父的重要地方，是它尝试排除所有的目的论问题。在沃尔夫的影响下，高特谢德和鲍姆加登将会尝试离开终极因，并且纯粹形式化地解释完善概念，以至于完善仅仅指的是对象自身的形式结构。在后面的章节里，我们将会看到，存在于莱布尼茨及其后继者之间的重要差别如何被康德所忽视，而这又会如何削弱康德对理性主义传统的批判。

---

① 这当然只是康德的一方面，他的唯意志论方面。康德还有另外更理智主义或实在论的方面。因此，他坚称，上帝的意志并非道德法则的权威的根源（KrV b 846–7）。关于康德哲学更为柏拉图主义的一面，参见 Patrick Riley, *Kant's Political Philosophy*（Totowa, NJ: Rowman & Littlefield, 1983），pp.1–63。

② 康德在他的 "Ueber den Gebrauch teleologischer Prinzipien in der Philosophie"（*Schriften*, VIII, 181）中作了这种论证。

③ See *Metaphysische Anfangsgründe der Naturwissenschaften* IV, 543. Cf. *Kritik der Urteilskraft*, §§65, 73; V, 374–5, 394–5.

第二章

沃尔夫与审美理性主义的诞生

一、沃尔夫与美学传统

标准的美学史很少甚至不关注克里斯蒂安·沃尔夫（1679—1754）。[①] 他如果曾经被提及的话，也只是被视为莱布尼茨的传播者，或者鲍姆加登的先行者。偶尔也有人承认沃尔夫对德国美学传统中的一些思想家产生了深远影响；但这种影响通常被视为是悖论性的，因为沃尔夫的哲学是如此的理性主义，而且沃尔夫又是这样一个"完全缺乏敏感性和趣味"的"庸人"。[②] 几乎可以不证自明的是，沃尔夫没有任何关于艺术的著述。

[①] 所有涉及沃尔夫著作的地方，指的都是当下这个标准版本——*Gesammelte Werke*, vol. II/12, ed. Jean École, J. E. Hofmann, M. Thomann, and H. W. Arndt（Hildesheim: Olms, 1968），p.742。斜线前的罗马数字代表"部"或"部分"序号，其中"I"代表德语著作，"II"代表拉丁文著作；斜线后的阿拉伯数字代表"卷"号。为了准确而容易地引用，凡是可能之处，沃尔夫自己的段号（§）也被引用，"S"代表边注。

[②] 这是贝克（L. W. Beck）在其有影响力的著作 *Early German Philosophy* [（Cambridge, Mass.: Harvard University Press, 1969），pp.278–9] 中给出的观点。

认为沃尔夫已经被彻底遗忘，这会是一个错误。他可以在阿尔弗雷德·博伊姆勒（Alfred Baeumler）那里找到有力的——也许是臭名昭著的——支持，这个人是魏玛时代德国美学的领军人物之一，后来成为纳粹的发言人。在《康德的判断力批判》（*Kants Kritik der Urteilskraft*）① 这本有分量的康德研究著作里，博伊姆勒拿出了几部分献给沃尔夫。他强调了沃尔夫对德国美学的发展的重要性，在一处地方，他甚至宣称沃尔夫是"德国美学的祖父"②。博伊姆勒反对德国美学史的书写总是忽视本土资源，过分关注英国、法国和意大利的影响。尽管博伊姆勒重新提及沃尔夫是为了他的民族主义，但必须说，他正确地强调了沃尔夫的影响，后者确实是被过分忽视了。

要评估沃尔夫在德国美学史中的地位，重要的是应当避免犯时代性错误。那些要么忽视与贬低、要么重视与拔高沃尔夫的人们，都不在意这种错误。问题是，"美的艺术"（the fine arts）这个现代概念和美学主题，在 18 世纪前半期的德国还不存在。这个现代概念的诞生地，通常被认为是阿贝·巴托（Abbé Batteux）的《相同原则下的美的艺术》（*Les beaux arts réduits à un même principe*，1746），它直到 18 世纪中期才开始流行。③ 在巴托的论述之前和之后的一段时间里，德国思想家用的还是老的古典艺术概念，那里艺术被视为任何生产事物的理智活动；他们还遵循传统，把艺术分为手工艺术（*artes*

---

① *Kants Kritik der Urteilskraft: Ihre Geschichte und Systematik*（Halle: Niemeyer, 1923）.该书卷 1——事实上也只有一卷——的全名是 *Das Irrationalitätsproblem in der Aesthetik und Logik des 18. Jahrhundert bis zur Kritik der Urteilskraft*。

② *Kants Kritik der Urteilskraft: Ihre Geschichte und Systematik*（Halle: Niemeyer, 1923），p.66.

③ Charles Batteux, *Les Beaux Arts réduits à un même principe*（Paris: Saillant & Nyon, 1746）. On Batteux's importance, see Paul Kristeller, "The Modern System of the Arts", in *Renaissance Thought and the Arts*（Princeton: Princeton University Press, 1980），pp.163–227; and Wladyslaw Tatarkiewicz, *A History of Six Ideas*（Warsaw: Polish Scientific Publishers, 1980），pp.11–23.

vulgares）和自由艺术（*artes liberales*），其中前者用手完成，后者用心完成。[①]
这样，严格地说，视沃尔夫为美学之父就是错误的，因为他并没有现代意义
上的美的艺术这个概念和美学主题。但是，出于同样的原因说沃尔夫庸俗也
是愚蠢至极的；因为以此为基础，在巴托的概念被广泛接受之前的每一个德
国人都会犯下同样的思想原罪。

　　尽管沃尔夫和他的同代人一样没有美的艺术的概念，但他仍然是德国美
学传统形成过程中最有影响力的思想家之一。事实上，沃尔夫思想体系的每
一方面——他的形而上学、伦理学、心理学和逻辑学——对审美理性主义来
说都是奠基性的。高特谢德、鲍姆加登、迈耶和门德尔松都把他们的美学建
立在沃尔夫的教义上。即使后来与理性主义美学决裂的博德默和布莱廷格，
也曾在他们的早期岁月里是狂热的沃尔夫主义者。当然，沃尔夫本人并非伟
大的创新者；但即使作为莱布尼茨思想的传播者（*Gedankengut*），他的地位
也不容低估。很少有人能在 18 世纪早期接触到莱布尼茨零散而偶然为之的
手稿碎片，这些东西很多年后还不会被发表；但是，每个人都读过沃尔夫的
德文或拉丁文著述，这些著述每一本都再版了多次。如果人们知道莱布尼茨
这个人的话，那么他们也很有可能是通过沃尔夫的镜头看到的。无论如何，
仅仅把沃尔夫视为莱布尼茨的弟子是严重错误的。[②] 沃尔夫有充分理由强调
自己独立于莱布尼茨，反对"莱布尼茨—沃尔夫哲学"的标签，这一标签虚

47

[①]　在 18 世纪早期的德国，自由艺术的意义尚未确定，非常模糊。参见 J. G. Walch, *Philoso-phisches Lexicon*（Leipzig: J. F. Gleditsch, 1740），Sp.1599 和 J. A. Fabricius, *Abriß der allge-meinen Historie der Gelehrsamkeit*（Leipzig: Weidmann, 1752），I, §XXVII。沃尔克和法布里修斯都抱怨这个术语长久以来的模糊不清。沃尔夫采用的是自由艺术和非自由艺术的传统区分，尽管他对此持批评态度，因为他并不认为自由艺术高于非自由艺术。参见其 *Philosophia moralis sive ethica* §§483; II/12, 742–3。

[②]　关于沃尔夫与莱布尼茨的复杂关系，这里不能讨论，参见 Walther Arnsperger, *Christian Wolffs Verhältnis zu Leibniz*（Weimar: Felber, 1897）; Max Wundt, *Die deutsche Philosophie im Zeitalter der Aufklärung*（Tübingen: Mohr, 1945），pp.139–41, 150–2; Charles Corr, "Christian Wolff and Leibniz", *Journal of the History of Ideas* 36（1975），241–62。

假地暗示一种简单相同的教义的存在。① 沃尔夫更多受到齐尔恩豪斯（Tsch-irnhaus）和笛卡尔的影响；而且在某些关键问题上，他远离莱布尼茨。确实，正如我们将要看到的那样，他对莱布尼茨的背离，对美学思想的发展来说非常重要。

　　沃尔夫对美学思想的发展具有重要影响，这一事实完全没有反讽或悖谬之处。这不是一个激发诗学大发展的庸俗之人的奇怪例子。因为事实的真相是，沃尔夫给了那些艺术——在宽泛的古典的意义上理解的艺术——最为重要的影响，并且还在他的体系里赋予艺术一个核心位置。不仅如此，他还发展出一种关于艺术的一般理论，它详细探讨想象力，明确分析美的问题。所有这些理论都被沃尔夫的继承者们吸收了；而且他们对这些理论的热情支持和借用，非常有助于解释沃尔夫对德国美学传统的巨大影响。唯一看不见这些理论的，可能就是那些美学史家们吧。

　　通常认为的沃尔夫关于美的艺术没有任何著述——暂且不合时代性地思考一下——的观点是错误的。学者们之所以犯下这样的错误，是因为他们看错了地方。他们指出沃尔夫没有写过诗学，而他们期望他有一本诗学，因为诗是 18 世纪早期人们关注的中心。他们和沃尔夫的许多继承者一样牢骚满腹，后者认为缺乏一部诗学，是沃尔夫体系最明显的漏洞。但是要求沃尔夫有一部诗学是不公正的，因为他对美的艺术的绝大部分兴趣都集中到了别的方面。任何一个谈论美学的作者，都有一个典范或自己喜欢的艺术，沃尔夫也不例外。他的典范艺术不是诗，而是建筑。他是如此重视建筑，以至于他为此于 1738 年写了《市民建筑学初阶》（*Elementa architecturae civilis*）这本书，收录在他的《普通数学初阶》（*Elementa mathesoes universae*）第四卷第二部分，② 48

---

① See *Christian Wolffs eigene Lebensbeschreibung*, ed. H. Wuttke.（Leipzig: Weidmann, 1841），pp.41–2; and the "Vorrede"（unpaginated）to *Ausführliche Nachricht von seinen eigenen Schriften*（1726），in *Werke*, I/9.

② See Tomus IV, *Elementa matheseos universae*, *Werke*, II/32, 383–488.

后者是 18 世纪德国最常见的数学教科书。

因此，如果不考虑所谓时代性错误，视沃尔夫为"德国美学之父"是合适的。这项荣誉——我们将在稍后考察其原因——通常被授予了鲍姆加登。[①] 但这种授予是成问题的，因为所有支持和反对鲍姆加登拥有这尊王冠的理由，都同样适用于沃尔夫。鲍姆加登也没有美的艺术的概念；而且他的艺术理论所追随的还是沃尔夫的理论。只有一个奇怪而意外的事实支持赋予鲍姆加登这一称号：即他的主要著作《美学》那容易让人记住的书名。是鲍姆加登而非沃尔夫给这个现代学科施行了洗礼。但反讽的是，这里只存在名字上的类似，而鲍姆加登的艺术概念本质上是沃尔夫式的。

沃尔夫哲学中的审美层面，不仅表现在他赋予艺术的重要性上，而且表现在他于自己伦理学中赋予美的核心角色。在他对至善（the highest good）的解释中，存在一个美学维度。沃尔夫把至善规定为朝向完善的持续进步。[②] 但是就像莱布尼茨一样，他没有区分完善与快乐。对他来说，快乐就存在于对完善的意识中，以至于我们越趋向于完善，我们的生命越能在快乐中成长。[③] 快乐因此成为努力趋向于完善的刺激、鼓励或诱因。一旦我们考虑了沃尔夫对美的解释，这种关于至善的解释的审美维度就会变得非常明显。美就存在于对完善的意识中，以至于每当我们去完善自身时，我们就能感知到美本身。[④] 于是，就像狄奥提玛在《会饮篇》里的教诲那样，美是那能够让我们获得善的东西。沃尔夫哲学的爱若斯层面虽然从来没有被他明确阐述过，却是明明白白和无处不在的，这也对年轻一代产生了巨大影响。我们将会在后面看到，两个沃尔夫主义者——高特谢德和门德尔松——如何让这一层面变得更加明确。

---

① 见本书第五章第一部分。

② Wolff, *Ethik*, §44; I/432; and *Philosophia Practica universalis*, §374; II/10, 374.

③ See *Philosophia practica universalis*, §§393, 395; II/10, 305, 306.

④ See *Psychologia empirica*, §544; II/5, 420. 见本书第二章第四部分。

　　沃尔夫在德国美学传统中占据一个非常特殊的地位。他代表着纯粹的理性主义，表达了绝对新古典主义的论点，没有给非理性主义留下任何空间。比起莱布尼茨，沃尔夫更符合他的角色，因为莱布尼茨尽管是理性主义者，但他有时还是承认"难以描述之物"，即审美经验那逃避所有理性分析与规定的一面。但是在莱布尼茨让步的地方，沃尔夫却绝不妥协。他坚称审美快乐存在于对完善的感知中，而完善是一种绝对理性的品质：和谐，多样性的统一，许多个别之物在单一普遍概念或规则下实现的联合。所有的模糊对沃尔夫来说都是缺点，都是不完善，[①] 从而都不是审美快乐的根源。在沃尔夫的本体论中，难以言表的个体之物根本没有一席之地，因为个体的身份完全由它的各种特性构成，而这些特性都是从个体之物那里推断出来的概念。[②]

　　沃尔夫的审美理性主义必须被理解为他的一般哲学规划的一个方面。他相信哲学应该成为一门科学，只要它运用数学方法，从不证自明的第一原理和清晰而准确的定义出发开始严格的推论。[③] 沃尔夫想让这种方法论应用于所有学科，而不仅仅是艺术本身。他相信，所有的艺术门类都可以成为完美的科学，只要我们把数学方法应用于它们。由于艺术是理性活动，它们可以被还原为几条基本原则，从中又可以推论出更多特殊的规则。关于如何数学

49

---

① 　See *Philosophia Prima sive Ontologia*, §485; II/3, 369.

② 　Ibid., §§181, 183, 186, 187; II/3, 148, 149, 151–2, 152. Cf. *Vernünfftige Gedancken von Gott, der Welt und die Seele des Menschen, auch allen Dingen überhaupt*, §§586–9; I/2, 361–4.（此后本书将被称为 *Metaphysik*。）

③ 　See the *Discursus praeliminarius* to his *Logica*, §§118–19, 130; II/1.1, 54–5, 64. 其中，准确理解数学方法在哲学中的应用，对沃尔夫和其整个时代来说都是关键问题。关于这个问题及沃尔夫的回应，参见 H. J. de Vleeschauwer,"La Genèse de la méthode mathématique de Wolff",*Revue Belge de Philologie et d'Histoire* II（1932），651–77; Giorgio Tonelli," Der Streit über die mathematische Methode in der Philosophie in der ersten Hälfte des 18. Jahrhunderts und die Entstehung von Kants Schriftuber die Deutlichkeit",*Archiv für Geschichte der Philosophie* 9（1959），37–66;Charles Corr, "Christian Wolffs Treatment of Scientific Discovery",*Journal of the History of Philosophy* 10（1972），323–34。

化艺术，沃尔夫给出的示范是他的《市民建筑学初阶》，那里他以一种严格的几何学态度系统阐述了建筑艺术的基本原则，解决了建筑艺术的问题。

对于已经习惯于艺术与科学之现代区分的我们中的大多数人来说，没有什么比把艺术变成科学，尤其是变成数学体系更损害艺术了。但是对于18世纪早期任何有抱负的批评家和诗人来说，他们并不知道这样的区分，而沃尔夫的计划却是他们灵感的源泉，是一些诗人的模范。① 高特谢德、鲍姆加登和迈耶——莱辛也正在起草他的《拉奥孔》（*Laokoon*）——都听从沃尔夫的领导；年轻的博德默和布莱廷格出于对想象力角色的坚持，在以数学形式构思他们的诗学时，表现为忠实的沃尔夫主义者。所有这些思想家都想为诗学做一些沃尔夫已经为哲学做过的事情：把诗学带进一种体系化的形式，从更高的原理出发为它的基本规则辩护。他们主张，如果批评是一种理性活动的话，那么它就应该有可能明确表述或系统化藏在其背后的理性。

如果要总结一下沃尔夫对美学史的重要性，我们至少要强调三个方面的发展。第一，沃尔夫否定了沉思与活动、思想与行动之间的古典区分，这种区分影响了古代以来的艺术思想。追随培根（Bacon）这个为他的所有思想提供重要灵感的思想家，沃尔夫把认识与行动关联在一起，以至于知识依赖于行动，而行动原初性地存在于艺术的生产活动中。② 这等于提升了艺术的地位，而在古代，地位低下的艺术只能模仿表象，只有哲学能够把握事物的理智原则；现在，艺术却变成哲学本身的必要手段。第二，沃尔夫的认识论把艺术家的想象力从模仿原则中解放了出来；由于沃尔夫的认识论把真理扩

① 对有些人来说，它还是一种新的音乐学的基础。沃尔夫在这方面的影响，已经被乔吉姆·伯克描述过了。参见 Joachim Birke, *Christian Wolffs Metaphysik und die zeitgenössische Literatur- und Musiktheorie: Gottsched, Scheibe, Mizler*（Berlin: de Gruyter, 1966）。

② 沃尔夫哲学思维的实践性层面，已经被汉斯·沃尔夫和查尔斯·科尔正确地强调过了。参见 Hans Wolff, *Die Weltanschauung der deutschen Aufklärung*（Berne: Franke, 1963），pp.115–19; Charles Corr, "Certitude and Utility in the Philosophy of Christian Wolff", *The Southwestern Journal of Philosophy* 1（1970），133–42。

展至可能性世界的领域，所以如果艺术家创造了一个可能性世界，他就依然立足于真理领域；于是，对艺术家来说，复制一个真实世界，就成为不必要的了。沃尔夫在一句名言中说道，"一部小说"，"就是一部关于可能世界的历史。"① 第三，沃尔夫把充足理由律而不是模仿原理变成了艺术的第一原理。应用于艺术，充足理由律意味着艺术家应该小心规划，那里每一部分都在整体中扮演必不可少的角色。充足理由律而非模仿原理，是沃尔夫新古典主义乃至整个新古典主义的基本原则。

二、艺术理论

尽管沃尔夫和同时代的所有人一样没有一个美的艺术的概念，他仍然是艺术哲学的最早构思者和倡导者之一。在《初论》（*Discursus praeliminarius*, 1728）这份关于他的整个哲学的纲领性声明中，② 沃尔夫构想了一种艺术 51 哲学，而它的任务就是去解释和系统化艺术。这种哲学的使命就是把藏在每一种艺术背后的规则明确表述出来，并从更高的原理中把它们推衍出来。沃尔夫一再抱怨这样一种哲学一直被完全忽视（§§39，71；II/1.1，18，33）。在《伦理学》（*Ethik*）中，他走得更远，主张我们有责任去发展一种艺术哲学。由于我们有责任做任何事情以完善我们和我们的生活条件，由于艺术在

---

① *Metaphysik*, §571; I/2, 349–50.

② *Discursus praeliminarius de philosophia in genere*, in *Werke*, II/1.1. 这里的第一个"1"指的是段落号，第二个"1"指的是这一版本的页码。这一著作已经被理查德·布莱克维尔（Richard Blackwell）翻译成 *Preliminary Discourse on Philosophy in General*（Indianapolis: Bobbs-Merrill, 1963）。尽管沃尔夫只是在 *Discursus* 中初步勾勒了他的技术科学，但他在其他著作里详细讨论了这种艺术，尤其是在 *Philosophia moralis sive ethica*（§§483–92）和 *Werke*（II/12, 742–52）中。沃尔夫承诺一种艺术哲学以继续他的物理学，但为了他的拉丁文著作的写作而推迟了这一承诺的兑现，参见 the "Vorrede" to "Teil III" of *Allerhand nützliche Versuche, dadurch zu genauer Erkäntnis der Natur und der Kunst der Weg gebahnet wird. Werke*, I/20.3。

促进我们的生活条件方面如此重要，我们有责任尽可能拥有关于艺术的丰富知识。①

沃尔夫称他的艺术哲学为"技术（*technologia*）"，他把它定义为"关于艺术和艺术作品的科学（*scientia artium ε operum artis*）"。他解释道，技术的任务，就是要"为艺术规则和由艺术生产出来的作品确定理由"（§71；33）。他似乎尤其视技术为关于**手工艺术**的科学，因为他说过，技术是"关于通过运用身体的器官尤其是手来生产的艺术的科学"（§71；33）。但是，他并没有把技术局限于手工艺术，因为他也曾明确宣称技术包含了"自由艺术"，其中他提到了语法、修辞和诗（§71；33—4）。于是沃尔夫根据非常宽泛的术语来构思他的艺术哲学，以至于后者涉及了所有的艺术，包括手工艺术和自由艺术。这和他的非常一般化的艺术概念完全相符，他曾经在宽泛的古典意义上把艺术定义为**任何**能够生产出事物的天赋和技巧。② 忠实于这一定义，他引用了尽可能多的活动作为艺术的范例，它们不仅包括建筑、诗歌，还有木刻、医疗和农业。包含在沃尔夫技术概念里的，正是这种宽泛而古典的艺术定义。于是，要理解沃尔夫的"技术"是什么意思，我们必须摆脱这个概念只与工业相关的狭隘现代内涵，重新返回这个概念的词根"téchn-"最初包含的丰富意义，即最广泛意义上的艺术。

在《初论》中，沃尔夫并非只是简单地提出一种艺术哲学，而是对为什么需要这种哲学给出了详细的论证（§§39—40；18—9）。他把一般意义上的哲学理解成为事物寻找理由的知识（§6；3）。特别是他把哲学与历史知识进行了比较：历史知识在于认识**什么**事情发生了，而哲学知识在于认识事情**为什么**会发生（§7；3）。于是，关于任何活动都可以有一种哲学，只要这种活动有发生的原因。于是，沃尔夫理所当然地认为，所有艺术活动背后都有

---

①   *Ethik*, §§368–9; I/4, 243–4.

②   *Ethik*, §§366–7; I/4, 242–3.

原因（§§39—40；18—9）。这些艺术活动基本上都是理性的活动，因为它们有明确的目标，并且有实现这一目标的最有效的手段；它们同时还拥有为什么这样做而不那样做的理由。所有这些活动都遵循——即使是不明确或下意识地——特殊的规则，后者引导那些最有效的手段去实现它们的目的。这样，由于任何理性活动都有一种哲学，而且由于艺术是一种理性活动，所以存在一种艺术哲学。这种哲学更为特殊的使命，是为那些具有特殊性的艺术所遵循的所有规则寻找基本的原则或理由。

沃尔夫在其哲学体系中给了技术一个明确的位置（§113；52）。由于艺术使用工具生产事物，又由于艺术的功效要用机械原理来确定，所以技术必须从物理学那里借来它的原则。由于哲学体系是如此有序，以至于那些能够为其他部分提供原则的部分会首先出现，所以技术必须排在物理学之后（§114；52）。我们很难发现这样的推理如何适用于自由艺术，尤其是诗歌与修辞，因为后者并不使用工具。但是值得指出的是，这种推理非常符合沃尔夫所举的例子，而后者全部来自建筑艺术（§113 S；52）。于是，在《市民建筑学初阶》中，他把建筑视为一系列的物理学问题，这些问题只有通过运用一般的物理学原理才可以解决。这里，我们再一次看到，建筑而非诗歌，才是沃尔夫心目中的典范艺术。

尽管沃尔夫在自己的体系里赋予技术明确的地位，但他并不太清楚技术的内在构造。他说道，就像在艺术中一样，技术中也有很多的部分存在（§114 S；52）。他建议，艺术应该根据它生产什么来分类，于是存在多少种不同的产品，就应该有多少种不同的艺术。[①] 由于有那么多的艺术存在，沃尔夫主张要对它们进行分类。不过，究竟分为哪些类，他并没有大胆说出来。他写道："关于这个问题我们现在还不能说太多。"因为艺术的历史仍然处于初级阶段，不可能对艺术进行准确而完全的系统化。（§114 S；52）

---

① *Ethik*, §§366–7; I/4, 242–3.

53 　　尽管对他的科学的内在构造的认识还很模糊，但关于如何阐释这种科学，沃尔夫却有明确而坚定的看法。他明确而又着重地指出，哲学家关于艺术的谈论应该不同于艺术家；换句话说，哲学家关于修辞或诗的写作，不应该是修辞性的或诗性的（§150；79）。比如说，沃尔夫就不会赞同布瓦洛的《诗艺》（*L'Art poétique*），因为它是一部关于诗歌的诗。对沃尔夫来说，这样一种阐释形式完全有悖于哲学讨论的目的。他认为哲学风格的唯一目的，不是去劝说——那是修辞的目的，也不是去请求——那是诗的目的，而是去交流观念（§149；77—8）。由于哲学风格的唯一目标是使某人的意思变得清楚而明白，哲学家应该以一种严格的科学形式来写作。既然沃尔夫根据数学方法来定义科学——"证明来自不证自明的原理的命题的能力"——那么同样的方法也必然应当被应用于关于艺术的哲学中。①

　　为什么沃尔夫会支持一种艺术哲学？为什么这种哲学对他来说如此重要？这些问题最简明的答案就是，沃尔夫认为哲学的可能性恰好依赖于艺术以及对艺术的正当理解。哲学是不仅关于可能之物还关于实际存在之物的科学；它必须知道为什么在所有可能存在之物中，只有一种已经变成实际存在之物（§32；14）。但是，要知道可能之物如何变成实际存在之物，有必要求助于经验（§31；14）。沃尔夫给人的印象是一个忽视经验知识的、教条的理性主义者，但实际上他曾经一再强调，哲学应该建立在经验的基础上（§§10—11，31，34，35；4—5，14，15）。② 他的知识理想是理性与经验的相互依赖——他明确地称之为"理性与经验的联姻（*Connubiam rationis & experientiae*）"——其中对由经验观察和确定的事物的必然性，理性给予其

----

① 　See *Metaphysik*, §361; I/2, 218–19. Cf. *Discursus praeliminarius*, §30; II/1.1, 14.

② 　See also the "Vorred" to *Allerhand nützliche Versuche, dadurch zu genauer Erkäntnis der Natur und Kunst der Weg gebahnet wird*, *Werke*, I/20.1; and the "Vorrede" to "Teil III" of the same work. 在这里，他强调"经验是正确的源泉，自然是知识的源泉"，而且任何想要认识自然却没有经验的人无异于"痴人说梦，愚蠢至极"。

洞见。[①] 尽管经验肯定**某物**确实如此，但理性可以证明该物**为何**确实如此，也就是证明该物为什么必然是该物而不是其他物。

如此一来，艺术在哲学中的角色，就是为后者提供关于经验的必要知识。沃尔夫认为艺术不仅仅是**生产**事物的手段，还是**认识**事物的手段。追随培根，[②] 沃尔夫认为在认识与制作、科学与艺术之间不可能存在明显区别。当我们知道如何制作事物，能够用它们的元素再造它们时，我们就是在解释事物；但制作事物的力量就是艺术。认识事物的科学家必然也是一个懂得如何制作事物的艺术家。沃尔夫认为，如果哲学家想要拥有关于自然的知识，他们可以去工匠的作坊和农民的田野（§25；12）。他解释道，是艺术家扩大了我们的经验领域，让我们超越了感官的范围；艺术家向我们揭示了自然的内在作品，因为他们在生产事物时所运用的，是和自然自身一样的创造性力量（§24；11）。

因此，沃尔夫在他的哲学体系里赋予了艺术这样一种根本性角色。它们不仅被理解为他体系的一部分的主题，而且还是存在于这个体系各部分中的元素。在每个部分中，艺术都是获得关于自然的知识、增加我们经验的手段，这使得经验不再仅仅局限于感官限度之内。[③] 仅仅是艺术，就可以让哲学实现它解释为什么某些事物存在而其他事物不存在这样的使命；仅仅是艺术，就可以为哲学的基本原理提供充足的证明。

---

① See Wolff, *Psychologia empirica*, §497; II/5, 379. 关于沃尔夫哲学中理性与经验相互关系的准确意义，这里不能予以详细讨论，参见 H. W. Arndt，"Rationalismus und Empirismus in der Erkenntnislehre Christian Wolffs"，in Werner Schneiders（ed.），Christian Wolff 1679—1754（Hamburg: Meiner, 1983），pp.31–47. 我认为阿尔恩特正确地指出，沃尔夫对知识的经验维度的强调，要大于莱布尼茨。

② 沃尔夫并没有明确引用培根，但培根的精神却贯穿 *Discursus* 始终。在编辑 *Gesammelte Werke* 过程中，让·埃克尔（Jean École）发现有很多地方借用或含蓄引用了培根的 *De dignitate*。参见他的编辑笔记（Werke, II/1.1, 111–89）。

③ *Ethik*, §297; I/4, 192. Cf. *Discursus praeliminarius*, §§24–5; II/1, 11–12.

　　沃尔夫把所有类型的艺术都视为一种单一艺术的各个部分，他称后者为发现的艺术（*ars inveniendi*）。[1] 发现的艺术，是从已知的真理中引出未知的真理。这样的引出可以通过两种方式起作用：通过理性或通过经验。[2] 存在一种先天的发现艺术（*ars inveniendi a priori*），它通过理性发现真理；还存在一种后天的发现艺术（*ars inveniendi a posteriori*），它通过经验发现真理。[3] 根据严格的推理，我们通过理性从已知之物中引出未知之物；而根据经验，我们观察既定的事实或生产新的事物。我们通过经验的艺术（*Erfahrungs-Kunst*）观察既定的事实，又通过实验的艺术（*Versuch-Kunst*）生产新的事实。[4] 沃尔夫所理解的艺术角色，主要是这后一种角色。它们都是实验的手段，它们都通过获得控制自然的力量为我们提供关于自然的知识。

　　这里依然困难的是弄清楚沃尔夫如何把他的计划应用于自由艺术，尤其是应用于诗歌与修辞。由于自由艺术并没有直接作用于自然，很难理解它们竟然是实验的各种形式。不过，值得指出的是，他在《经验心理学》（*Phychologia empirica*）中处理发现的艺术时，似乎毫不费力就把这些艺术招募进了自己的计划中。他解释道，发现的艺术的主要功能，就是睿智（wit）或独创性（*Ingenium*）[5]，它存在于能够指出事物之间相似性的力量中（§476；

---

[1]　关于"*ars inveniendi*"，沃尔夫提供了一些解释，参见 *Metaphysik*，§§362–7; I/2, 219–24; *Psychologia empirica*，§§459–508; II/5, 358–84。最为详细而准确的解释出现在 *Ethik*（§§294–368; I/4, 190–243）中。沃尔夫对"*ars inveniendi*"的发现，是他思想生涯中主要的关注点之一；他对此而有的兴趣，可以追溯至学生时代，参见他的 *Lebensbeschreibung*，p.114。

[2]　*Ethik*，§§296–7; I/4, 192. Cf. *Metaphysik*，§325; I/2, 181; and *Psychologia empirica*，§§454—64; II/5, 356–9.

[3]　*Psychologia empirica*，§455; II/5, 356.

[4]　比照《经验心理学》（*Psychologia empirica*，§456）："**观察**是一种围绕着那些没有我们的参与而发生的自然之事实的经验。**实验**则是围绕着那些仅仅通过我们的参与而发生的自然之事实的经验。"（II/5, 357）

[5]　沃尔夫自己对"*ingenium*"的德文翻译是"*Witz*"。See "Das erste Register" to the *Metaphysik*，I/2, 677.

II/5，367）。他注意到，这种能力在诗人、演说家和历史学家那里表现得最为突出，他们的寓言、比喻与借代，能够揭示事物间的相似性，而我们在自己的日常生活中很难发现这种相似性（§477；II/5，367—8）。沃尔夫把睿智与通常赋予诗人的一种能力——生动的想象力——关联在一起（§479；369—70）。所谓生动的想象力，是指再造一种清晰的形象的能力，一种意识到包含在意识中的每一种事物的能力（§478；II/5，369）。沃尔夫指出，如果一个诗人要去识别事物间的相似性，他必须具有一种生动的想象力，能在当下以一种生动的方式再造他过去发现的东西。沃尔夫没有在任何地方准确解释过诗人、演说家和历史学家们的观念如何被科学家或哲学家收集与使用；但在他的阐述中隐藏着一种假设，那就是这些诗人、演说家和历史学家们提供了一些发现，而哲学家的使命就是去收集并证明这些发现。哲学家的理性只是睿智更为精练的形式：它能够证明事物间的关联，而后者已经被诗人、演说家和历史学家所发现（§483；II/5，372）。不过沃尔夫努力证明，诗人和哲学家都参与了相同的心理操作——也就是寻找事物间的相似性——而且诗人有时候也根据类似于数学家的基本原理来行动，这个原理就是化约性原理（*principum reductionis*），它把未知之物与某些已知之物的特性关联在一起（§§472，481；II/5，365，370）。[①]

　　因此，沃尔夫并没有把哲学和艺术视为竞争对手，而是设想它们之间存在最为亲密的合作关系。在他的理想体系里，它们彼此互相依赖，每一方都通过另一方来实现自己的目的。虽然哲学可以明确表述出艺术背后的基本原理，把艺术带入自我意识，以至于艺术家可以更有效、更有方法地实现自己的目标，但艺术也会丰富我们的经验存储，从而为哲学的基本原理奠定更为充分的基础。由于沃尔夫并没有在哲学与科学之间作出区分（§§29—30；13—4）——对他来说，哲学几乎就是科学的同义词——他含蓄地否定了存

---

① Cf. *Metaphysik*, §§241–2; I/2, 134–5.

在于科学与艺术之间的任何明显区别。科学与艺术的现代比照，对他来说可能毫无意义。

在最后的分析中，沃尔夫给了艺术一个非常模糊的地位。一方面，艺术获得了它们在古典传统中从没有获得过的重要性。艺术不再只是对表象的模仿，这个低级地位是柏拉图在《理想国》的第五部分赋予的。它们的使命也不再局限于理想化自然，通过选择或联接自然中最为完美的个体来创造典范。相反，艺术被视为本身就具有创造力，能够创造经验的新形式，这些形式在真实和合适的意义上来说对知识是基础性的。和培根一样，沃尔夫抛弃了柏拉图和亚里士多德那古老的沉思性知识模式，这种模式允许哲学鄙视艺术。那种假设在做与制作、艺术与科学之间存在明显区别的模式，现在受到他的质疑。但是另一方面，沃尔夫明显没有艺术自律的概念。艺术仍然被置于哲学的严格指引之下，而只有哲学才能决定知识的目的。沃尔夫绝不会同意这样的观点，即艺术可以提供一种特别的（*suigeneris*）、完全不同于哲学的知识形式。

三、心理学

沃尔夫把他的艺术和美的理论建立在心理学之上，后者曾经在《形而上学》（*Metaphysik*，1719）中得到初步描述，后来又在《经验心理学》（*Phychologia empirica*，1732）和《理性心理学》（*Phychologia rationalis*，1734）中得到详细表达。沃尔夫的心理学对康德之前的整个美学史来说都是至关重要的。[①] 高特谢德、鲍姆加登、迈耶、苏尔泽和门德尔松，都把他们的美学建立在沃尔夫的心理学之上。由于康德美学源自对沃尔夫心理学的反对，沃

---

① 沃尔夫心理学对美学史的重要性，很久以前就已经被罗伯特·萨默（Robert Sommer）把握到了，参见其 *Grundzüge einer Geschichte der deutschen Psychologie und Aesthetik*（Würzburg: Stahel, 1892, pp.1–23）。

尔夫心理学也必须在这一背景下来理解。

在《初论》中，沃尔夫把心理学定义为"关于通过人类灵魂而变得可能的事物的科学"（§58；II/1.1，29—30）。有两种心理学，经验心理学和理性心理学。经验心理学从经验中得到它的原理，而理性心理学只根据先天的理性就可以得出它的结论（§§111—2；50—1）。不同于经验心理学认为灵魂就是对世间万物的体现与反应，理性心理学只思考灵魂的本质，认为灵魂是一种思考着的实体，它不同于实体的经验显现或物理体现。沃尔夫认为，我们通过内省，也就是通过有意识地思考我们自己的感知，来为经验心理学寻找依据。[①] 尽管经验心理学从经验那里获得自己的原理，但它并非只是一种历史性的知识，也就是说，它并不仅仅记录发生在人类灵魂中的事情。经验心理学的任务，是赋予发生在人类灵魂中的事情一些基本原理，这样，它就还可以解释人类灵魂中**为什么**会发生这些事情。[②]

沃尔夫认为心理学是所有哲学中最基础的学科。这部分是因为忠实于笛卡尔传统的沃尔夫认为自我意识相较于对其他物——也就是肉体或上帝——的意识来说更为确定。[③] 但还可能因为他是在更一般的意义上思考心理学——它解释可能发生在灵魂中的每一种事物——以至于它包含了哲学的其他基本领域。他在《经验心理学》中指出，心理学为伦理学提供了基础，因为它从人类本性出发解释事情为什么对人类灵魂来说是好的或者是坏的（§6；II/5，5）。他在《初论》中甚至还指出，心理学为逻辑提供基础，因为逻辑是认识能力的一部分，而心理学旨在解释每一种能力及其表现。最后但绝非不重要的是，沃尔夫把他的美的理论作为经验心理学的一部分，因为心理学

---

① *Psychologia empirica*, §2; II/5,2. Cf. §§27–8; II/5, 18, 19.

② *Discursus praeliminarius*, §111S; II/1, 51; and *Psychologia empirica*, §4; II/5, 3.

③ 于是，沃尔夫从笛卡尔的"*cogito*"开始他的形而上学和心理学。参见 *Psychologia empirica*, §§11–16; II/5, 9–13; *Metaphysik*, §§1–8; 1–5。在 *Psychologia empirica* 中，他明确指出，我们知道我们灵魂的存在，先于知道我们身体的存在（§22; II/5, 15）。

可以独自解释快乐的感受，而这种感受位于审美经验的核心。① 现在我们可以发现，把沃尔夫的"本体论"美学与"心理学"美学作比较是多么错误——相对于二手文献令人欢迎的转义来说。② 对沃尔夫和他的继承者们来说，整个这种区分都毫无意义。

沃尔夫关于伦理学、逻辑学和美学的心理学立场，使得他明显区别于康德的传统。康德的先验方法视这些学科为合乎规范的而非心理学的，而且这种方法关注更多的是关于经验的**判断**的理由，而不是关于经验本身的**原因**。③ 尽管康德也有自己非常复杂的先验心理学，但他仍然反对混淆伦理学、逻辑学与心理学。他认为，比起从生活自身得出伦理原则，人们不可能通过心理学得出更多的逻辑原则。④ 但是，由于康德本人从来没有明确区分过认识论和心理学问题，他和沃尔夫的不同，与其说是原则的不同，不如说是兴趣与关注点的不同。至关重要的是，不要把沃尔夫的心理主义与后来和康德传统相冲突的心理主义混为一谈；因为沃尔夫的心理主义不同于后来的这些心理主义，它绝对不是自然主义的。作为一个区分灵魂与肉体的形而上学二元论者，沃尔夫认为不可能存在对灵魂的物理的或自然主义的解释。

沃尔夫曾经指出，灵魂具有两种基本功能：认识与意志。与此相应，《经验心理学》分为两个部分，其中一部分处理认识能力（*Facultas cognoscendi*），另一种处理把握能力（*Facultas appetendi*）。但是，这种区分与其说是一种哲学原则，不如说是为了解释的方便。因为沃尔夫最终认为，灵魂只能有**一种**功能，只能是**一种**力量，而其他所有力量都只是这种力量的例子而已。在《德意志形而上学》（*Deutsche Metaphysik*）中，他为这样的观点提供了

---

① *Psychologia empirica*, §10; II/5, 7.

② 关于这一点的例证，参见本书第七章第一部分。

③ Cf. KrV B 25 and A xvi–xvii.

④ 参见康德《逻辑学》（*Logik*）："一些逻辑学家虽然在逻辑中将心理学原则作为前提，但是将这类心理学原则引入逻辑学，就如同从生活中提取道德那样荒唐。"（*Schriften* IX, 14）

一种明确的论证，虽然这一论证可能不那么坚定。灵魂是一种单一的实体；对每一种单一的实体来说，都必然存在一种力量来解释它的所有变化（§745；I/2，745）。一种力量存在于一种努力（*Bemühung*）中；而如果存在不止一种的努力，灵魂的活动将会变得复杂。于是，灵魂中必然只存在一种力量，而它所有的变化都来自这种力量；灵魂所有不同的力量——感知、想象、提出概念、推理与意欲——因此都是那种单一力量的方面或显现（§747；I/2，465—6）。

那么，这种单一的力量究竟是什么？在对感知、想象与记忆的力量进行了一番快速的考察之后，沃尔夫得出结论，认为它们都是再现世界的不同方式或形式；换句话说，它们都是对事物的意识或认识的形式（§§747—53；465—8）。他于是认为，这种再现世界的力量，就是灵魂的本质或本性（§755；469）。沃尔夫的灵魂概念，似乎来自经验，即一种归纳式的考察；但实际上这一概念的深刻根源，是理性主义的传统。沃尔夫灵魂概念的祖先，是笛卡尔的精神实体（*res cogitans*）和莱布尼茨的再现力（*vis representativa*）。

59

根据这一定义，沃尔夫尝试解释灵魂的其他功能。最令人苦恼的反例，可能是意志与情绪；但沃尔夫对它们都有解释。追随莱布尼茨，沃尔夫认为意志是再现力量的一种功能，尤其是对善的事物的再现力量的功能。他在《伦理学》中指出，对善的事物的再现，是行为的动机（*Bewegungsgrund*），因为当我们明确认识到，意愿（will）一种好的行动对我们来说是最好的选择时，我们不可能不意愿这种行动（§§6—7；I/4，8）。如果我们没有意愿最好的行动，那原因也在于我们并没有明确地意识到它。同样，关于恶的知识是不去从事一种行动的动机；如果一个人把一种行动明确理解为邪恶的，他就不会从事这种行动；如果从事了某种邪恶的行动，那也只是因为我们关于善的事物具有模糊的再现。在《经验心理学》中，沃尔夫在一个类似的基础上解释情绪。情绪也是再现力量的一种功能，因为情绪存在于对善的事物的**模糊**再现中。① 与此类似，在《形而上学》中，他把情绪分析为各种不同程度的感官欲求或厌恶，而欲求与厌恶就存在于对善或恶的模糊再现中。②

沃尔夫心理学的理智主义，更明显地表现在他对灵魂的功能的排列上。由于灵魂的所有力量都是再现的功能，又由于再现可以根据品质来划分等级，所以沃尔夫就认为可以对灵魂的各种力量划分等级。③ 他提供了一种灵魂功能的等级制，把知性的**高级**功能和想象、记忆、感觉的**低级**功能区分开来（§§54—5；II/5，33）。功能的等级，决定于莱布尼茨的观念分类学，那里观念的地位与它的再现的清晰度与明确度直接相关。于是，理智比感觉、记忆和想象的位置要高，因为理智的观念是清晰而明确的，而感觉、记忆和想象的观念总是不明确的，有时候还是模糊不清的。决定等级的关键，在于理智扮演它的分析角色时的有效程度；不同于模糊而不充分的观念，明确而充分的观念的特征，在于它被分析成各种要素的程度要高。

沃尔夫的理智主义心理学，对他的艺术理论有深远影响。这意味着审美经验无论如何情绪化，都具有某种程度的认知性，都包含对世界的某种认识状态，因为我们的所有心理状态，都是再现的各种形式，都是对事物的意识。这还意味着，在审美沉思和欲望之间不存在明显区别，好像审美经验会莫名其妙地超功利似的。正如沃尔夫明确指出的那样，如果审美经验完美或卓越地再现了某物，那么我们必然就像对待其他事物那样，对这种完美或卓越之物产生欲望。最后但并非不重要的是，这还意味着把所有艺术理性化是可能的，即把它们的程序描述为明确的规则，并从基本原理中推论出这些规则，是可能的。由于灵魂本质上是一种思想着的存在；又由于思想要想有效必须遵守逻辑规则，灵魂本质上是一种理性的存在。因此，灵魂活动的理性化，即把这些活动描述为一种演绎体系，将会准确反映这些活动；灵魂中将

60

---

① *Psychologia empirica*, §605; II/5, 459.

② *Metaphysik*, §§439–45; I/2, 269–74.

③ *Metaphysik*, §279; I/2, 154.

不会存在任何逃避理性化的非理性的东西，因为即使是意志和情绪，也是再现的功能，也是我们关于善恶的思想力量的功能。

四、美的理论

沃尔夫美的理论的核心，存在于《经验心理学》的一些小段落里（§§543，9）。尽管沃尔夫的论述简单，但它的影响巨大。高特谢德、鲍姆加登、迈耶、苏尔泽和门德尔松都把沃尔夫的论述作为自己美学的起点。因此，有必要走近看看沃尔夫的理论。

沃尔夫在他的关于快乐的一般理论中发展了自己对美的解释，他曾经在《经验心理学》《德意志形而上学》和《马堡的闲暇时光》（*Horae subsecivae Marburgenses*）等三处地方解释过快乐理论。[①] 沃尔夫理论的核心观点，其灵感来自笛卡尔，[②] 主张快乐存在于对完善的直觉意识中（*cognitio intuitiva perfectionis*）（§511；II/5，389）。这样，根据他的定义，快乐不仅仅是一种感受或感觉，还是对某物的再现或意识。通过快乐，我在对象中再现或意识到某种东西，也就是对象的完善。一个对象的客观性特征即完善，存在于它的"多样性的和谐"或"统一的多样"（*consensus in varietate, plurium in uno*）中。[③] 直觉，这种涉及快乐的特殊意识，是对事物直接或即刻的意识，它不需要语词和符号。[④] 它不同于**形象**意识，后者涉及语词与符号。

61

---

① 　Cf. *Psychologia empirica*, §§509–78, *Werke*, II/5, 387–440; *Metaphysik*, §§404–33, *Werke*, II/2, 248–66; and 'De Volupatate ex cognitione veritatis percipienda', in *Horae subsecivae Marburgenses*, *Werke*, II/34.1, 167–248. 下文括号里提及的都来自这三部著作，可以根据卷号来区分。

② 　在边注中，沃尔夫明确承认笛卡尔是他理论的来源，参见 §511S; II/5, 389. Cf. *Metaphysik*, §404; I/2, 247。

③ 　*Ontologia*, §503; II/3, 390.

④ 　*Metaphysik*, §316; I/2, 173–4.

重要的是要看到，尽管沃尔夫认为快乐涉及再现或意识，但他并没有坚持认为快乐必然涉及知识或认知。沃尔夫关于意识的术语"*cognitio*"在这方面是令人误解的，因为它意味着认知；但沃尔夫通过这个术语所表达的，只是思想或意识；因为他把它专门规定为获得或拥有关于某物的观念（§§51—3；II/5，32）。他明确指出，快乐并非必然是认知，因为他注意到快乐可以来自**表面的**和**真正的**（true）完善（§514；II/5，393）。他认为，从某物中获得快乐，并不必然意味着我们感知到一种**真实的**（real）完善；只存在一种关于完善的**表象**，这就足够了。① 他说道，这是我们日常经验的一部分，即人们经常在某种确实不完美甚至很坏的东西里获得快乐。虽然快乐并不涉及知识，沃尔夫还是坚持认为人们仍然必定至少**相信**对象那里存在完善；他们必然至少把对象**再现**或**思考**得完美。沃尔夫主张，必然至少存在这样的信仰或再现，这是毋庸置疑的，因为当他们后来发现一种完善只是表面的完善时，他就不再从对象那里获得快乐。②

沃尔夫快乐理论的最明显特征，在于它的**意向性**成分，也就是说，它宣称快乐涉及一种对某物的注意或意识形式。于是，沃尔夫并不认为快乐仅仅是一种感觉、一种令人激动或宽慰的感受，而与世界上的任何东西都不相关。在这一点上，沃尔夫的快乐理论明显不同于经验主义传统。一旦我们把沃尔夫的理论与休谟（Hume）表现在论文《论趣味的标准》（"Of the Standard of Taste"）——在沃尔夫《经验心理学》发表四年后发表——中的理论作一些比较，前者的明确轮廓和有争议的维度就会变得非常明显。③ 根据休谟，所有的快乐都存在于"情感"中；而所有的情感都是正确的，因为"情感与它之外的任何东西都不相关"。尽管知性的判断可能是对的也可能是

---

① *Metaphysik*, §405; I/2, 248.

② *Metaphysik*, §406; I/2, 248–9.

③ Hume, *Essays Moral, Political and Literary*（Indianapolis: Liberty Fund, 1995），pp.226–49, esp.230.

错的，因为"它们涉及它们之外的东西，涉及睿智，涉及事实的真正情况"，但情感没有这些牵涉，因而也就没有真假对错之分。不同于休谟，沃尔夫坚持认为，快乐确实涉及它之外的某种东西，它至少意指世界上的某种东西，即事物的完善。这意味着快乐里面暗含着一种判断行为，并且根据对象里是否存在一种真实的或仅仅是表面的完善，就可以区别这种判断是对的还是错的。于是，沃尔夫根据快乐是否建立在真正的或表面的完善之上，来区分真正的和虚假的快乐（§514；II/5，393）。

　　沃尔夫尝试通过把自己的快乐理论应用于普通经验来证实它。值得注意的是，他的大多数例子都来自审美经验（§512；II/5，389—91）。他指出，当我们从一幅画那里获得快乐时，这确实是对一种完善的感知，也就是对完善与它的对象的相似性的感知。当一个建筑师在观察一处建筑时发现了快乐，这是因为他认识到了这处建筑的结构规则，看到它们如何被完美地注意到；他在建筑那里得到的快乐要比一个门外汉多得多，因为他知道建筑结构的规则。认识这些规则，就是认识建筑的完善，因为这些规则就是把多样性统一为整体或使许多事物和谐化为完整之物的形式。沃尔夫相信，一般来说，我们对一个对象的完善越有所洞见，我们就能在感知它的过程中获得越多的快乐（§§409，412；I/2，250，251）。

　　尽管普通经验的一些事实似乎在肯定沃尔夫的理论，但也有一些事实似乎在反对这一理论。由于坚持所有快乐都是欲望的对象，所有的快乐都是对完善的意识，沃尔夫致力于对欲望的古典理性主义分析，根据这种分析，我们不可能欲求某种我们已经知道是邪恶的东西。他确实在《伦理学》中为这种观点作过明确的辩护。[1] 但是，这种观点遭遇到了一个臭名昭著的反对意见：无自制力（akrasia），意志薄弱，当我们知道某物是坏的却还可能去欲求它，这一事实明显存在。把这一问题应用于沃尔夫的快乐理论，它会

─────────────

[1]　*Ethik*, §§6–7, *Werke*, I/4, 7–8.

表现为如下形式：我们似乎可以从某物那里得到快乐——而且因此暗中欲求它——即使我们知道它并不完美。所有的癖好都可归于这一范畴，因为在这些癖好中，我们欲求着我们已经知道对我们来说不好的东西（如酒精或毒品），并且从中获得快乐。

沃尔夫回应这种反对的策略，是区分真正的和虚假的快乐（§§513，515；II/5，391—2，393）。如果我从某个坏的或不那么完美的东西那里获得快乐，那么这种快乐就是虚假的，原因可能有如下几种：或者它比真正的快乐更短暂；或者它混合着不快乐；或者相较于真正的快乐，它会有更痛苦的结果。而相较于虚假的快乐，真正的快乐更长久，更少混合不快乐，更少有痛苦的结果。于是，如果我欲求一种虚假的快乐，那也只是因为我不知道它是虚假的快乐，也就是说，我对它的替代物、结果和内容缺乏清晰而明确的认识。因此我就可能欲求某种我知道会带给我虚假快乐的东西；因为在这种情况下说我欲求真正的快乐就是错误的。

在确定了快乐的本性之后，沃尔夫继续规定美本身。他首先注意到的是日常用法中对美的定义："让人快乐的东西被视为美的。"（§543；II/5，420）这一定义认同这样的格言，即美存在于观察者的心里，或者每个人都有他自己的趣味（*suum cuique pulchrum*）。但是，沃尔夫并不满意这一定义，认为它对心理学来说不够准确。于是，他提供了一个他自认为更准确的定义："美存在于事物的完善中，只要这些事物能够被它们内在的力量所推动，在我们那里生产出快乐。"（§544；II/5，420）值得注意的是，沃尔夫强调更多的是这个定义里的客观性元素：如果事物的完善没有力量在我们那里生产出这样的快乐，就不会有美存在。①

沃尔夫后来又更加准确地给出了美的定义，他指出，美只存在于"完善的可观察性"（*observabilitas perfectionis*）（§545；II/5，421）中。他下面解

---

① See too *Horae subsecivae Marburgenses*, *Werke*, II/34.1, 171.

释道，美那里同时存在主观和客观的元素。美的主观元素存在于快乐的感受中；如果没有感知的主体，就没有快乐，也就没有美（§545S；II/5，421）。美的客观元素存在于完善之中，因为即使没有人感知，完善仍然在客体——一个多样性的统一或多样性的和谐——之中存在着。仅仅一个短语"完善的可观察性"就如此简洁地把这两种元素连接在了一起，因为美既不单单是完善，也不单单是快乐，而是二者的结合：从观察完善获得快乐。

　　简而言之，这就是沃尔夫美的理论的要点。它更鲜明而突出的特征，是它的极端理智主义或理性主义。它把审美经验的**唯一**根源置于对完善的感知中，而完善存在于多样性的统一或多样性的和谐中。完善在理性主义传统中本质上就是结构或形式，就是理性或理智的合适对象。忠实于这一传统的沃尔夫坚持认为，理性的典型任务，就是去把握多样性中的一或一中的多样性，或者是去发现特殊中的普遍或普遍中的特殊。[①] 完善因此是理智合适而典型的对象。对沃尔夫来说，所有的审美快乐最终都是**理智**快乐中的一种；我们通过我们的感官获得的这种快乐，确实只是理智快乐的一种模糊形式。　64

　　沃尔夫美的理论中存在的主要问题之一，是它显得过分理智或理性主义，以至于难以解释那关于"难以描述之物"的现象，即美的难以定义的一面。于是，沃尔夫坚称，我们越是洞见到对象的完善——也就是说，我们越是能够分析它的独特要素，并且发现它们中的每一个都是整体不可或缺的部分——我们就越是能够在感知对象的完善时获得更多的快乐（§§409，412；I/2，250，251）。[②] 沃尔夫认为是经验的简单事实的东西，其实充满了争议，因为它与莱布尼茨所观察到的相反：清晰的认识会破坏美的魅力。当沃尔夫坚称艺术必须接受充足理由律的严格主宰，以至于不遵循充足理由律的艺术产品将会空洞无物时，他的理论的理性主义或理智主义的一面变得尤为明

---

① 　*Logik*, §30; *Werke*, I/1, 130.

② 　Cf. *Psychologia empirica*, §517; II/5, 395–7.

显。比如说，当沃尔夫谈及建筑时，他要求建筑不再是一种艺术而应该更像一种科学，这样，它的每一条规则都来自根据数学方法确定的第一原理。[①]正是这样极端的理智主义，后来成为不满于沃尔夫美的理论的主要根源。尽管鲍姆加登、温克尔曼和门德尔松都接受了沃尔夫的核心观点，即美存在于对完善的直觉中，但他们都强调了这种直觉的模糊本性；这样做时，他们都是在为他们的老师无法解释的现象作辩护：那"难以描述之物"。但是，沃尔夫只会视所有的模糊为不完善、为秩序的缺乏，并且因此把它们从美的领域中驱逐出去。

不管有什么问题，沃尔夫快乐理论与美的理论对理性主义传统还是具有明显的吸引力的。这种理论将会成为它对审美判断的解释的基础。由于沃尔夫的理论坚持认为审美快乐包含一种判断行为，它让趣味主题变成了理性的评估。我们可以通过批判的法庭决定这样的判断是真的还是假的，决定这样的判断是否存在足够的证据。因此，趣味就不再仅仅是一个拥有某种感觉或感受——我们无法评估这种感觉或感受的本质属性——的问题。这是把理性主义传统从伯克和休谟的经验主义那里区分开来的诸多基本观点之一。

五、新古典主义的基础

正如我们已经注意到的那样，审美理性主义传统的标志性特征之一，就是它对规则的信任与强调。这是一个重复出现在高特谢德、鲍姆加登、莱辛、温克尔曼和门德尔松思想里的主题。尽管鲍姆加登、温克尔曼和门德尔松完全认识到了审美经验难以定义的维度——那不可化约的"难以描述之物"——但他们从来没有停止相信审美创造和判断根本上由规则所主宰。正是通过关于规则的知识，艺术家可以创造美，批评家可以判断美。要理解理

---

① Cf. *Psychologia empirica*, §150; II/5, 103–4 and *Discursus praeliminarius*, §40; II/1.1, 19.

性主义传统的这一基本教义，我们需要返回沃尔夫，他为这一教义提供了形而上学和认识论的基础。我们尤其需要返回沃尔夫的基本著作《本体论》（*Ontologia*, 1729），青年门德尔松曾经说过，任何严肃的哲学家都需要把这本书读两遍。在《本体论》及其德语副本即所谓《德意志形而上学》中，沃尔夫明确规定了他所谓的规则，而且对规则背后的形而上学与认识论进行了详细而明确的解释。[①] 沃尔夫的解释对于紧密追随他的理性主义传统来说是至关重要的。沃尔夫尝试辩护与解释的，正是后来的思想家们要预设的先决条件。

沃尔夫对规则的解释，出现在他关于秩序、真理和完善概念更为一般性的讨论语境中，而这三个概念正是他的本体论的基本概念。这三个概念中最为根本的一个是秩序。沃尔夫认为秩序类似于事物在时间中相继出现或在空间中与他物共存（§472；II/3，360）。[②] 由于秩序存在于这样的相似性中，秩序中的每一个事物都有它自己确定的时间或位置，也就是存在它为什么会正好出现在或处于这一时间或位置而不是其他的原因。[③] 如果我知道了它为什么会出现在此刻而不是其他时刻，为什么会处于这一位置而不是其他位置，我就搞清楚了它的秩序的原因（*ratio*）和基础（*Grund*）（§474；II/3，361—2）。当然，秩序是一个程度问题。秩序的程度依赖于相似性的数量，在相似性中事物相继存在或与他物共存（§148；I/2，77）。

秩序在沃尔夫认识论中扮演着重要角色，因为它是区分真理与谎言、真实与梦幻的关键（§§494—6；II/3，382—3）。[④] 真理只是事物的变化中的秩

---

① See *Ontologia*, pars I, section III, caput VI, "De Ordine, Veritate & Perfectione", §§472–530; II/3, 360–412. Cf. *Metaphysik*, §§132–75; I/2, 68–94. 下文括号内涉及的都是这两个文本，凭卷号相区分。这些阐述本质上都是相同的，只是在内容上稍有不同；拉丁文版通常比德文版更详细些。我将引用最为清晰的阐述。

② Cf. *Metaphysik*, §§132–3; I/2, 68–9.

③ Cf. *Metaphysik*, §§139; I/2, 73.

④ Cf. *Metaphysik*, §§142; I/2, 24.

66　序；而且我们正是根据充足理由律来确定秩序。如果我们知道某物为什么会如其所是地出现而非按其他方式出现，或者如果我们能够详细说明事物和其他物相继存在或共存的明确规则或充足理由，那么我们就知道某物是真实的（§143；I/2，74）。梦或幻觉是事物的变化中的无序。因为秩序是程度问题，而且因为它决定了真实与幻觉、真理与谎言之间的区分，所以真实与真理也具有和秩序程度相应的程度（§151；I/2，78）。

　　沃尔夫根据秩序来定义完善。完善是秩序的特殊形式，是一种复杂之物的相似物（*Zusammenstimmung*），或者是多样性的和谐（*consensus in varietate*），其中和谐是事物和其他事物融为一体的趋势（§503；II/3，390）。[1] 比如说，一个钟表的完善，存在于它所有的部分中，这些部分一起工作以显示出时间。由于在任何这样的相互呼应中必然存在某种把各种不同事物融为一体的东西，每一种完善都有它自己的基础或原因，根据后者这种完善可以被理解与判断（§§505—6；II/3，394）。[2] 比如说，钟表之所以是完善的，理由是它能够准确报时。就像存在判断秩序的规则，也存在判断完善的规则，这些规则对应于事物的根据或原因（§168；I/2，90）。如果我们能够发现更多的根据来解释部分之间的对应，事物就拥有更多的完善（§160；I/2，84）。

　　就像存在不同程度的秩序，也存在不同程度的完善。完善的程度部分依赖于事物和它的根据或原因相一致的程度（§154；I/2，80）。[3] 还以钟表为例，根据钟表显示时间的准确程度，存在各种不同程度的完善；一个不仅显示小时还显示分钟的表，肯定要比只显示小时的表要更完善；而一个不仅显示分钟还显示秒的表，肯定要比只显示分钟的表要更完善。完善的程度部分还依赖于事物自身所拥有的更小的完善的程度（§162；I/2，86）。[4] 有简单的完善，

---

① Cf. *Metaphysik*, §§152; I/2, 78–9.

② Cf. *Metaphysik*, §§153; I/2, 79–80.

③ Cf. *Ontologia*, §519; II/3, 405.

④ Cf. *Ontologia*, §520; II/3, 406.

也有合成的完善，其中合成的完善存在于多种事物的和谐中，它的每一部分都与其他部分和谐相处。由于事物的完善来自它的规则，那么遵循更多规则的事物就更完善（§168；I/2，90）。于是，完善的程度就依赖于两个基本的变量：和谐的程度——或者进一步说是统一的程度——以及被协调起来的部分的数量。换句话说，最高程度的完善，就是对最大数量的部分最高程度的统一；这样的完善将会在最大程度的多样性中实现最高程度的统一。

了解了沃尔夫的秩序与完善概念，现在我们就可以开始理解他的规则概念了。规则本质上就是创造秩序和完善的法则或方法，或理解秩序和完善的命题。正是原理或命题描述了事物中使它们彼此共存或相继存在的相似性的成因。于是，沃尔夫在《本体论》中给规则下的准确定义，就是"一个表述符合理性的决断的命题"（*propositio enuncians determinationem rationi conformem*）（§475；II/3，362）。

在沃尔夫关于规则的解释中存在一些微妙的歧义。有时候他直接把规则等同于秩序背后的原因或根据（§145；I/2，75）；有时候他又把规则等同于那本质上符合原因或根据的东西，也就是事物之间明确的相似性（§§141，149；I/2，74，78）。一个规则可以既是客观的又是主观的：客观的规则是自然中的理由或根据；主观的规则是我们据以理解和判断秩序的原理（§141；I/2，74）。但不管我们如何解释，规则就是我们据以创造或理解秩序和完善的方法。

沃尔夫对规则的信仰归根结底来自他对一个基本原理的依赖：充足理由律。正是这一原理藏在所有秩序和完善之后。如果我们知道了某物存在的充足理由，我们就会明白它的秩序，明白它与其他事物为什么会以这种方式而不是其他方式出现与共存。沃尔夫称我们据以理解事物完善的一般理由——解释事物的各个部分能够合在一起形成一个连贯整体的原因——为"完善的决定性原因"（*rationem determinantem perfectionis*）（§506；II/3，394）。关键的是要看到沃尔夫是在一种非常一般的意义上解释这个原理。对某些事

67

物来说，充足理由是我们据以理解事物为何如此而不是如彼的原因（§56；II/3，39）。这意味着这个原因可能是终极因或动力因，是一种目的或先导事件。但是和培根、笛卡尔一样，沃尔夫也对把终极因引入自然哲学保持警惕（§§99—102；II/1.1，45—6）。尽管重视自然目的论，但他认为在哲学体系里，自然目的论只能排在神学和物理学之后。然而物理学或宇宙论本身之中并没有对最终原因的承诺。沃尔夫认为，莱布尼茨的观点——即事物的元素是单子、隐德莱希或寻求目标的积极精神实体——理由并不充分。[①]

68　　除了一些偶然的段落，沃尔夫并没有把他的秩序、完善和规则概念明确应用于艺术。但是，他偶尔也为判断事物的完善制定了一些指导方针，并且通常以艺术作品为例证。在《形而上学》中，他列举了四个方面的方针：（1）认识简单的完善，即各部分的秩序；（2）观察所有部分的秩序如何来自整体的必然性；（3）比较主宰每一部分的规则，判断它们可能的例外；（4）考察哪些规则会有例外（§174；I/2，93）。但是，沃尔夫也承认，当一个具有多样性表现的事物中部分的数量过多时，很难判断整体的完善，而这正是人们在判断艺术作品时经常出错的原因（§171；I/2，91—2）。

　　尽管沃尔夫在为判断完善制定规则时是非常明确的，但需要强调的是，他并没有认为规则是施加给艺术家目的的绝对或先天的限制。他一定会直率地拒绝后来狂飙突进运动的责难，即规则都是束缚想象力的链条。沃尔夫认为，规则并不会限定艺术家的目的，原因很简单，规则就来自艺术家的目的。艺术家遵循什么样的规则，取决于他选择什么样的目的；而且在他选择目的时，也没有什么先在的限制。艺术家设定了不同目的的地方，他必须遵循不同的规则。换句话说，规则只是目的的工具；它们本身并没有规定目的。沃尔夫对待艺术的态度之自由，可以通过他在《形而上学》中对想象力的思考显现出来，在那里他写道，艺术家应该根据任何计划或构思自由创

---

① See Wolff, *Metaphysik*, §§598–9; I/2, 368–70.

造（§§241—7；I/2，134—8）。在艺术家应该遵循何种计划或构思方面，不存在局限性；唯一的限定是，他应该具有某种计划或构思。只有当艺术家根据任意的联想或随性的幻想来行事，把彼此间没有关联的观念放在一起，或者不遵循计划或理性的时候，沃尔夫才会责备他（§244；I/2，136）。在这种情况下，艺术家就违背了隐匿于所有计划或构思后面的基本原则：充足理由律。

如果把沃尔夫的自由态度置于更为宽广的历史语境，我们就会发现，这种态度恰好证明了他不是在强加障碍，而是在突破障碍。因为他把艺术家从一种严格的模仿教义里有效解放了出来，这一教义限定艺术家必须要复制自然的现存秩序。在《形而上学》中他明确指出，只要艺术家根据某种构思来创造，他就仍然处于真理的领域，因为真理不管是在现实世界还是所有可能的世界里都存在于秩序中（§245；I/2，136）。艺术家确实需要模仿自然，但这种模仿不是复制它的秩序和完善，而是在一般的或形式的意义上说，像自然那样创造秩序与完善。

但是，如果因为沃尔夫强调自由而视其为审美无政府主义者——拒绝艺术中的所有秩序——这也是不正确的。尽管他坚称艺术家应该根据计划或构思——不管它们来自自然还是艺术家的想象——自由创造，沃尔夫仍然认为艺术家应该严格遵循他的构思。任何计划或构思都有它潜在的主题或概念——存在于自身的充足理由——艺术家必须保持对计划或构思的绝对忠诚。由于艺术家构思中的每一种东西都有充分理由，每一部分都在整体中扮演必要的角色，所以就不存在什么多余之物。于是，在《经验心理学》中，沃尔夫宣称建筑师应该严格按照充足理由律行事，这样就可以使他的构思中的每一个东西都能扮演必要的角色（§150；II/5，103）。

这种严格主义的最终结果，就是新古典主义美学。所以新古典主义的基本价值——秩序、和谐、朴素——都直接来自沃尔夫的主张，即艺术家应该严格遵循充足理由律。新古典主义的基本原则就是充足理由律本身，它要求

69

艺术家必须根据理由来创造作品。因此，说新古典主义是一种理性主义美学，这是完全正确的。

在沃尔夫的新古典主义世界里，非理性的东西只能表现在一个地方：规则的例外之处。但是这种表现可不是简单而易逝的表现，在《本体论》中沃尔夫用了很多篇幅来努力控制这种表现。① 在沃尔夫的本体论中，规则的例外似乎是不可能的，因为它似乎违背了充足理由律。但正是这种印象，需要沃尔夫花费大量精力来矫正。只有当规则间出现矛盾时，例外才会出现；例外也不会存在于对规则的违背中，而存在于因为喜欢其他规则而对这一规则的违背中（§510；398）。尽管规则的例外就其本身而言是缺陷，但当它们处于一个整体之中时，它们又不必然是缺陷了；它们不但没有导致不完善，反而实际上促成了整体的完善（§514；401）。于是，即使规则之间存在冲突，沃尔夫还是建议遵守规则，因为它们能够最大程度地有助于整体的完善（§518；405）。

了解了沃尔夫对规则的解释，我们现在可以明白为什么他乃至整个理性主义传统都对规则如此信仰。艺术之所以离不开规则，有两个原因。第一，规则确定了实现艺术家目的的必要**手段**；他如果不想遵守规则，就不能做他想做的事情。由于只有某些行为是达到某些目的的有效手段，又由于相同的手段在不同的情况下会有效地达成相同的结果，于是把最有效地实现某些目的的方法普遍化，就是可能的；而这样的普遍化就是规则。第二，规则确定了一件作品的每一部分如何符合整体的规划；规则都建立在作品的一般观念基础上，即它们背后的充足理由之上，而且决定了每一部分如何起作用，如何在整体中扮演必要角色。第一个原因让规则成为艺术生产的必要条件；第二个原因让规则成为批判性理解和判断的必要条件。在第一种情况中，为规则作辩护的——使规则合理化的——是工具合理性，它宣称我们为了达到目

---

① *Ontologia*, §§510–25; II/3, 398–408.

的应当选择有效的手段。在第二种情况中，为规则作辩护的是充足理由律本身，它宣称艺术作品中的每一种东西都应该有它存在的理由。需要再次强调的是，在两种情况中，规则都不是艺术家计划的障碍或羁绊，因为它们只关心艺术家能否有效实现他自己的计划，而不管这计划到底是什么。

尽管沃尔夫的规则美学在精神上是自由的，而且是完全合理的，但它并没有拥有一个令人满意的命运。18 世纪后期，它被拿来和一种更加狭隘的新古典主义美学关联在一起，后者在一种非常严格的字面意义上来强调模仿原则。高特谢德在此扮演了关键角色。作为沃尔夫的亲密追随者，他成功地把沃尔夫的新古典主义和他自己的法国风格的戏剧表演法事业关联起来；这样，遵守规则似乎就意味着遵循三一律。于是，对高特谢德的反抗，就变成了对一般规则的反抗。随着和洗澡水一并被泼出去，婴儿从那时起就变成了孤儿。

我们现在也终于拥有了一个立场，可以用来理解康德如何过度曲解了理性主义。在《判断力批判》中，康德把规则理解为"关于对象的概念"，这个概念就是规则的内在目的，就是它注定要成为的东西，或者是它潜在的理念。① 他在这种意义上理解规则的理由已经非常明显了：规则被认为是判断一件艺术作品的标准，而且知道了对象的目的，就可以提供这样的标准。比如说，如果我知道了剪枝刀和赛马的目的，那么，有了经验的帮助，我就能确定剪枝刀或赛马的哪些特征最有助于实现剪枝和比赛的目的。有了这样的知识，我将会拥有一个标准，也就是我将根据能否有效完成这些目的来判断每一把特别的剪枝刀或每一匹赛马。通过确定它们拥有或缺乏哪些特征，我就能够解释它们为什么是有效的或无效的。在这样解读规则的意义时，康德追随的只是他在迈耶的《所有美的艺术的基础》（*Anfangsgründe aller schönen Künste*）中读到的解释，这本书在 18 世纪后期成为最受欢迎的理性

---

① *Kritik der Urteilskraft*, §8, V, 215–16; §34, V, 285–6.

71　主义美学手册。迈耶把藏在所有秩序或完善背后的充足理由仅仅理解为秩序或完善的目的。①

　　然而有必要强调的是，迈耶的解释过分简单化了，而且确实扭曲了作为整体的理性主义传统，这一传统紧密追随的是沃尔夫更自由也更复杂的解释。沃尔夫对规则的解释，并没有暗示要符合自然目的或柏拉图式理念这样的概念。规则只是艺术家关于整体作品的概念，或者是他实现特殊目的的方法，其中这些概念和目的都不是由自然来决定，而是由艺术家本人来决定的。我们确实已经看到沃尔夫关于充足理由律的解释并没有暗示要符合自然目的论。对他来说，那用来解释自然中的秩序的充足理由，首先且最重要的，是机械性的原因。在迈耶的影响下，康德把自然目的论带进了理性主义美学，后者从那时候开始就被深深误解了。

---

① Meier, *Anfangsgründe aller schönen Wissenschaften*（Magdegurg: Hemmerde, 1754），§§24, 471, 473; I, 40, III, 511, 517.

高特谢德与理性主义的正午

一、高特谢德教授先生的假发

沃尔夫之后，在审美理性主义发展过程中表现最为突出的人物，是约翰·克里斯托弗·高特谢德（1700—1766）。在德国文化史中，高特谢德是一个极富创造力也极富争议的人物。他的声名主要依赖两大雄心壮志：让德语成为一种和英语、法语一样具有领导性的书面语言；改革德国戏剧，使其成为严肃文学而非公众娱乐的平台。高特谢德是否真正致力于这些目标是另一回事儿；但细想那个时期的德国文学与戏剧，他至少思考过这些目标，并且不遗余力地去实现它们。不过，尽管有如此目标并为之不懈努力，他的声名在莱辛的严厉攻击后还是受到严重影响。在《文学通信》（*Literaturbriefe*）的一些攻击性段落里，莱辛这样写道：

> 《美学与自由艺术藏书》的作者这样写道："没有人会否认德国戏剧的大部分改进应该归功于高特谢德教授先生。"我就属于这种人；而且我还要彻底否定这种看法。我倒希望高特谢德先生从来没

有介入过戏剧问题。他所谓的改进不是可有可无的琐屑之事，就是真正的败坏。①

不过，莱辛有他自己的仗要打。在他那个依然有必要和文学正统顽强战斗的时代，这样的攻击是得到许可的。但是随着时代和思考角度的变化，莱辛的讥讽的话就显得不那么公正了。自从西奥多·丹茨尔（Theodor Danzel）的《高特谢德与他的时代》（*Gottsched und seine Zeit*，1848）发表以来，已经出现了很多关于高特谢德的修正主义研究成果，它们开始重新评价高特谢德在德国文学史中的地位。② 把他放在他的历史语境中看，并且鉴于他那个时代的德国文学和戏剧，可以证明高特谢德是一个关键角色。他在德国启蒙运动中是一个灯塔式的人物，在德国文学与戏剧改革过程中起到了巨大作用。即使人们不赞同他的亲法主义理想，他在民族文学与戏剧的发展过程中仍然占有重要地位。没有哪部德国文学和美学史能够忽略他的存在。

无论好坏，到了18世纪30年代中期，高特谢德已经以"德国文学独裁者（the literary dictator of Germany）"知名。③ 他的影响力与威望部分来

① See "Literaturbrief 17", February 16, 1759, in Lessing, *Werke und Briefe*, vol. IV（Frankfurt: Deutscher Klassiker Verlag, 1997），p.499.

② See Theodor Danzel, *Gottsched und seine Zeit*（Leipzig: Dyke, 1848）; Gustav Waniek, *Gottsched und die deutsche Literatur seiner Zeit*（Leipzig: Breitkopf und Härtel, 1897）; and Eugen Reichel, *Gottsched*（Berlin: Gottsched Verlag, 1912）. 即使是马克思主义学者们，也非常肯定高特谢德在德国"资本主义"文化发展中扮演的角色。比如，参见 Werner Rieck, *Johann Christoph Gottsched: Eine kritische Würdigung seines Werkes*（Berlin: Aufbau, 1972）。不过，也存在一些反对恢复高特谢德名誉的声音。尤其参见 Friedrich Braitmaier, *Geschichte der poetischen Theorie und Kritik von den Diskursen der Maler bis auf Lessing*（Frauenfeld: Huber, 1888）。

③ 短语"literary dictatorship"曾经在高特谢德研究界被充分争论。万尼克（Waniek）曾经质疑高特谢德是否达到过这一顶峰，蕾切尔（Reichel）质疑他是否有过如此志向。参见 Waniek, *Gottsched und die deutsche Literatur*, pp.260–3, and Reichel, *Gottsched*, II, 1–49。不过，高特谢德的许多同代人和继承者们根据这一术语看待他的地位，这仍然是一个事实。

自他在莱比锡大学的教授职位，部分来自他是"德国社会"——一个模仿巴黎法兰西学会的社团——的发言人和组织者，还有一部分来自作为一本有影响力的杂志的主编的能力，这本杂志名叫《德国语言、诗歌与修辞批评史文稿》（*Beyträge zur critischen Historie der deutschen Sprache, Poesie und Beredsamkeit*）。众所周知，独裁者总是招致反抗，尤其是来自青年一代的反抗。到了 18 世纪 40 年代，这个上了年纪的教授开始卷入一场接一场的争论中，而他的自我炫耀和自吹自擂最终使他成为笑柄。高特谢德的立场和法国古典主义——拉辛（Racine）、科尔内耶（Corneille）和莫里哀（Molière）的戏剧———致，他奉这种古典主义为新的德国戏剧的典范。尽管在 18 世纪 20 到 30 年代，这种方法可能还具有很好的教育效果，但对新的更加自信的年青一代来说，这种方法已经失去意义，他们渴望摆脱诺曼底人所有形式的束缚。到了 18 世纪 50 年代，高特谢德似乎已经属于另一个时代了。当青年歌德拜访老病缠身的高特谢德时，发现他还在佩戴毫无时尚可言的假发，可笑地努力维持着自己的尊贵。① 那可怜的假发，成为已经过去时代的完美象征。

　　高特谢德对德国文化的影响不仅表现在文学与戏剧领域，还表现在哲学领域。他是莱比锡的一名哲学教授，考虑到莱比锡是德国的文化心脏，这一 74 职位当然非常显赫。作为沃尔夫第一批弟子中的一员，高特谢德冲在启蒙运动的最前沿。1725 年，他第一个发表了关于沃尔夫哲学的演讲；当时为沃尔夫辩护还是非常冒险的，因为无神论和宿命论对他的攻击来势凶猛。高特谢德还是沃尔夫教义的重要普及者。18 世纪 20 年代，他编辑了两本道德周刊：《正人君子》（*Der Biedermann*）（1727—1729）和《合理化批评》（*Die vernünftigen Tadlerinnen*）（1725—1726），它们模仿艾迪生（Addison）和斯蒂尔（Steele）的《闲谈》（*Tatler*），目的在于根据沃尔夫的哲学原理提升趣

---

① Goethe, *Dichtung und Wahrheit*, in *Sämtliche Werke, Briefe, Tagebücher und Gespräche*, ed. Dieter Borchmeyer et al., 40 vols.（Frankfurt: Deutsche Klassiker Verlag, 1986），I/14, 293.

味和教育公众。不仅仅满足于普及这种新哲学，高特谢德还以为这种哲学提供形而上学和心理学基础而骄傲。于是在 1733 年，他发表了自己的演讲纲要《智慧的首要基础》（*Erste Gründe der Weltweisheit*），涉及了哲学的所有基础部分，尤其是本体论、心理学和自然目的论。这本书被广泛使用，成为最成功的沃尔夫式教科书。[①]

把高特谢德描述成一个知识渊博的创新者，或者把他描述成沃尔夫的一个忠诚弟子，可能都是错误的。他的《智慧的首要基础》确实在很多地方都紧密追随沃尔夫；但是他也会毫不犹豫地与沃尔夫展开争论，即使是一些根本性的问题。比如，在他的博士学位论文里，他为沃尔夫所反对的物理流理论辩护；而在《智慧的首要基础》的前言里，他甚至质疑沃尔夫的哲学概念——关于所有可能事情的科学——因为这一概念使哲学变得过于投机。比起莱布尼茨或沃尔夫，高特谢德是一个更为世俗化和自然主义的思想家，这种看法是正确的。[②] 确实，比起他的前辈——他们很少公开质疑基督教的教义——他对启示的态度更具批判性。但是，把高特谢德描述成叔本华和尼采的祖先，肯定也会犯下时代性错误，因为他曾经在《智慧的首要基础》中努力为一种自然神学辩护。[③]

在沃尔夫学派中，高特谢德的主要成就是他的诗学，即沃尔夫式原理在诗歌领域的延伸。这是他的主要理论著作《批判诗学》（*Critische Dicht-kunst*）——首次发表于 1730 年——的目标。在很多当代人看来，沃尔夫体系的一个严重缺陷，就是没能发展出一种诗学。高特谢德被证明自己的野心和渴望所支配，匆匆忙忙地开始填充这一缺口，从而和他的瑞士对手博德默和布莱廷格展开竞争，力求成为沃尔夫式诗学的第一个完成者。尽管瑞士人

75

---

① 关于其影响，参见 Reichel, *Gottsched*, II, 603–12。

② 这是蕾切尔 *Gottsched*（II, 467–612）的观点。

③ See Reichel, *Gottsched*, II, 533、599、601.

击败了他，① 但他的作品却最终获得流行。瑞士人的努力大部分都被人们忽视了，而《批判诗学》却获得巨大成功，并且在高特谢德有生之年再版了四次。这本书是如此受欢迎，以至于它的一个缩减本也再版了多次，成为德国学校的教科书。这本书被誉为第一部完整的德国诗学。②

在德国美学史中，高特谢德标志着审美理性主义的正午，标志着后者对理性力量的崇信高峰。高特谢德从未质疑过沃尔夫的极端理性主义；他只是在冷峻无情地执行着这种理性主义。凡是沃尔夫认为艺术中理所当然的东西，高特谢德都予以完全的辩护。高特谢德相信，理性能够也应该理解、批评和控制审美经验的所有方面。高特谢德之后理性主义传统中的所有人物——鲍姆加登、温克尔曼、莱辛和门德尔松——对理性的信心都不再那么充足，对理性的局限性却有了越来越多的意识。他们被迫应对指向审美理性主义的挑战，这些使他们限定或约束那些代表理性的声明。高特谢德代表了一个标准，然后，据此对理性信任的不断下降开始被衡量。

高特谢德的审美理性主义有四个突出特征，它们都是沃尔夫的遗产。第一，它相信批判的全能，相信批判具有考察和评价审美经验的**每**一方面的力量。第二，它相信规则的全能。高特谢德坚称，哪里存在审美品质，哪里就有主宰这种品质的规则，就有我们据以生产、欣赏或批判这种品质的规范。第三，他的诗歌理想，就是要诗人竭尽所能保证诗歌的清晰与明确。第四，他关于趣味的理智概念，主张理智具有识别审美完善的力量，而后者常常被感觉和想象所搅乱。

这样一种极端的审美理性主义建立在两个基本前提之上，而这两个前提

---

① 尤其是通过他们的著作 *Von dem Einfluß und Gebrauche der Einbildung-Krafft zur Ausbesserung des Geschmackes*（Frankfurt, 1727）。这部作品只是一个更大计划的一部分，这个计划就是一部建基于沃尔夫原理的完整诗学，但从未写出来过。博德默和布莱廷格的主要诗学著作，直到 1740 年才出现。

② 这是万尼克（Waniek）的观点（*Gottsched und die deutsche Literatur*, p.176）。

即使不成问题，也饱受争议。第一个前提是传统的古典主义信仰——高特谢德很少明确描述过，也从未为之辩护过——即审美经验的**唯一**形式是美。高特谢德拒绝承认其他形式的审美经验，比如新异（the new）、惊讶（the surprising）、奇妙（the wonderful）等经验，它们似乎并不符合美的秩序与规则性。第二个前提是高特谢德尝试在《智慧的首要基础》中证明的论点，即最高程度的美存在于对完善的**理智**感知中。跟随沃尔夫，高特谢德并没有认识到那"难以描述之物"的价值，美的那不可化约、不可定义的感性一面的价值。尽管他承认有些美存在于对完善的**感性**感知中，但他认为这是一种次要的形式，因为他坚持认为，审美快乐经过理智的分析后不但不会被削弱，反而会被强化。

在一些基础层面，高特谢德的审美理性主义建立在沃尔夫的本体论和心理学之上。它因此具有沃尔夫教义的所有自由倾向：艺术家可以通过想象力自由创造他自己的可能世界，而不必受模仿现实世界的需要的妨碍。但是，在某个关键之处，高特谢德走得比沃尔夫还要远：他为更严格地解读模仿原则而辩护，尤其对法国悲剧的古典三一律非常认可。就此而言，高特谢德的美学比沃尔夫的美学更为保守，从而背叛了沃尔夫美学背后的自由精神。高特谢德对古典三一律的狂热追捧，成为人们反对他的主要原因之一，也是他的思想最终落伍的主要原因之一。但是在他的同代人心目中，高特谢德把理性主义的事业和他狭隘的古典主义关联得如此紧密，以至于针对他的独裁的反抗，变成了对理性本身的反抗。于是，到了18世纪60年代，审美理性主义似乎已经和高特谢德本人的假发一样发霉、变旧，落满了灰尘。

二、趣味的重要性

对高特谢德美学思想的任何研究，都必须开始于这样一个基本问题：为什么对高特谢德来说，批评，即一种诗学和修辞学理论，是如此重要？他为什么会耗费如此多的时光研究这种理论？这个问题对高特谢德本人来说非常关键，他曾经为自己致力于一般哲学研究和特殊的诗学、修辞学理论研究而努力辩护。即使在他自己的时代，他也担心哲学研究会在大学里衰落。学生们大都倾向让自己接受一种职业教育（*Brotstudium*），学习神学、法律和医学这样纯粹职业性的科目；而哲学、诗学和修辞学就像可有可无的奢侈品，或者是懒散的娱乐节目。① 于是，作为这些科目的教授，高特谢德觉得有必要为它们作辩护。

77

　　和几乎所有 18 世纪的思想家一样，高特谢德也认为批评的目的就是提升好的趣味（good taste）。② 他把趣味理解为识别和准确判断美的力量；他还认为，由于批评决定了判断美的规则，所以批评是获得趣味的必要条件。假设批评确实能够形成趣味，那么趣味的正当性问题现在就变成：为什么趣味的培育如此重要？它怎样让我们的生活变得更好？

　　在他出版于 1725—1726 年间的早期道德周刊《合理化批评》中，高特谢德首次尝试回答这一问题。③ 由于这一周刊的主要目的是促进公众的道德和趣味，高特谢德拿出他最早文章中的一篇来解释好的趣味这一概念，并且解释我们为什么要培育好的趣味。他把趣味理解为关于判断力（*Beurtheilungskraft*）的隐喻，这种判断力能够识别事物中好的审美品质。他还假设，一个具有好的趣味的人，不仅具有判断美的能力，还具有让美成为自己生活中的一部分的意愿。于是，具有好的趣味的人，不仅能够识别好的音乐，还能打扮得体，也会把自己的房间装饰得很漂亮。确实，只有人们做的每一件

---

① See the "Vorrede" to his *Erste Gründe*（unpaginated）; and "Rede zum Lobe der Weltweisheit"（1728）, in *Gottscheds Gesammelte Schriften*, ed. Eugen Reichel, 6 vols.（Berlin: Gottsched Verlag, 1902）, VI, 13–32.

② See "An den Leser", the preface to the first edition of *Critische Dichtkunst, Ausgewhälte Werke*, ed. Joachim Birke und Brigitte Birke, 7 vols.（Berlin: de Gruyter, 1973）, VI/2, 403.

③ See *Die vernüftigen Tadlerinnen*, vol. I, January 31, 1725, Fünftes Stück（Halle: Spörl, 1725）, pp.33–40.

事情都令他们愉快和喜欢的时候，这样的人才是好的趣味的模范。当然，发展这种能力的直接原因，是它将会使人们自己的生活变得更加愉快；但是高特谢德走出了更有趣也更重要的一步。他坚称，具有好的趣味的人不仅要增强他自己的快乐，还要增强社会中的每一个人的快乐；这样的人不仅要成为审美快乐的主体，还要成为审美快乐的客体。通过穿上得体的服装、装饰自己的房子、设计自己的花园，人们就能够给周围的所有人带来快乐。于是，趣味的培养，就不再只是关乎个人的责任，还是公民的义务。

在那些周刊停办后，高特谢德继续思考趣味问题，并且最终发展出一种具有原创性、经过深思熟虑也非常复杂的理论。他首先在他 1728 年出版的周刊《正人君子》上概述了这一理论，后来又在 1734 年出版的《智慧的首要基础》中予以系统化的解释。① 这样一来，高特谢德的核心观点是，趣味的培养对于实现至善来说是必要的。至善，人类的终极目标，就是幸福。幸福不在别处，就存在于持续、长久的快乐中。但是快乐又存在于什么东西中？高特谢德的答案简单、直接，至少让人一开始会脸红、吃惊：对美的沉思。② 依靠沃尔夫的快乐理论，高特谢德认为，只有当我们把握了真实的而不是表面的完善时，我们才能获得真正而持久的快乐。他再一次和沃尔夫一样坚称，对真正完善的感知，不是其他，就是美。③ 于是对高特谢德来说，**所有**真正的快乐都是审美的，因为它们是对完善的感知，而对完善的感知就是美。而且因此趣味成为至关重要的：只有趣味给我们识别和欣赏真正的美的能力，而真正的美是所有真实而持久的快乐的主要源泉，是至善的基本

---

① See *Der Biedermann*, "Neuntes Blatt", June 30, 1727（Leipzig: Wolfgang Deer, 1727–29），I, 33–6; and *Erste Gründe der Weltweisheit*, §§66–68; II, 44–6.

② 在 *Der Biedermann* 中，高特谢德写道："谁如果对人的本性以及人之偏好的本性更尊重一点的话，那他一定很容易就感知到，没有比美以及对完满性的认识更让人欢喜、更能给人带来兴趣和愉快的了。"（34）由于高特谢德认为美是令人快乐的，而快乐来自对完善的认识，所以这两种表现是相同的。

③ Cf. *Erste Gründe* §402; I, 239; *Der Biedermann*, p.34.

构成。

如果快乐存在于对美的沉思中，那么我们怎样才能得到它呢？高特谢德认为我们必须首先学会对我们周围的世界保持敏感。正如莱布尼茨所言，这个世界是所有可能世界中最好的一个，[①] 所以到处充满了完善，我们只要学会对这些完善作出反应并欣赏它们，我们就能够获得幸福的持久快乐。于是，高特谢德告诉我们，整个宇宙就是一个美丽的舞台，那里存在欣喜与惊讶的三个源泉：我们自己的完善、自然的完善和上帝的完善。[②] 要想幸福，我们只需注视这个舞台，去赞美这些完善的形式。培育对待世界的这种审美态度，是《正人君子》杂志的主要目标之一，后者承诺通过让人们留意和欣赏他们在这个可能世界中最好的世界里的位置，来增进普遍的快乐。[③] 乍一看，这种审美态度似乎是纯粹消极性的，它默认了这样一种志得意满的世界观，即这个世界已经是完美无缺的。但是高特谢德向我们保证，这种审美态度和伦理学本身的原则是完全共融的，而且还会补充、完善后者："做任何可以使你自己和别人变得更完善的事情。"[④] 他解释道，致力于我们自己的完善和我们周围人们的完善，只会增加我们自己的快乐和别人的快乐，因为完善程度越高，我们在感知它时获得的快乐程度就越高。

79

这样，高特谢德的审美世界观就建立在莱布尼茨的乐观主义之上。高特谢德认为这个世界是所有可能世界中最**美的**那一个，因为他认同莱布尼茨的观点，即这个世界是所有可能世界中最**好的**那一个。让可能世界中最好的那一个变成最美的那一个，我们只需要趣味这种识别所有完善的能力即可。很

---

① 关于高特谢德与莱布尼茨乐观主义的继承关系，参见"Vorrede"to *Erste Gründea* and *Der Biedermann*, "Zwei und Achtzigstes Blatt", November 29, 1728, II, 128。

② See "Neuntes Blatt", June 30, 1727; I, 35–6.

③ See "Erstes Blatt", May 1, 1727; I, 4. Cf. "Zwei und Achtzigstes Blatt", November 29, 1728, II, 125–8.

④ *Erste Gründe*, §68; II, 45–6.

明显高特谢德是莱布尼茨这条教义的早期支持者，在伏尔泰（Voltaire）的《老实人》（*Candide*）恶搞它之前十年就已经为它作了辩护。但是，把高特谢德视为前卫的邦格罗斯博士①是很不公平的。从他在莱比锡的早期岁月开始，他就被恶的问题深深困扰。②对他来说，上帝这个万能的创造者似乎就是恶的根源。莱布尼茨的《神正论》治愈了他的怀疑病，让他认识到恶的主要根源是有罪之人的无知，是我们难以认识善并按照善来行事。他对莱布尼茨乐观主义的辩护，主要出现在《智慧的首要基础》中，那里他系统解释了自己的自然神学。③

不过，高特谢德对乐观主义的辩护很大程度上完全没有依赖形而上学。对他支持乐观主义进行的最具启发性的解释，出现在一次简短的演讲中，即"论人的美德与完善"（*Rede von den Vorzügen und Vollkommenheiten des Menschen*, 1730）。④这里，高特谢德承认我们可以从两种相反的角度看待世界和人类，其中一种是乐观主义的，一种是悲观主义的。从乐观主义视角看，世界似乎是美丽的、令人愉快的和好的；而从悲观主义视角看，世界似乎又是丑陋的、令人痛苦的和坏的。我们也可以从类似的视角看人类。人道主义者对人类本性持乐观主义态度，因为他们看到人类本性明显具有向善的无限潜能；厌世主义者对人类本性持悲观主义态度，因为他们看到人类本性明显具有向恶的无限潜能。值得指出的是，高特谢德承认两种视角中都存在真理。他认为，认识到两种视角都是正确的，可以让我们在判断生活和人类的价值时能够更小心、更宽容。还有，在演讲的最后，高特谢德认为有更强的理由接受乐观主义的立场。他的理由是更道德化的而非更形而上学化的，更实用主义的而非更思辨性的。接受乐观主义立场的主要原因，只是因为这种立场

---

① 《老实人》中的一个角色，信奉乐观主义。——译注

② See Waniek, *Gottsched und die deutsche Literatur*, p.28.

③ *Erste Gründe*, §§1121–77; I, 563–92.

④ *Gesammelte Schriften*, VI, 32–46.

能够带给心灵更多的平静。乐观主义者在事物中看到的完善越多，他就变得越幸福；悲观主义者在事物中看到的不完善越多，他就变得越痛苦。由于它们对相信者的态度与幸福的影响，乐观主义和悲观主义都是本身会自我实现的（self-fulfilling）教义。于是，选择乐观主义就是自然而然的了。

80

三、为悲剧辩护

令人惊讶的是，高特谢德为对待世界的审美态度所作的辩护，完全相反于尼采。不同于高特谢德的辩护以他的乐观主义为前提条件，尼采的辩护依赖于他的悲观主义。高特谢德认为审美态度能够揭示世界的完善；尼采却坚持认为审美态度可以遮蔽世界的恐怖。说高特谢德是尼采的先驱，也仅止于此了！

很明显，我们可能在这里着手解决存在于高特谢德和尼采之间的问题。但是对他们的比较确实提出了一个问题：高特谢德如何对待悲剧？因为悲剧展现的是好人如何遭遇不幸，它会公然挑战高特谢德的乐观主义，而支持尼采的悲观主义。但是高特谢德并不想把悲剧诗人逐出他的理想国；相反，他特意不怕麻烦地为他们确定了一个非常显著的位置。这是为什么？为什么在悲剧诗人似乎会削弱他自己的世界观时，他还会证明他们的正确？

高特谢德对悲剧的辩护，首次出现在 1729 年的演讲《论演出，尤其是论一个有序的共和国也无法消除的悲剧》（*Die Schauspiele und besonders die Tragödien sind aus einer wohlbestellten Republik nicht zu verbannen*）中。① 正如标题所暗示的，这个演讲是高特谢德对柏拉图在《理想国》第五部分驱逐艺术家的行为的回答。他的辩护的核心很简单：悲剧是启蒙的关键手段，是

---

① *Gesammelte Schriften*, VI, 254–64. See also *Der Biedermann*, "Ein und Achtzigstes Blatt", November 22, 1798, II, 121–4; and *Critische Dichtkunst* Theil II, Cap. X, "Von Tragödien oder Trauerspielen", *Ausgewählte Werke*, VI/2, 309–35.

对人民施行道德和公民教育的最有效途径。对高特谢德来说，悲剧就像所有的诗歌一样，本质上都是寓言。它以一种令人愉快的感性形式告诉我们一个道德真理；它通过具体的例子教会我们普遍的道德箴言，不管这些例子来自历史还是想象。高特谢德认为，这是教会人民道德基本知识的最有效手段，因为他们中的大多数没有闲暇或没有接受过训练以欣赏形而上学、自然神学和自然法的抽象证明。于是，相对于哲学，艺术具有很强的优势，因为它能够诉诸心灵和想象力，后者相较于理性，是人类行为更为有力的源泉。尽管悲剧有时候显示恶行如何成功而美德如何受苦，但它永远不会让观众喜欢恶行而远离美德；相反，它总是让我们对拥有美德却遭遇不幸的人们表示怜悯。于是，悲剧不仅不会削弱我们对道德宇宙的信仰，还会通过让我们赞美敢于挑战逆境的人们来支持这个道德宇宙。高特谢德承认戏剧并不具有直接改变观众的效果；它们不会立刻就把观众引向美德之路。但是，他有点防守性地指出，即使布道也是这样，但人们并没有想要废除它。对人类心灵的促进，绝不是几个小时就可以完成的工作；一部戏对这一目标起到一点作用，这就已经足够了。

在 1729 年的演讲中，高特谢德的悲剧辩护，主要针对那些出于道德原因反对悲剧的人；他只是间接回应了悲剧向他的乐观主义提出的宽泛的形而上学问题。但值得指出的是，他后来在 1751 年的演讲《论人们是否在戏剧诗里既可能得到美德作为奖赏，又可能引入邪恶而得到惩罚》（*Ob man in Theatralischen Gedichten allezeit die Tugend als belohnt, und das Laster als bestraft vorstellen möge?*）中着力应对的，就是这个问题。① 从他的乐观主义和道德主义的戏剧概念出发，人们可能会认为他会对这个问题予以肯定的回答；但是他的答案恰好相反。他指出，诗人不仅仅可能而是确实必须向观众显示：美德有时候是脆弱的，而邪恶却常奏凯歌。他的观点背后的主要前

---

① *Gesammelte Schriften*. VI, 265–84.

提，是模仿原则。由于我们经常在自然中看到美德没有得到报偿，而邪恶没有得到惩罚，所以诗人必须反映这一事实。对于一个乐观主义者来说，这种观点明显就是在承认，我们并没有生活在一个道德上完善的世界！但是看到他的让步已经对他的世界观形成威胁，高特谢德努力钝化这种威胁力量。他指出，悲剧的局限性如此之大，以至于它不能再现宇宙的道德完善。由于模仿原则意味着悲剧不可能在一个单一行动之外呈现更多的东西，于是，在一个结构完美的戏剧中不可能显示美德得到报偿和邪恶受到惩罚，因为这些通常只发生在很多行动之后和很长时间之后。于是，在显现有德之人的不幸时，悲剧只再现了一种片面的世界观；它难以上升到对整体的洞察，后者能够显示，所有的事物都根据道德目的来被指引。高特谢德安慰自己，这就是神圣的天意，它告诉我们，不管是在这个世界还是下一个世界，美德终将得偿，邪恶终会受罚。① 如此，这个观点意味着，如果悲剧不那么受限制，它就会作为一种艺术形式而消失；因为从更为宽泛的形而上学视角看，根本不存在悲剧：在所有可能世界中最好的世界里，美德都会得偿，邪恶都会受罚。

　　高特谢德对悲剧的辩护终究是亚里士多德式的辩护。针对柏拉图《理想国》第五部分对悲剧的著名批判，高特谢德一再诉诸亚里士多德来为悲剧辩护。尽管在他的第一个讲座里曾经提及柏拉图的批判，但他从来没有明确而特别地对待过这种批判。还有，考虑到他对亚里士多德观点的明确肯定，我们根本不需要猜测他对柏拉图的态度。净化理论就是他对柏拉图批判的回应，后者认为悲剧让观众在道德上变得无力，因为悲剧鼓励观众去怜悯。通过唤起观众的恐惧与怜悯，悲剧不仅发展了我们的道德怜悯心，也会使我们在情感上变得冷漠，假如类似的不幸也降临在我们身上。高特谢德还要靠亚里士多德的理论来应对柏拉图对诗歌的反对，后者认为诗歌和绘画一样，只是对感官世界里的事物的模仿。高特谢德追随亚里士多德，认为比起历史，

82

---

① *Gesammelte Schriften*, VI, 276-7.

戏剧能够给我们一种更哲学化的知识形式。[①] 不同于历史只是告诉我们某个特殊的人在一个特殊的时间和特殊的地点做了何事，悲剧告诉我们更具普遍性的事情：这样的人和这样的性格在类似的情况下，会怎样做，可能怎样做，将要怎样做。

尽管高特谢德在为艺术辩护时总是不断与柏拉图争论，但至少在一个关键的方面，他对待艺术的态度根本上是柏拉图式的，即使这种态度并不明确。因为他从未质疑过柏拉图的如下教义，即哲学应该主宰艺术。确实，高特谢德忠实于理性主义传统，一再重申这一教义。他在《批判诗学》中写道，只有哲学家才能决定诗人的正确角色（II，3；145）。正如沃尔夫所教诲的那样，因为只有哲学家才知道事物的原因，只有哲学家才知道我们为什么视此物而非彼物为美的东西；于是，确定艺术的基本规则，这不是艺术家而是哲学家的任务。高特谢德在《批判诗学》第一版前言中宣布，由沃尔夫体系开始的哲学革命，最终建立了恰当的批评概念。[②] 它向我们显示，批评家不是书呆子或文献学家，而首先是并且最重要的是哲学家。虽然公众可以享受艺术，艺术家可以创造艺术，但如果没有哲学家的指引，他们还只是盲目和随意为之，全凭幸运而非技巧达到目的。没有哲学家，艺术家和观众还只会在柏拉图式的洞穴里跌跌撞撞，因为他们关于那主宰所有艺术的基本原理都还只有混乱而模糊的知识。于是，到最后，艺术家虽然没有被逐出高特谢德的共和国，他们仍然明确地受到哲学家的领导。

也正是这最后一方面，使得高特谢德成为下一代挑战和攻击的对象。尽管他赋予趣味和艺术如此重要的地位，康德、席勒（Schiller）和浪漫派仍

---

① See *Critische Dichtkunst*, I, iv, §21; *Werke*, VI/1, 220–1. 所有关于这部著作的引用都来自乔吉姆（Joachim）和布里奇特·伯克（Brigitte Birke）所编的 *Johann Christoph Gottsched, Ausgewählte Werke*（Berlin: de Gruyter, 1793）。大写罗马数字表示部分，小写罗马数字表示章节，"§"表示章中小节。

② "An den Leser", *Ausgewählte Werke*, VI/2, 394–5.

然坚决反对他为之辩护的每一个术语。高特谢德的术语太过哲学化和道德化；这些术语在为艺术辩护时却牺牲了艺术的自治性，牺牲了艺术独立于道德与宗教、独立于哲学的指引而追求真理的权利。于是，从康德们的视角来看，高特谢德通过让艺术变成哲学的侍女而剥夺了艺术的公民权。于是，康德、席勒和浪漫派在18世纪80年代和90年代对审美自律概念的发展，很大程度上都是针对高特谢德的反应。

四、趣味理论

鉴于趣味对高特谢德的重要性，他的哲学中的最主要部分，可能就是趣味理论了。只有这样一种理论才能够确定批评性批判的基本原则，而如果没有这一理论，观众就无法享受真正的美，艺术家就无法创造真正的美。更为迫切的是，只有这样一种理论能够解决是否真的存在趣味标准的问题。高特谢德深知自己不能简单假设这样一种标准的存在，假设一些作家的趣味和我们喜欢的趣味完全相同。在研究了法、英两国关于趣味的争论后，他决定一劳永逸地解决这个问题。

高特谢德的趣味理论主要表现在《批判诗学》的第三章。他的理论本质上是对莱布尼茨和沃尔夫的重述和辩护。但是，在莱布尼茨那里只是作为有限的线索而存在的东西，在沃尔夫那里只是存在于几个段落里的东西，现在都变成了详细具体的理论。尽管高特谢德的理论并不那么严格一致，但他至少清晰而明确地揭示了审美理性主义的优势与短板。他的清楚解释，使得第三章成为早期理性主义者关于趣味问题的最为明确的声明。

为了避免围绕趣味概念的争论，高特谢德主张返回原点，用简单而直接的术语讨论问题。他指出，这些问题的解决需要三样东西：第一，我们只能从哲学那里得到的关于灵魂的主要功能的知识；第二，能够使我们给出好的定义的逻辑技巧；第三，诗本身中的实践（I，iv，§2；VI/1，170）。他认为，

101

开启趣味问题争论的法国人，并没有很好解决这个问题，因为他们难以满足前两个要求；而德国人由于对逻辑和系统哲学具有更好的知识，所以能够在解决这些问题方面取得更大进步。通过运用逻辑学、形而上学与心理学来解决这些问题，高特谢德相信自己能够有效推进整个争论。

高特谢德从字面意义开始分析趣味。趣味是舌头感受和分辨各种食物和饮料作用于它的各种效果的能力（I，iv，§3；170）。运用莱布尼茨的观念分类法，高特谢德认为我们通过舌头这一感官获得的知识，存在于既清晰又模糊的再现中（§4；171—2）。说它们是清晰的，是因为我们立刻就辨识它们，并把它们彼此区分出来，例如，从酸中区分出甜，从顺滑中区分出苦涩；但是，它们仍然还是模糊的，因为我们不能进一步解释这些特征又包含了哪些东西，不能准确解释它们为什么彼此各不相同。在这一方面，趣味并不相异于我们任何的其他感觉，因为视觉的颜色、听觉的声音、嗅觉的气味、触觉的质地，都存在于既清晰又模糊的再现中。高特谢德认为，正是因为这些品质的模糊特征，使得人们可以说出趣味无争辩的话来。

分析完趣味的字面意义后，高特谢德开始分析趣味更宽泛的比喻义。他从争论已经发现的重要价值的总体评论开始：人们并没有在这后一种意义上使用趣味概念，无论它什么时候可能得到普遍的同意。于是，没有人在任何科学——理性在其中扮演关键角色——的意义上谈论趣味，因为理性的运用会使普遍的同意成为可能（I，iv，§6；171—2）。比如说，几何学中的原理、算术中的证明，都不是趣味问题。但是，人们可以谈论自由艺术——比如诗、绘画、音乐与建筑——中的趣味问题，因为理性在这里无法达到明确的结论。高特谢德说道，我们还可以在一些存在争议的研究里谈论趣味问题，因为人们可以根据"普芬多夫的趣味"来谈论自然法，也可以根据"莫斯海姆的趣味"谈论神学问题。但是，当我们能够根据清晰而明确的概念证明某种东西的时候——即可能实现普遍认同的时候——这种东西就与趣味问题无关了。

　　以这一发现为基础，高特谢德得出结论，即趣味即便是在宽泛的比喻义上，也依赖于事物既清晰又模糊的概念（I，iv，§7；172—3）。就像狭窄的字面义上的趣味，宽泛的比喻义上的趣味，同样根据感官既清晰又模糊的知识来判断事物。正是感性知识的模糊，最终解释了趣味即使是在这种意义上也要受到争论。于是，高特谢德最终完成了他比喻义上的趣味概念：根据感官既清晰又模糊的知识判断美的能力（§9；172—3）。

　　根据高特谢德目前的分析，我们似乎会觉得关于趣味问题他会接纳一种难以解决的主观性。因为他说过趣味依赖于感官的模糊性知识，还说过这样的模糊性是争论的根源，所以他应该主张不存在关于趣味的普遍认同。但是，这恰好是他努力避免得出的结论。他的整个章节的主旨，就是要去证明在好的和坏的趣味之间存在区别，其中好的趣味是**每一个**具有充分的**理智洞察力**的人都会赞成的。当谈到一个特殊的例子时，他的谈论突然转入这一方向：为房屋选择规划的门外汉和建筑师（§7；172—3）。门外汉会选择适合他的趣味的计划；而建筑师会选择那符合他的专业规则的计划。在这样的例子里，门外汉和建筑师可能会彼此认同；但也可能彼此并不认同（§8；173）。如果不认同会怎么样？高特谢德指出，在这种情况下，建筑师的判断比门外汉的更受欢迎。相反的观点——门外汉的规划比建筑师的更美——是荒唐的，因为根据推测，这种规划会违背建筑规则。这就好像是说有一段美的音乐，它违背了所有的音乐规则。高特谢德坚称，自由艺术的规则并不依赖于哪一单个人的怪想，因为它们在事物的永恒本性中，在对具有多样性表现的事物的响应中，在这种事物的秩序与和谐中拥有自己的基础（§8；173—4）。

　　不管高特谢德的论证有没有技术缺陷，他从这一论证中得出的结论是，好的趣味和坏的趣味之间存在差别。好的趣味根据感官——或以既清晰又模糊的知识为基础——**正确地**判断事物是美的还是丑的；坏的趣味是根据感官**不正确地**判断事物是美的还是丑的（I，iv，§9；174—5）。这里问题的关键在于，是什么决定着判断是正确的和不正确的？高特谢德准备好了他的答案：为了每一个事物——比如建筑、乐曲、诗歌等——的完善，它存在于与规则的符合中，存在于对规范的服从中（§10；176）。于是，高特谢德认为，好的趣味的终极仲裁者，是知性（Verstand），只有它能够为每一种事物确定完善的规则。

一旦认定理智是趣味的终审法官，高特谢德就赋予了感觉一个几乎可以忽略不计的角色。感觉本身不可能是趣味的终极仲裁者，因为感觉本质上包含模糊不清的知识，而这正是所有关于趣味的争论的根源。快乐也不能是趣味的充分标准，因为趣味的整个问题就是我们**应该**从什么东西中获得快乐（§10；175）。好的趣味相关于**从美中**获得快乐，但并不是说我们喜欢的每一种东西或让我们快乐的每一种东西都是美的。某种东西不美，可能恰好是因为我们喜欢它；相反，我们喜欢某种东西，是因为它是美的。美是符合事物的完善规则的东西；只有拥有一种充分感知的理智，我们才能从符合这些规则的事物中获得快乐。

尽管高特谢德尽量小心地解释他的理论，但这一理论还是具有明显的缺陷。最重要的缺陷，是它的结论和它的起点相矛盾。该理论开始于这样一个观点，即趣味属于感觉能力，既清晰又模糊的再现能力；它又结束于这样一个观点，即趣味属于知性，属于清晰而明确的再现能力。为了解决这一张力，高特谢德必须给出一个有争议的假设：感觉力的模糊再现，原则上可以通过足够漫长的分析最终还原为知性的清晰再现。但是，人们会怀疑这一假设建立在貌似合理的基础上，即美的特殊品质——它的难以言表的魅力、优雅或"难以描述之物"——依赖于感觉力不可还原的模糊性。于是从这一观点来看，把美转换成明确理智化的术语，就是在摧毁美。这正是莱布尼茨的观点，他认为美的魅力依赖于那模糊的再现所固有的不可解释性。[1] 可笑的

---

[1] 参见莱布尼茨"Remarques sur les trois volumes intitulés: Characteristicks of Men, Manners, Opinions Times"（Gerhardt III, 430）："品味与知性不同，它在于混杂的感知，我们无法赋予足够的理性于其上。"

是，高特谢德恰好引用莱布尼茨的这一观点来支持他自己的理论！ ①

　　高特谢德趣味理论的困难再一次出现在他的美的理论中，他在《智慧的首要基础》中曾经描述过这种理论。追随沃尔夫，高特谢德把美视为对完善的感性把握。完善是和谐，是差异中的统一；而且当我们通过感官感知到它时，它就被称为美（*Schönheit*）（§249；I，132—3）。对美的感知，是清晰又模糊的感性知识；换句话说，我们不可能对美的完善拥有**明确的**知识，不具有用语言描述它的独特品质的能力（§27；I，18—9）。高特谢德指出，与美相关的快乐也存在于对完善的清晰又模糊的感知中（§514；I，249）。与此相应，与美相关的独特快乐会因为理智分析而受到破坏。毕竟，美存在于对完善的**模糊的**感性把握中，理智的分析会把美逐渐消磨掉。但是追随沃尔夫的高特谢德坚称，关于规则我们拥有越来越多清晰而明确的知识，我们的快乐就会越来越强烈。他认为，对象中完善的程度和感知者理解这一完善的程度，决定了快乐的程度（§§517—18；I，250—1）。但是，这如何可能？ 87 当对完善的**模糊**感知是美的必要条件时，分析就不会增加反而削弱我们的快乐，因为它提供的是关于完善的**明确**知识。

　　总体上看，高特谢德的趣味理论和美的理论都遭遇了一种难以克服的悖论。美的典型的感性品质，趣味标准的可能性，这**两者**他都不能解释清楚。这些典型品质涉及模糊性；而趣味标准要求明确的概念。我们只有通过分析才能获得这样的概念；但分析会破坏美的难以言表的魅力和难以解释的优雅。还有，根据高特谢德自己的论证，模糊的存在使得共识不可能存在；但趣味标准却假设这种共识的存在。于是，美要么是纯粹理智的，以至于存在对趣味标准来说非常必要的共识或概念；要么仍然拥有它的感性魅力与优雅，以至于不可能存在对趣味标准来说非常必要的共识或概念。换句话说，高特谢德并没有考虑那能够解释美的独特（*sui generis*）品质的趣

---

① 　See Gottsched, §9; 174n. 高特谢德引用的正是上面这句话。

味标准。在后面的章节里，我们将会看到高特谢德的后继者们——尤其是鲍姆加登和门德尔松——如何尝试在这一两难困境中走出一条中间道路。从更为开阔的历史视野来看，高特谢德的趣味理论本质上是对沃尔夫理论的重述。尽管比起《经验心理学》的粗略描述，高特谢德的理论更细致复杂，但后者最终并没有超越前者的关键假设。和沃尔夫一样，高特谢德理论的主要偏见，是理智主义。这样，高特谢德单独赋予知性决定趣味问题的权力；他假设美的感性品质最终可以还原为理智术语；他还假设理智的分析不会削弱反而会增强审美快乐。沃尔夫理论中最具争议也最成问题的方面，又重现在高特谢德的理论中：它没有给予那难以定义之物、"难以描述之物"，即理智难以穷尽的美的神秘维度以一席之地。这里，我们将会看到理性主义传统中的其他思想家，怎样尝试通过为神秘留下空间而超越沃尔夫与高特谢德的理智主义。

五、诗学

对高特谢德来说，所有艺术形式中最重要的就是诗。他很少谈论音乐、绘画与雕塑，对他来说，这些都是次要的艺术形式。他对诗学的兴趣主要来自他对戏剧的关注。由于18世纪早期的大多数戏剧都是用韵文写成的，德国戏剧复兴的前提条件，就是德国诗歌的改革。反过来，促进高特谢德对戏剧感兴趣的原因，是他对启蒙运动的忠诚。在18世纪早期的德国，没有什么比戏台还能成为启蒙运动更有力的平台。

高特谢德关于诗学的主要著作是他的《批判诗学》。[①] 它的目标是为德国诗歌设定标准，以使德国诗歌可以和最好的法、英模式竞争。于是，它不

---

① 所有关于这部著作的引用都来自乔吉姆（Joachim）和布里奇特·伯克（Brigitte Birke）所编的 *Ausgewählte Werke*（Berlin: de Gruyter, 1793）第7卷。第一系列数字表示部分、章、段，第二系列数字表示这一版本的卷、页。

仅仅是关于诗歌原理的纯理论性著作，还是关于如何写出好诗的实践手册。为了达到这一目的，高特谢德聚集了来自现代和古典优秀批评家的智慧，为每一种形式的诗歌——从颂歌到史诗——提供建议，而且提供了非常丰富的例子，来讲解哪些模范要模仿，哪些缺陷要避免。在第一版前言中，他坦承自己的方法是折中式的。[①] 他并没有打算写出某些原创性的新东西，而只是把过去时代最好的批评观念聚集起来。这本书绝不是沃尔夫计划的实现，即把数学方法运用到诗歌上去。它确实运用了沃尔夫的原则，但并没有运用沃尔夫的方法。尽管高特谢德宣称自己要把所有的规则都带进某种系统的整体，但这并不意味着这个整体变得**更为几何化**了；这本书最好还是被描述为一份有计划的汇编，其中各种零碎的批评观点被收集在一起，置于一些特殊的主题之下。高特谢德告诉我们，他受瑞士美学家博德默和布莱廷格的《论马勒》（*Diskurse der Mahler*）启发，去为批评性判断寻找理由；但他从来没有像他们所宣称或承诺的那样具有那么大的野心或那么愚蠢，即计划一种数学化的诗。[②]

高特谢德在《批判诗学》第一卷前六章——该书的总则或理论部分——中描述了他的诗歌概念。追随他所谓关心诗歌的"哲学家"亚里士多德，高特谢德首先也是最重要地认为诗歌是对自然的模仿（I，1，§33；VI/1，141）。这当然只是诗的属性，而非**种差**，因为音乐、绘画和雕塑也是模仿的各种形式。但诗不同于这三者的地方在于它的模仿**方式**。不同于音乐家通过声音模仿自然，画家通过颜色和画布模仿自然，雕塑家通过凿子和石头模仿自然，诗人通过有节奏的语言来模仿自然（I，2，§5；VI/1，147）。诗不同于历史的地方，不仅在于它是有韵的，因为正如亚里士多德所言，历史

---

①　*Ausgewählte Werke*, VI/2, 400.

②　在批评单策尔（Danzel）认为高特谢德有意为诗学提供一种哲学基础时，万尼克无疑是正确的。参见 See Waniek, *Gottsched und die deutsche Literatur*, p.129. 布莱特迈尔（Braitmaier）的 *Geschichte*（I, 93）犯了和单策尔一样的错误。

也可以是有韵的。诗的典型之处在于它通过想象力模仿自然；就像它一直就是的那样，诗是**杜撰的**历史。高特谢德根据德语词源学得出这一结论：诗是"*Dichtung*"，而"*dichten*"意味着虚构或想象（I，iv，§7；VI/1，202）。

如果诗是虚构，那么它怎样模仿自然？高特谢德曾经被指控"过分粗心"，因为在他的诗歌概念和他对模仿原则的尊崇之间存在明显的矛盾。[①]然而，这之间并不存在矛盾。要看模仿与想象如何在他的诗学中被组合在一起，我们只需回顾一番高特谢德紧密追随的亚里士多德的谈论就行了。亚里士多德认为诗对自然的模仿，不是在一种狭窄的意义上说的模仿，即像历史学家那样描述已经发生过的事情，而是在一种宽泛的意义上说的模仿，即想象在某种假设的情境中，什么事情**能够**、**应该**或**将要**发生（I，iv，§28；VI/1，220—1）。当我们注意到理性主义比较宽泛的真理概念不仅包括**是**什么还包括**能**是什么的时候，这里模仿与想象的兼容性尤其是互相依赖性，就会变得更加明显了。这意味着诗歌可以创造一个可能的世界还又保持在真理的领域中。确确实实，高特谢德拿起了这个理性主义的真理概念来为诗歌的想象作辩护；于是，他引用了沃尔夫的格言，即小说是可能世界的历史（I，iv，§9；VI/1，204）。

对高特谢德来说，能够虚构与模仿的，还有寓言。"所有诗歌的根源与灵魂，"他写道，"主要就是寓言。"（I，iv，§7；VI/1，202）寓言似乎统一了这些特征，因为它既是真的又是假的：说它是真的，是因为它包含了一种深刻的道德说教；说它是假的，是因为它给道德穿上了虚构的外衣。于是高特谢德这样更为准确地定义寓言：它是关于可能事件的叙事，这种叙事拥有一个隐藏的道德观点（I，iv，§9；VI/1，204）。高特谢德把诗等同于寓言，最初让人吃惊，因为我们对诗的现代理解实际上已经把它等同于所有有韵的形式。但是这里需要留意的是高特谢德对戏剧的关注。他的诗歌观点的主要

---

① Braitmaier, *Geschichte*, I, 102.

来源，是亚里士多德把戏剧的核心等同于情节或叙事。① 人们可能仍然反对这样一种诗歌概念，认为它太过狭窄，因为很难包括像颂歌或哀歌这样的诗歌类别。但是高特谢德继续坚持他的理论，因为这一理论具有很高的战略价值。这样做的主要动机，是他关注对诗歌的辩护。如果诗歌是寓言，它就会具有一种道德内涵，人们就不会因为它是纯粹的娱乐而弃之不顾；它也会成为哲学真理的源泉，这样，经典的柏拉图式反对也就没有意义了。尽管对后人来说，高特谢德对寓言的强调似乎是狭窄的道德主义，但是只有看到高特谢德所处的语境，我们才会公平对待他：当时，最紧迫的需要，是针对最有力的宗教和道德批判来为诗歌辩护。②

　　如果说高特谢德准备好了要让诗歌为道德服务，那么他并不那么愿意让诗歌听命于宗教。他的诗歌概念最令人吃惊的特征之一，就是明确而绝对的世俗化或自然主义。由于高特谢德旨在利用诗歌为启蒙运动服务，他希望诗歌能够挣脱宗教的束缚，在后者那里诗歌只是热情与迷信的工具。于是，在《批判诗学》的第一章，他就与一种常见的理论争论，即诗来自赞美上帝的首要需要，诗人是上帝的子民的第一个牧师（I, 1, §17；VI/1, 130）。他主张，诗的根源是完全自然性的：人们需要表达和交流他们的感受（I, 1, §18；VI/1, 131）。诚然，人们视第一种诗人是灵感附体的，于是把他视为自己的牧师；但是在高特谢德看来，这样一种信仰，只是不成熟的迷信的产品（I, 1, §28；VI/1, 137）。高特谢德的世俗主义是如此严格，以至于他甚至不承认《圣经》的文学特征。他认为，《圣经》中的诗歌很难称为杰作，因为古代希伯来语没有拉丁语或希腊语那样复杂的结构。他对英国人宣称在圣经中发现了伟大的诗歌保持怀疑，因为他们通常所发现的，只是他们置于其中的（I, 1, §6；VI/1, 118）。在把诗歌从它对宗教的传统依赖性中剥离时，高

① 高特谢德明确引用了亚里士多德的 *Poetics*（chapter vi, I, iv, §7; VI/1, 202）。

② 万尼克强调了这一点（*Gottsched und die deutsche Literatur seiner Zeit*, p.151）。

特谢德走出了指向**歌德时代**的重要一步，这一时代将会视艺术而非宗教为现代文化的主要源泉。

高特谢德过分关注如何创作好的诗歌，而不只是关注理论化的工作，这让他最终陷入麻烦。在《批判诗学》众所周知的一段话里，高特谢德关于如何写一首诗给出了一些恰到好处的建议（I，4，§21；VI/1，25）。他这样解释道，要想写一首诗，有志向的作者只需要选择一条道德格言，然后找到能够恰好说明它的故事即可。这样的建议，加上高特谢德对规则的坚持，让人感觉他好像在根据一本烹饪手册来调制诗歌。"高特谢德想让我们这样写诗，"J. E. 施莱格尔曾经轻蔑地说道，"就像家庭主妇制作布丁那样。"[1] 这里似乎不需要想象力，更不需要灵感，也别提什么天才了。高特谢德的反对者们高度关注这些段落，把它们和由他的助手们写就的一些糟糕的韵诗放在一起，作为证明他的俗不可耐的依据。

这样一种批评并不公正。没有人比高特谢德更反对胡乱拼凑的诗（*Reimschmiederei*）。他坚称让一首诗成为好诗的，是它的内容，是它背后的思想，而不只是它对作诗规则的依从。上述反对意见完全混淆了依从规则与有意识地依从规则的区别，好像高特谢德把后者视为前者的必要条件了。尽管高特谢德认为遵从规则是一首好诗的必要条件，但他并不主张诗人实际上必须有意识地运用这些规则；诗人可以即使被本能、激情或灵感指引，也同样能够写出完美的诗歌，因为它恰好符合那些规则。高特谢德认识到，由于我们总是可以出于本能或下意识地遵照规则，所以关于规则的知识，并不总是写得一手好诗的必要条件。但是，他仍然坚持认为，由于这样的知识使得我们下意识所为的东西变得清晰而明确了，所以它有助于指引我们的精神，提高我们的技巧，引导我们的天赋。

谴责高特谢德对天才与灵感缺乏欣赏的狂飙突进一代，确实只是依赖于

---

[1]　引自 Braitmaier, *Geschichte* I, 107。

那不利于他的问题。早在 18 世纪 20 年代，高特谢德就已经开始怀疑对天才过分的吹捧。他的自然主义和世俗主义，让他质疑关于神性灵感的古典声明。他坚持认为，诗人需要很高程度的睿智、敏锐和想象力，但这并不意味着他拥有神灵赐予他的独特天赋或能力。高特谢德正确地提醒道，自然天赋与灵感从来不能完全保证写出好诗，而且在过去它们总是成为模糊、浮夸和自我放纵的借口。他还清楚地看到，写一首好诗，不仅仅关乎灵感与想象力，还关乎训练、练习和教育；他还建议诗人在出版自己的诗作前，最好远离自己的感受和洞察力。在《批判诗学》中高特谢德对关于天才的声明的怀疑，预示了雷诺（Reynold）的《对话录》（*Discourses*），后者写于四十多年之后。①

高特谢德诗学是他的审美理性主义的中心支柱，它代表了沃尔夫的理性主义精神，就像布瓦洛曾经体现了笛卡尔的理性主义一样。② 高特谢德完全追随他的法国前辈，这一点也不令人奇怪。他充满赞许地引用着布瓦洛《诗艺》中的著名语句："热爱理性吧！它是你时常向往和仰慕的光芒和价值的来源！"（I，xi，§5；VI/1，425）。高特谢德理性主义诗学的关键，是他对诗歌风格的定义，或他所谓"诗歌的写作方式"（*die poetische Schreibart*）。他把一般意义上的写作方式定义为"对许多相互关联的思想的阐述，比如，通过句子和言说方式，人们可以明确认识到它们之间的关联"（§I，xi，§1；421）。这里涉及**明确的**感知的，是讲述（telling），因为它把诗歌带进了理智领域（*Verstand*），而高特谢德把理智规定为明确再现事物的能力。③ 他认

92

---

① 见雷诺写于 1770 年和 1774 年的第三和第六对话 [*Discourses on Art* (New Haven: Yale University Press, 1997)，pp.41–53, 93–113]。

② 比起高特谢德与沃尔夫的关系，布瓦洛和笛卡尔的关系要更为复杂，因为不像高特谢德是沃尔夫的学生，布瓦洛从未直接做过笛卡尔的学生或弟子。关于布瓦洛与笛卡尔的关系，参见 Heinrich von Stein, *Die Entstehung der neueren Ästhetik* (Stuttgart: Cotta, 1886, pp.33–54)。

③ *Erste Gründe der Weltweisheit*, §478; II, 233.

为，诗歌和散文的区别，只在于诗歌里存在的睿智更多一些（§I，xi，§6；427）。他把睿智定义为"理智把握事物的相似性的能力"①。睿智在诗歌中以明喻、暗喻等修辞手法显现自身。于是，根据高特谢德的想法，诗歌不同于散文的地方，只在于它对修辞手法的使用要更多一些。由于睿智是一种理智能力，诗歌与散文的不同只是智慧程度的不同。诗歌也是一种理智话语，只不过有更多的修辞，更令人愉快罢了。

这样一种理智主义或理性主义的诗歌概念，不仅仅是对高特谢德新古典主义趣味的反映，而且是他的一般哲学原则的结果。在这个概念的背后有两个前提：首先是古典的模仿原则，它宣称诗歌的本质和目的存在于对自然的模仿中（I，1，§32；142）；其次是理性主义的自然概念，它继承自莱布尼茨和沃尔夫，根据这一概念，自然被存在于最大可能的多样性中的最大可能多的秩序所主宰。把这些前提加起来，必然会产生一个非常理智化的诗歌概念。因为诗应当模仿自然，而且因为自然是理性的，那么诗也就必然是理性的；换句话说，诗应该具有各种不同的理性特征：简洁、明快、精准、确切；整个诗都应该具有自然本身的特征，即多样性的统一。

这样一种过分理性主义的诗学存在的明显不足，就是没有为非理性之物、难以定义之物或"难以描述之物"留下一席之地。高特谢德似乎并不承认诗歌的界限不明的维度，不承认它的暗示性、启发性和含混性。确实，在《批判诗学》中，他坚称诗句最重要的品质是它的明确性（I，ix，§18；VI/1，367）。但是值得指出的是，高特谢德认为明确性理想并不能让他认可一种平白、自然的风格，似乎最好的诗只是有节奏的散文。他坚称诗人应该避免平庸和言过其实（I，viii，§3；321）。诗人应该在不切实际和陈腐平庸之间、自命不凡和空洞乏味之间寻找一条中间道路，它就存在于对修辞手法的明智使用中（I，viii，§5；323）。高特谢德承认，对暗喻、明喻和想象

① *Erste Gründe der Weltweisheit*, §488; II, 321.

的正确使用，会赋予诗歌一种特别的优雅（I，viii，§3；321）。尽管他认识到修辞手法的重要性，但他坚持认为诗歌仍然不能远离明确性理想（I，ix，§18；VI/1，367）。即使诗歌不是散文，它的每一个元素都应具有明确的意义。修辞手法必须接受理智的绝对主宰（I，viii，§18；342）。他警告我们，在使用修辞手法的过程中出现的缺点，并不比晦涩难懂更多（I，viii，§19；342）。他抱怨道，现今新的弥尔顿学派让我们相信，只有当某种东西是晦涩难懂的时候，它才是美的。为了防止这种滥用，他为修辞手法的使用制定了明确的规则，其中首要且最重要的，是要求明喻和暗喻都能被直接理解（I，viii，§12；331）。

六、规　则

在德国文学史中，高特谢德以一个古怪而爱唠叨、坚守规则的迂腐之人而闻名。他获致这个名声也不是完全没有道理。规则对他来说实际上已经成为屡试不爽的法宝。我们已经看到他如何使规则成为好的趣味的试金石。但是，规则也是他复兴德国戏剧和诗歌的关键。他认为，德国缺乏的，不是文学天才，而是引导文学天才的知识；而这样的知识只能来自规则。于是，高特谢德在他的《垂死的卡托》（*Sterbenden Cato*）的前言里写道：“我们不缺乏几乎是为悲剧而生的伟大而崇高的精灵。但是所有的事物都可以归结为关于规则的科学，而这种科学，不费点周折和精力是难以把握的。”[1]

对后人来说，高特谢德对规则的顽固坚持，成为他的悲剧性缺陷，是他失去文学优雅的根源。莱辛也非常相信规则，但即使是莱辛，也攻击高特谢德太过严厉而狭隘地解释规则。他指出，高特谢德的规则不是亚里士多德的

---

[1]　*Ausgewählte Werke*，II，4.

94　自然法则，而只是法国古典主义武断、人为、造作的惯例。18 世纪 60 年代的狂飙突进派——青年歌德、伦茨（Lenz）、哈曼（Hamann）和杰斯滕伯格（Gerstenberg）——视高特谢德的规则为束缚在艺术家创造性想象之上的无尽锁链，而这些艺术家的天赋能够自由创造他们自己的规则。

　　高特谢德在 19 世纪的恢复声望，使得他对规则的强调与其像是一个古板的保守派的所作所为，不如说是一个适时的改革者的所作所为。比如，单策尔（Danzel）就认为，高特谢德坚持规则的重要性是完全正确的，即使他因为把规则视为文学的**唯一**基础而走得太远。[1] 单策尔认为，语言和风格的正确性是好的文学的基础，即使它不能也不应该是文学品质的唯一标志。但是，在高特谢德所处的时代，规则确实是粗俗而幼稚的诗歌的必要解毒剂。

　　围绕高特谢德固守规则而展开的混乱的历史与争论，迫使我们提出一些基本问题：为什么高特谢德首先求助于规则？通过规则他想要干什么？他怎样为规则辩护？

　　一般认为，高特谢德没有为他求助于规则提供任何哲学基础，这种求助只是 17 世纪"校园诗歌"（Schulpoesie）的遗产，但被高特谢德教条而僵化地采用了。[2] 但是，这种观点完全忽视了高特谢德在《智慧的首要基础》中为他的美学提供形而上学基础的尝试。在那里他给出了一个明确的规则概念，而这一概念被深深嵌入他的一般本体论或基础论（Grundlehre）中。高特谢德的理论受惠于沃尔夫在他的《本体论》中对这些概念的解释。[3]

　　高特谢德对规则的定义属于一个更大系列的定义的一部分，后者开始于真理概念，结束于美的概念。事物的真理只是它的秩序（§248；I，132），

---

[1]　Danzel, *Gottsched und seine Zeit*, pp.7–10.

[2]　例如，布莱特迈尔的 *Geschichte*（I, 19, 93）就这样认为。

[3]　Wolff, *Ontologia*, pars I, sectio III, cap. VI, De Ordine, Veritate & Perfectione, §§472–530, *Werke*, II/3, 360–412. 关于这一文本，参见本书第二章第五部分。

而秩序存在于"事物相继出现的方法或方式的相似性中"（§246；I，131）。当一个事物的各个部分彼此相应，以至于在它们之中存在一种内在秩序时，这个事物就被称为完善的（§249；I，132）。完善因此就是和谐，就是和具有多样性表现的事物的一致（§249；I，132）。当这样的完善显现给感觉，但又不能被明确地理解时，完善就成了美（§249；I，133）。正是在这样的语境中，高特谢德给出了规则概念：规则只是自然的法则，事物前后相继排列的有规律模式（§247，250—1；I，131，133）。

95

　　高特谢德规则概念背后有两个基本原则。首先是充足理由律，根据这一规律，每一事情的发生本质上都有原因（§216；I，118）。其次是本质主义原则，即每一事物都有自己的内在本性，而事物的所有本质属性都必然遵循这一内在本性（§248；I，132）。[1] 高特谢德把这两个原则连在一起，以至于事物的充足理由存在于它的本质特性中。最终，正是事物的本性成为所有秩序的根源；这一本性成为事物各种活动和品质产生的唯一原因，因此也成为事物的多样性统一或完善的基础。由于规则是秩序的另外一种说法，于是我们不能否定规则的存在，就像不能否定自然是有序的那样。这些规则就是事物的必然性显现自身的方式。它们是自然在创造秩序时遵循的原则。

　　尽管这些原则存在争议，但它们仍然具有合理性。充足理由律不可或缺，而本质主义至少还可以被辩护。所以，没有人能够指控高特谢德把他的美学建立在过时的形而上学基础上。对高特谢德本体论产生怀疑的主要根源，是他的本质主义包含了一种关于终极因的绝对教义。毕竟，对莱布尼茨的形而上学来说，目的论是关键，而这种形而上学在很多方面对高特谢德来

---

① 这不是莱布尼茨的"谓词在主词中"原则（predicate-in-notion principle），后者坚称一个事物真正具有的**所有**属性都来自它的本质。高特谢德坚持的，顶多是这一原则的有限版本，因为追随沃尔夫的他认为，存在一些**偶然的**属性，而只有本质属性必然来自事物的本性。See *Erste Gründe*, §§238–9; I, 128. Cf. Wolff, *Ontologia*, 148; II/3, 123.

说都是至关重要的。但是值得指出的是，在目的论这一重要方面，高特谢德明显不同于莱布尼茨。① 追随沃尔夫，高特谢德并没有在他的本体论中赋予终极因一个基本角色。他认为，只有存在理性存在者的意图时，而且我们没有理由认为所有实体都有意图时，终极因才是可理解的（§307；I，156）。于是，高特谢德认为莱布尼茨的单子论是高度猜测性的，因为我们无法证明有生命之物的本质存在于它的再现能力中（§393；I，195）。尽管高特谢德后来也描述了一种他自己的神正论——根据这种关于神圣天意的教义，上帝是宇宙中所有秩序和善的根源——但重要的是，他对秩序的信仰并没有预设这样一种教义；相反，对秩序的信仰成为他的神正论的基础，因为他从自然中的秩序这个独立的证据推导出了上帝的存在。

96　　不管高特谢德形而上学有多少优点，人们可能还会问，这与他的美学何干？即使自然遵循规则，艺术家为什么就必须也要遵守规则？当然，关于这个问题最为简明的答案，就是模仿原则。如果艺术家必须模仿自然，而自然必须遵循规则，那么艺术家也就必须遵守规则。在《批判诗学》的一个很有启发性的段落里，他就这样把他的形而上学和美学关联在了一起：

> 美的根源存在于事物的本性中。上帝根据数量、大小和总量来制造万物。自然物本身就是美的；艺术想要生产任何美的东西，它就必须模仿自然的模式。每个事物都包含的在所有部分间存在的准确比例、秩序和正确尺度，是所有美的根源。于是，对完美自然的模仿造就了一件艺术作品的完美……（III，§20；VI，183）。

这段话揭示了高特谢德信仰规则的基本原因。它暗含以下几个观点：

---

① 高特谢德与莱布尼茨这方面的不同，可以追溯至他在柯尼斯堡大学的早年时光。他的硕士学位论文就是对莱布尼茨单子论的批判。参见 Waniek, *Gottsched und die deutsche Literatur*, pp.11–12。

（1）艺术的目的是创造美；（2）美存在于比例、秩序和尺度中；（3）比例、秩序和尺度以规则为基础，被规则所创造；（4）于是，只有当艺术遵循规则时，才能实现自己的目的，即美的创造。如果**相反**，艺术家宣布放弃规则，他就必然会破坏美本身，而后者是艺术唯一的理想。

审美理性主义的地基很少能够如此平白地表达出来，向我们显示它所有的优点与缺陷。高特谢德论证中至少存在两处弱点，它们成为后来批评者的攻击对象。第一，他假设美是审美经验的唯一源泉。正如我们将要看到的那样，他的批评者们认为，还存在其他形式的审美经验，它们和美并不一样——比如新奇、伟大、暴力——因为它们并不符合秩序、比例与尺度。如果事实如此，那么这些形式的审美经验就都不遵循规则。第二，即使假设美是审美经验的唯一源泉，但把美还原成数学比例与和谐，也是很成问题的，因为正如莱布尼茨所言，这遗漏了那"难以描述之物"。

七、哲基尔博士和海德先生

后来的批评者把高特谢德对规则的坚持视为一种审美暴政，只因为他似乎在固守一种非常狭隘的模仿原则。似乎高特谢德是这样解释这一原则的，即诗歌应该在消极再造或复制**真实**世界的意义上模仿自然，这个真实世界，是实实在在存在并发生在自然中的世界。这里没有为诗人在想象中创造他自己的世界留下任何余地。于是，高特谢德被控砍掉了创造性想象的翅膀；而他之后的思想发展被理解为不断增长的自由主义，想象力边界的 97 持续扩张。

在这样的批评中，既存在真理，也存在错误。对这种批评的优点的评估是复杂的，因为高特谢德本人对模仿原则的解释也是犹豫不决的。在某些地方，他在非常宽泛而自由的意义上解释这一原则，而在其他地方，他又在非常狭窄而保守的意义上解释这一原则。关于模仿原则，高特谢德真的变成了一个哲基尔博士和海德先生。[①] 他的自由个性来自沃尔夫的哲学，而他的保守个性又来自法国古典主义。和史蒂文森（R. L. Stevenson）小说中的人物一样，高特谢德也无法成功统一自己相互对立的两个方面。

高特谢德更为自由的一面，表现在他于《智慧的首要基础》中对诗性想象力的解释里，在那里他更接近沃尔夫。他明确鼓励创造性的想象，认为诗人创造独立于现实的、属于自己的世界是正确的。他宣称有两种形式的想象力：一种想象力只是再生产出我们曾经看到过的东西，仿佛它曾经存在过；一种想象力是从我们的经验元素中创造出全新的东西（§457；224）。高特谢德明确主张，艺术家应该在创造性而非再生产的意义上使用他的想象力。就像沃尔夫一样，他只是施予创造性想象**形式上的**限制。关于艺术家能够想象些**什么**，是不存在限制的；他可以自由创造任何可能的世界；但是，不管创造什么样的世界，他都应该坚持和遵循充足理由律。遵循充足理由律，意味着他应该遵循一个清晰的计划，创造一个是有机整体的世界，那里每一种事情的发生都有理由，每一部分都在整体中扮演着必要角色。于是，高特谢德解释道，艺术家可以两种方式使用他的想象力：他可以创造一个可能世界，那里每一事情都根据某种计划或原因而发生；或者，他可以没有任何计划地前行，把所有材料胡乱堆砌在一起，而不需遵循任何组织原则（§458；224）。但是就像之前的沃尔夫一样，高特谢德赞美前者而反对后者。

在《智慧的首要基础》中，高特谢德给出了一个关于模仿原则的解释，它与这种自由态度完全相合。他解释道，当在使用自己的想象力和通过运用自己的理性控制想象力时，艺术家仍然是在模仿自然（§459；224—5）。因此，对自然的模仿并不意味着对既存之物的简单复写，而是用和自然一样的方式创造，也就是根据理性创造。就像自然创造万物都有其原因，在现实世

---

① 史蒂文森小说中的人物。哲基尔博士为了探索人性善恶，发明一种新药并吃下去，从而变成了海德先生。哲基尔博士多行善事，名声极好，而海德先生却无恶不作。哲基尔博士无法摆脱海德先生，最终选择自杀。——译注

界中创造多样性的统一或完善，艺术家也应该像自然那样创造，在他的想象　98
世界中创造多样性的统一或完善。于是，艺术家所模仿的，只是自然的生产
力，而非它的产品。

在《批判诗学》中，高特谢德的自由一面也有重要表现。我们已经看到，
在这本书中高特谢德如何把诗定义为一种虚构能力，如何根据诗人创造属于
自己的想象世界的能力来区分诗人与历史学家。在该书第一部分第四章详细
解释模仿原则时，高特谢德的自由一面表现得更为充分。在那里高特谢德解
释道，有三种形式的模仿。一种是简单的描述，是对自然中已存之物的贴
近描写，他认为这是最低形式的诗（I，iv，§1；VI/1，195）。一种是对人们
在某种环境中可能会或应当会做的事情的想象性再创造（I，iv，§3；VI/1，
197—8）。这里，艺术家提供认识一个人的性格和人性来模仿他；但是艺术
家并没有把自己束缚在这个现存的人身上，或者这个现存的人已经做过的事
情之上——这些是历史学家的任务。最后，还有一种寓言或幻想，它是"所
有诗歌的源泉与灵魂"（I，iv，§7；202）。在这里，艺术家创造他自己的世
界或宇宙，它遵循它自己的法则；但在故事的背后，仍然存在道德目的或真
理。高特谢德尝试求助于莱布尼茨的可能世界理论来为寓言辩护。他这样写
道，诗人的幻想世界，就像莱布尼茨的可能世界中的一种。就像可能世界中
存在真理——如果其中每一种东西都接受理性的主宰，那么艺术家的创造中
也会存在真理——如果其中每一种东西都根据主题被安排。这里高特谢德让
我们再一次想起沃尔夫的教义，即小说是关于可能世界的历史。

关于哲基尔博士就到此为止。海德先生第一次令人吃惊地出现在《批判
诗学》论悲剧的章节里。在这里，高特谢德提供了一个非常狭窄的模仿原
则——他根据古典三一律来解释这一原则。他坚持认为，悲剧应该显示行
动、时间和地点的统一，它们中的每一个都应该在非常字面的和严格意义上
来理解。时间的统一意味着行动应该在一天中完成，而且它还最好不要超过
观众观看它的时间（II，x，§16；VI/2，320）。地点的统一意味着行动应该

固定在一个地方，甚至不允许场景的变化（§18；322）。高特谢德也承认这些限制太过严厉，但强调它们只是一种理想。尽管如此，他仍然坚持认为，剧作家应该尝试接近这一理想，而一部戏的质量，也与接近这一理想的程度成正比（§19；322）。可以理解的是，正是这些限制，激怒了狂飙突进运动中的戏剧家们。

当高特谢德在《批判诗学》中批评歌剧时，海德先生又有了一次更为惊人的表现。他在这里严厉谴责歌剧，因为后者如此粗野地破坏了模仿原则。他说道，在歌剧里几乎没有任何东西类似于现实世界。毕竟，人们在他们日常生活中的哪个地方可以歌唱？歌剧院中的所有行动都更像浪漫故事而非自然中的事物。关于歌剧情节和人物的写作，他写道："所有这些东西对我们来说都如此陌生，以至于它们比关于小人国的风情描述更不能让人忍受。"（II，xiii，§7；VI/2，367）他说道，只有我们想象我们处于另一个世界，歌剧才是可以忍受的。这是对他的指导方针的怎样一种违背啊！因为，根据《智慧的首要基础》，艺术家的合法创造是另外一种仅仅可能的世界。那么为什么就不能是这样一个世界，其中人们可以在他们的日常生活中随处歌唱？

很明显，从这些例子可以看出，高特谢德是根据比《智慧的首要基础》中提出的更为严格的原则在行事。在那里，艺术家似乎可以自由创造**任何**可能的世界，只要他坚称和遵循某种潜在的计划。对自然的模仿似乎只是一种**形式上的**原则，因为它允许艺术家创造任何东西，只要在它后面存在某种理由。但是，在《批判诗学》关于悲剧和歌剧的讨论中，这种只是形式化的原则好像无法充分提供高特谢德想要的所有限制。形式化的模仿原则可能允许诗人写出一部时间、地点多次变化的悲剧，或者描写一个人们到处唱歌而非说话的世界。如果高特谢德想要更多的限制，他的模仿原则就不能仅仅是形式化的，还要是实质性的，也就是说，这一原则不仅要求诗人**像自然那样有规划或计划地**创造，还要求诗人根据**和自然本身的规划或计划一样的**规划或计划来创造。换句话说，模仿原则也应该规定，在虚构与现实之间，应该存在相似之处。

高特谢德确实有一个更为实质性的模仿原则，它出现在《批判诗学》第一部分第六章——这是本书最有趣和最富争议性的章节——对逼真（*Wahrscheinlichkeit*）概念的解释中。[①] 高特谢德暂时性地和故意含糊其词地把逼真定义为虚构与现实之间的相似性（I，vi，§1；VI/1，255）。问题的关键，当然是究竟要**多大程度的**相似性？批评家在这里必须发现一种微妙的平衡：如果他需要很多的相似性，结果就是暴政；如果他需要很少的相似性，结果就是特权。于是，在被束缚的想象力和放纵的想象力之间，必须存在某种中间道路。充分认识到这个问题的高特谢德指出，对逼真的要求如果太过严厉，就会彻底破坏所有的寓言，后者正是诗歌的本质。毕竟，动物不能说话，即使伊索的寓言也缺乏完全的逼真性。

为了解决这一问题，高特谢德区分了两种形式的逼真：无条件的逼真和有条件的逼真（I，vi，§2；VI/1，256）。无条件的逼真是与现实世界的**绝对**相似；而有条件的逼真只是与现实世界的**局部**相似。寓言并不具有无条件的逼真性，因为它们在某些方面是假的；但它们却具有有条件的逼真性，因为它们在某些方面又是真的。说它们具有有条件的逼真性，是说**如果**我们接受它们一开始的假设，那么它们所说的其他东西就都是真的。比如说，如果我们接受动物能够像人那样说话和行动这样的假设，那么驴就会反抗它的主人，因为在我们这个世界里也存在这样的事实，即驴总是被虐待的、具有坏脾气的载重动物。有条件的逼真概念，意味着根据一般的自然法则根本不可能和不可相信的东西——比如会说话的动物——通过运用其他环境的关联，就会变得不仅可能，而且可信（I，vi，§5；VI/1，258）。

然而，高特谢德关于逼真的解释所走的道路是不是位于压制与放纵的中

100

---

① 把"Wahrscheinlichkeit"这个诗学概念译成"可能性（probability）"是一种误导。"可能性"概念适用于我们假设为真但又不能证明的东西。然而，高特谢德要讨论的问题，是我们不能假设为真、也没有兴趣去证明的虚构。

间，就成问题了。尽管有条件的逼真形式可能允许伊索寓言中会说话的动物的存在——高特谢德确实希望它存在，但是它也应该允许歌剧中唱着歌行动的人的存在——但高特谢德却鄙视这种存在。高特谢德处于一种两难困境中，因为他不能既拥有寓言的想象力自由，又拥有古典悲剧的现实主义约束。如果模仿原则赋予其中一个特权，它就不能再命令另一个。

于是，高特谢德的批评者们最终是有一定道理的。在他坚持三一律时，高特谢德过度束缚了诗人的想象力。但这种批评还是有些不公正和片面，因为他们只看到了高特谢德的一个方面。海德先生的罪行遮蔽了哲基尔博士文雅与自由的一面。不幸的是，正是这些罪行，成就了高特谢德的名声。

第四章

诗人们的战争

一、莱比锡对苏黎世

18 世纪早期德国文化史中发生的一个最有趣的插曲，是高特谢德与瑞士美学家博德默、布莱廷格的恶吵。这场争论正式开始于 1740 年，但在 18 世纪 20 年代已经初见端倪。这场地震的震中虽然是莱比锡和苏黎世，但震感已经波及德国的各个角落。高特谢德和瑞士人都各自拥有大量支持者，而且每一个参与者不是**高特谢德派**就是**瑞士派**。根据所催生的论文统计，这场争论十年中涉及讽刺文学、诗歌、戏剧和整个报纸杂志。争论开始时，高特谢德还是德国文学的领导者；而在结束时，他已经是强弩之末，是一个过去时代留下的遗产。这不是因为他在思想上或对话技巧上被打败了，而是他的时代已经超越了他。[①] 他的悲剧性缺陷在于他过分坚持法国新古典主义，后者被他视为德国文学的典范；但是德国作家们已经非常自信，开始鄙视法国

---

① 这是赫尔曼·赫特纳的观点。参见 Hermann Hettner, *Geschichte der deutschen Literatur im achtzehnten Jahrhundert*, 2 vols.（Berlin: Aufbau, 1979; 1st edn. Braunschweig: Vieweg, 1862—70），I, 283。

人的监护。反讽的是，没有谁比高特谢德更不遗余力地促进这种自信了！

直至今日，与这场争论相关的每一件事情仍然富有争议性。关于是谁开启了这场争论，争论开始于何时，为什么会开始，存在着完全相反的解释。关于谁先下战书，高特谢德归咎于瑞士人；而瑞士人归咎于高特谢德。瑞士人觉得自己受到了高特谢德的刺激，后者关于博德默的一本书的评论过于放肆而尖刻。但是，高特谢德认为争论开始于18世纪30年代末期：在评论高特谢德《批评文集》中的一篇文章时，布莱廷格尖锐攻击了德国文学的流行趋势，而高特谢德明显支持这种趋势。单策尔援引了非常丰富的证据说明，这场争论只是在18世纪40年代才开始，而在18世纪30年代末期的时候，瑞士人对待高特谢德还是非常友好的。① 万尼克（Waniek）却把争论追溯至18世纪20年代发生的一些口角之争，在一些较早的杂志文章中，高特谢德和瑞士人已经表现出他们彼此的不信任和相互猜忌。② 不管人们如何确定这场争论的开端时间，大家一致同意的是，早期的这种对抗，是这场争论发生的内在原因。也许正如布莱廷格所言，早期口角之争的结束，只是停火，而绝不是停战。③

关于争论的**正式**开始时间，也有相当一致的意见。没有人怀疑那公开的敌意只是开始于1740年。点燃大火的火花，是高特谢德对博德默《关于诗的奇妙性的批判性论述》（*Critische Abhandlung von dem Wunderbaren in der Poesie*）的攻击性评论。遵循艾迪生发表在《旁观者》中的文章里的先例，博德默的这份小册子旨在为弥尔顿（Milton）的《失乐园》（*Paradise Lost*）辩护，以反对它的法国批评者伏尔泰和马格尼（Magni），后两人谴责弥尔

---

① Danzel, *Gottsched und seine Zeit* (Leipzig: Dycke, 1848), pp.187–94.

② Waniek, *Gottsched und die deutsche Literatur seiner Zeit* (Leipzig: Breitkopf und Härtel, 1897), pp.71–82.

③ Friedrich Braitmaier, *Geschichte der poetischen Theorie und Kritik von den Diskursen der Maler bis auf Lessing*, 2 vols. (Frauenfeld: Huber, 1888–9), I, 147.

顿违背了史诗的规则。尽管高特谢德对弥尔顿不感兴趣，他还是鼓励博德默为德国公众介绍弥尔顿的优点。于是，退一步说，博德默一定对高特谢德攻击自己的著作有一种被背叛的感觉。高特谢德站在弥尔顿的法国批评者一边，公开宣称他对《失乐园》的蔑视，认为它是英国版的"洛恩施泰因式的夸大其词"。他反对博德默对弥尔顿所作的辩护，暗示博德默这样做只是为了卖出自己的译本，而不是启蒙德国公众，而博德默本人也已经因为这种在超自然中的放纵而失去了品味。不用说，瑞士人对这种粗鲁态度进行了回敬；很快，争论呈螺旋式上升，从而超出了控制，完全越过了由弥尔顿引发的起点。交战双方似乎就文学领域中的所有问题展开争论：悲剧理论，诗歌中韵律的作用，怎样在诗歌中表现激情，寓言的正确使用，逼真的局限性，向德文引进新的外来词的正当性等，不一而足。

　　这到底是怎么回事？其中利害攸关的东西是什么？最基本的问题有哪些？这些问题都很难回答。这部分是因为争论涉及的主题太多，部分是因为争论言辞太过辛辣和粗鲁。在那么多的主题中，在所有的咆哮、谩骂和讽刺中，很难发现那具有重要意义的东西。即使是同代人，也很难在这些大惊小怪中发现具有思想实质性的东西。1743 年，克里斯托罗布·缪利乌斯（Christlob Mylius）和约翰·克莱默（Johann Cramer）这两位身居哈雷的文学批评者，关于这场争论写下了一段持怀疑论态度的评估文字：　103

　　　　对我们来说，瑞士人关于诗歌和高特谢德关于诗艺的论述似乎可以并置在一个架子上，它们之间不会产生争论……关于这场激烈的争吵的真正原因，我们目前还给不出任何合理的解释。无疑，就像荷马想要描述阿基里斯和阿伽门农之间的战争时需要求助于缪斯，将来任何想要歌唱这场战争的行吟诗人，也会这样做。①

---

①　引自 Hettner, *Geschichte*, I, 262。

后来的研究者们并没有变得更加聪明。两个世纪以后，关于这场争论中的主要问题，仍然没有多少一致意见。甚至关于这场争论有没有哲学价值，都还是众说纷纭。第一个全面研究争论根源的单策尔，相信它是"所有现代德国文学的诞生地和创造性行动"①。但是，解释最为详尽的万尼克，没有从中发现任何原则性问题。② 在他看来，争论更多涉及诗歌理想而非哲学原则问题。万尼克甚至质疑，瑞士人或高特谢德是否完全清楚，引导一场正常哲学辩论的美学第一原则究竟是什么。

很难确定争论背后主题——是否存在至关重要的议题都还是问题——的其他原因，是高特谢德和瑞士人共同拥有那么多相同原则。比较他们的主要美学论述，我们很难发现有什么原则性的不同。在下述方面，他们的观点完全相同：诗的本质在于寓言；诗应该是说教性的大众艺术（*ars populari s*），应该以通俗的方式教化道德；艺术的基本规则是对自然的模仿，诗人模仿自然，不仅仅是复制现存之物，而且还是对可能存在之物的想象；诗是优于绘画和雕塑的主要艺术；趣味的基础是知性而不是感性；所有的艺术都应该建立在规则的基础上；好诗应该包含直接而明确的观念；奥皮茨（Opitz）是德国诗歌的典范，而洛恩施泰因（Lohenstein）是德国诗歌的敌人。③ 除了这些最重要的术语，清单还可以列得很长。当我们思考这些类似之处时，我们发现论辩双方的不同之处似乎只存在于批判性的**判断**方面，也就是在他们如何**运用**他们的原则方面，而不是这些原则本身。比如说，在围绕《失乐园》展开的争论时情况尤其如此，因为这里的问题不是根据什么样的原则来判断弥尔顿，而只是他是否违背了这些原则。

高特谢德与瑞士人的相似之处，源于他们共同继承的遗产。他们接受的

104

---

① Danzel, *Gottsched und seine Zeit*, p.185.

② Waniek, *Gottsched und die deutsche Literatur seiner Zeit*, pp.367–8, 370.

③ 马丁·奥皮茨（Martin Opitz）是德国巴洛克诗歌之父；达尼尔·卡斯佩尔·洛恩施泰因（Daniel Casper Lohenstein）是巴洛克时期德国诗人。——译注

都是沃尔夫哲学的教育，他们共有的野心，都是把沃尔夫的理性主义扩展进诗的领域。确实，他们甚至彼此竞争以获取继承沃尔夫衣钵的权利。在 1727 年献给沃尔夫的《论想象力的作用与使用》（*Von dem Einfulß und Gebrauche der Einbildungs-Krafft*）中，博德默和布莱廷格为理性主义诗学规划出了一套方案，尝试从第一原理中推导出所有的诗歌规则。他们这样做的时候，很紧张地看着高特谢德，因为他们清楚后者具有相同的伟大志向。这本书的前言瞄准了像高特谢德——他们特别称之为"那个批评家（*die Tadlerinnen*）"——这样的批评家，因为后者在批评时不根据确定的原则行事，比起诗歌的实质内容，更关注的是形式。[1] 高特谢德被这种无礼举动激怒，在《有产者》（*Der Bieder-mann*）中发表了一篇文章予以尖锐的反击。[2] 他明确指出，自己肯定瑞士人对理性诗学的需要，也认为只有沃尔夫哲学能够支持这种诗学；但是，他怀疑是瑞士人最早发展出了这一计划，而认为自己才担得起这一荣誉。更加令人担忧的是，他还质疑，德国人是否需要从阿尔卑斯山那一边找到他们的文学大师，进而对博德默要成为"一个无人质疑的文法权威"的自负予以攻击。

如果分析高特谢德与瑞士人之间的早期争端，我们确实很难发现其中有什么哲学实质。毕竟，他们并没有围绕基本原理——他们都承认沃尔夫已经提供了这些原理——展开争论，而只是对谁开始使用它们纠缠不休。在这些膨胀的自我中，我们看到的顶多是一种关于谁更配得上德语批评界领袖的称号的争吵。确实，万尼克的严厉评价揭示出了一些事实："真可怜，竟然是自满、虚荣和嫉妒以及其他琐碎而私人性的动机，在决定着德国诗坛力量的分合。"[3]

当然，除了这些尖刻的言辞，除了膨胀自我之间的竞争，除了彼此观点缺乏实质性不同，这一论争中还是存在一些关键议题的。我将要证明这一看

---

[1] Bodmer and Breitinger, "Schreiben an Herrn Christian Wolffen", *Von dem Einfluß und Gebrauche der Einbildungs-Krafft zur Ausbesserung des Geschmackes*（Frankfurt, 1727），（unpaginated）.

[2] *Der Biedermann*, Blatt 56, May 31, 1728, II, 21–4.

[3] Waniek, *Gottsched und die deutsche Literatur seiner Zeit*, p.51.

105 法。争论确实具有单策尔赋予它的所有重要性，即使后者从来没有明确表述过这些重要性。这场争论的连参与者本人都可能不清楚的重要性，我们现在可以通过后知后觉的眼光发现了：**它第一次从一种非宗教性的视角质疑了启蒙运动的理性至上原则。**① 在与高特谢德争论的过程中，瑞士人突破了他们的理性主义遗产，开始为超越了理性批判边界的审美经验辩护，尽管这一切都非有意为之。他们开始支持新异、陌生（the strange）、奇妙和暴力（the violent），这些种类的审美经验都不能被压缩进美的和谐形式中。由于双方都同意美只存在于理性秩序中，他们实际上把审美维度的大部分都置于理性管辖权之外的地方。任何在审美方面是令人愉快的但又不是美的，现在都超越了理性批判和评估的界限。比起莱布尼茨承认"难以描述之物"、难以定义的优雅之美，这是超越理性审美经验的更为重要的一步；因为现在美本身开始失去它在美的艺术中的核心地位。

于是，因这场争论而危如累卵的，正是理性本身的权威，或者说，是理性至上这个启蒙运动的基本原则。现在，启蒙思想家们开始认识到，比起他们的哲学所能想到的，这天地之间还有很多很多的东西。有些东西超越了所有的理解和所有的批评。这些东西并非超越这个世界的古老的神性秘密——三位一体、道成肉身或圣徒奇迹——而是我们有时候在这个世界上经历的非凡经验。它们虽然有很多名字——崇高、暴力、奇妙、新异、陌生——但它们是一切令人愉快的东西，它们超越甚至侵犯了法则、规则与和谐。

二、对争论的误读

在我们思考那些能够区分高特谢德与瑞士人的基本问题之前，有必要先

---

① 关于这一原则对启蒙运动的意义与重要性，参见我的 The Sovereignty of Reason: The Defense of Rationality in the Early English Enlightenment（Princeton: Princeton University Press, 1996），pp.3–19。

考察一些关于这一争论的常见解释。由于这些解释是如此根深蒂固，更何况还有一定的道理，所以是不可能把它们忽略掉的。在仔细审查这些解释的过程中，我们会对那些基本问题产生更清晰的看法。

　　最古老也最流行的解释，认为这场争论根本上是关于创造性想象力的权利与局限的争执。[1] 这一争执通常被概括为下面这句话：高特谢德想要把想象力局限在对真实世界的模仿上，而瑞士人想要把它扩展到可能世界中去。这种解释有时候会认为论辩双方都坚守模仿原则；但又认为他们关于这一原则的解释完全不同：高特谢德的解读可能是狭义的，根据这一解读，模仿被限定为去复制**现存**世界，而瑞士人的解读更为宽泛，根据这一解读，模仿甚至被扩大到去复制**可能**世界。[2] 这种解释还承认论辩双方都强调了规则的重要性；但是关于规则的有效范围，他们的观点又彼此相反：高特谢德坚称规则是审美判断的**充足**理由，而瑞士人认为规则只是审美判断的**必要**条件。这

---

[1] See, for example, Hettner, *Geschichte*, I, 279–84; Braitmaier, *Geschichte*, I, 231; W. Sherer, *A History of German Literature*, 2vols.（New York: Haskell, 1971），II, 22–3; and Walther Linden, *Geschichte der deutschen Literatur*（Leipzig: Reclam, 1937），pp.234–5. 这种解释被广泛接受；比如说，它被沃尔夫冈·本德（Wolfgang Bender）在其为博德默论奇妙的再版论著所写"后记"里再次肯定。这种解释的根源可以追溯至 18 世纪，追溯至曼索（J. K. Manso）在其著作 *Übersicht der Geschichte der deutschen Poesie*（in *Nachträge zu Sulzers allgemeiner Theorie*, Band VIII, 1806, pp.84f.）中为这场辩论所作的总结中。关于其影响，参见 Danzel, *Gottsched und seine Zeit*, pp.196–7.

[2] See Cassirer, *Freiheit und Form*（Berlin: Cassirer, 1916），pp.66–8. 万尼克也犯了同样的错误（*Gottsched und die deutsche Literatur seiner Zeit*, p.166），他坚称高特谢德的模仿原则局限于"对真实之物的复制"。他注意到高特谢德有时候在更宽泛的意义上理解模仿，允许它包括可能世界；但是他又坚称这不是高特谢德"全部世界观的最终结果"，因为后者质疑莱布尼茨的前定和谐教义（p.167）。不过，万尼克在这里出现了明显的哲学混乱，因为对前定和谐的否定，并不排除世界的偶然性教义，而后者是高特谢德常拿来反对斯宾诺莎的莱布尼茨式教义。总而言之，万尼克对整个主题的态度，可能因为混淆了可能之物与奇妙之物而受到败坏；他假设高特谢德同样只是通过承认可能世界，被迫承认奇妙的观念。但是，奇妙不可能与可能性领域共存；它毋宁说是一种特殊的可能形式，也就是说，它具有最大程度的逼真性。

种解释还告诉我们，这场涉及想象的权利、规则的有效程度的争执，在对待奇妙这一审美经验方面也态度对立：瑞士人支持奇妙的审美经验，认为它是诗歌的必要组成部分，而高特谢德不支持这种经验，认为它是诗歌的堕落。

这种解释尽管有些真理存在，但也因为过于粗糙和平庸而站不住脚。如果我们仔细比较高特谢德和瑞士人在 18 世纪 40 年代的写作，我们不可能在他们关于想象力权利方面的观点中找到任何原则上的差异。正如我们已经看到的，和瑞士人一样，高特谢德也认为诗歌有权利创造一个可能世界。[①] 双方关于想象力的解释根本没有任何不同之处，而是都同意：诗歌对自然的模仿，不仅可以通过复制真实世界，还可以通过想象一个与真实世界相像的可能世界。还有，他们甚至拥有一个相同的逼真概念：以一些假设条件为前提的可能世界与现实世界的相似。更加令人惊讶的是，他们依据同样的原因区分诗人与历史学家：诗人想象的是一个可能的世界，而历史学家描述的是现实世界。再没有比高特谢德不支持而瑞士人支持奇妙之审美经验这样更假的话了；因为高特谢德坚称所有的寓言本质上都拥有某种奇妙之物，而后者正是诗歌的本质。[②] 高特谢德只是偶尔根据逼真性责难弥尔顿；但他也深知自己在这样做时不能走得太远；因为从强调逼真的观点来看，在伊索会说话的动物世界和弥尔顿会飞的恶魔世界之间，没有多少不同之处。最后需要指出的是，瑞士人和高特谢德一样，都认为创造性的想象必须接受逼真性的约束。[③] 他们意识到，可能世界如果太过不同于我们的世界，将会失去所有的支撑和可信性，还会失去它的审美形似的能力。瑞士人也强调，想象力必须接受理性的管理，如果它不打算制造怪物。总而言之（*Summa summarum*），如果说高特谢德和瑞士人在关于想象力的局限性方面有什么不同的话，这些

---

① 参见本书第三章第七部分。尽管高特谢德在坚持古典三一律时限制了想象力，但悲剧的本质问题，不是他和瑞士人的议题。

② Gottsched, *Critische Dichtkunst*, I, v, §2; VI/1, 225–6.

③ See Breitinger, *Critische Dichtkunst*（Zurich: Conrad Orell, 1740），I, 132, 299.

不同也只是表现为他们对他们的主要原则的**使用**的不同，而不是这些原则本身的不同。

　　高特谢德与瑞士人围绕弥尔顿《失乐园》展开的这场著名争论，不是关于想象力的权利的美学争论，而最好被视为关于意识形态的争论。高特谢德反对《失乐园》，主要不是因为它的风格，而是因为它的宗教维度，后者对高特谢德来说近乎迷信与狂热。在他看来，弥尔顿的史诗建立在基督教的神话学基础之上，而后者已经不符合他自己所处启蒙时代的趣味。[①] 它依赖于对一个已经过去的黑暗时代——尤其是前启蒙的新教时代——的兴趣和信仰，那时候人们依然相信天使与恶魔的存在，依然迷恋着永恒的救赎。但是，在现在这个已经启蒙了的时代里，理性而非《圣经》才是我们的终极权威，所以人们不再那么相信精灵的存在，不再关注对救赎来说非常必要的信仰。注意到高特谢德的反对意见的意识形态根源，就可以解释他为什么能够接受伊索寓言中的奇妙，而不能接受弥尔顿作品中的奇妙：伊索寓言中拥有一种依然适用于我们这个时代的道德教训，而弥尔顿关于信仰和救赎的伦理学却扎根于黑暗时代。这样可以解释为什么高特谢德会质疑弥尔顿作品的本真性问题。瑞士人自己坚称，只有想象在公众那里拥有可信度时，想象的作品才会有本真性；而高特谢德却怀疑，在一个越来越被启蒙的时代里，那关于天使与恶魔的斗争的故事，还会有多少可信度存在？

　　高特谢德与瑞士人在意识形态方面的不同，尤其明显地表现在他们关于弥尔顿史诗主题——精灵的存在——的不同看法中。需要指出的是，在为弥尔顿辩护时，博德默经常求助于启示宗教来维护弥尔顿的想象的逼真性。[②] 他确信《圣经》赋予我们相信精灵、天堂甚至地狱的存在的理由；确实，他

108

---

① 　参见高特谢德 *Critische Dichtkunst*（I, v, §15; 238）和他关于博德默 *Critische Abhandlung von dem Wunderbaren in der Poesie* 的评论（ibid., pp.246–7, 250）。

② 　See Bodmer, *Critische Abhandlung von dem Wunderbaren in der Poesie und dessen verbindung mit dem wahrscheinlichen*（Zurich: Conrad Orell, 1740），pp.16–7, 41, 42, 57.

认为圣经为弥尔顿所描述的所有精灵的存在提供了证据。相反，在《智慧的首要基础》中，高特谢德认为理性并没有赋予我们相信一般意义上的精灵的权利，更不要说弥尔顿扭曲的想象力所构思的怪异恶魔了。[①] 尽管高特谢德并没有质疑所有的启示——至少没有公开这样做——但他坚持认为启示不应该在哲学中有一席之地。由于他还认为诗应该服务于哲学，他也就把启示从诗的领域里完全清除掉了。

对高特谢德来说，瑞士人对弥尔顿抱有狂热的最终问题在于，这种狂热违背了他顽强坚持的信念，即文学应该是启蒙的工具，是以大众化的形式宣传理性真理的途径。论辩双方都认为诗应该是一种大众艺术，是指引大众了解哲学基本真理的手段。但是令高特谢德惊讶甚至恼怒的是，瑞士人居然违背了这一关键的信条。高特谢德并不比瑞士人更少宗教信仰；他的《智慧的首要基础》包含了所有关于自然宗教信仰——如上帝、天意和不朽——的全部标准证明。但高特谢德主张由现代诗歌予以大众化的对象，正是这样一种**自然**宗教，而非《圣经》的**启示**宗教。

关于这场争论的另一种不常见却很有趣并貌似可信的解释，主张它是关于诗歌理想的冲突。[②] 高特谢德也许代表的是一种严格理性主义的理想，即布瓦洛的陈旧立场，根据这一立场，理性应该是诗歌的基本规则；可是，瑞士人坚持的是一种更加情感化和经验化的理想，根据这一理想，诗歌应该再造感情生活和直接经验的世界。我们被告知，瑞士人反对高特谢德的极端理性主义，因为后者太过抽象和没有人情味儿，而且还不考虑情感、个体性和感官享受。因此，在他们18世纪40年代的主要诗学著作——布莱廷格的《批判诗学》（*Critische Dichtkunst*）和《关于自然、目的和使用比喻的批判性论述》（*Critische Abhandlung von der Natur, den Absichten und dem Gebrauche*

---

① *Erste Gründe*, §§652–3, 1163; I, 316, 317, 586.

② Waniek, *Gottsched und die deutsche Literatur*, pp.372–5, 378. 某种程度上，单策尔发展了这一解释（*Gottsched und seine Zeit*, pp.207–8）。

der Gleichnisse），博德默的《关于诗人的诗性的沉思》（*Betrachtungen über die poetische Gemählde der Dichter*）——里，瑞士人表述了一种诗学，其目的在于恢复个体性和感官享受在诗歌中的领地。他们不是把诗理解为与理智的睿智对话，而是一种呼吁感性和想象力的口头绘画。诗人的使命是用语词重新创造感性生活，再造感知的直接性、个体性和享受性。凡是画家用颜料在画布上表现出来的东西，诗人都要用语词通过想象力创造出来。诗人的描写能力，就表现为让那似乎不存在的对象如在眼前，表现为当我们想象对象时，它仿佛真的能够被感官把握。[1]

这种解释有一定的真理在里面。在解释模仿原则时，瑞士人确实比高特谢德有更多的经验色彩，[2] 他们也更多关注直接经验的个体性和享受性的再生产。但是，这种不同仍然是重点的不同，而非原则的不同。第一，即使是在18世纪40年代，瑞士人也有一种理性主义的诗歌理想。他们和高特谢德一样，也在自己的指导性原则中强调清晰性和明确性。于是，在《批判诗学》中，布莱廷格会这样谈论诗歌："好的风格的最重要的本质特征，存在于明确性中。"（289—90）[3] 第二，高特谢德也没有低估诗人再造感觉的直接性和生动性的需要。于是，在他的《批判诗学》中，高特谢德强调诗人在使用修辞性语言时，应该尽量保留它原初的感性意义，因为它对想象力有某种更加有效的影响（I，viii，§12；VI/1，331）。第三，由于瑞士人也坚称诗歌的本质存在于寓言中，他们也难以解释情感在诗歌中的地位。他们和高特谢德一样，把情感单单限制在韵诗中，他们称这种诗具有"感伤"和"热烈"的风格。

这种解释尽管是一种误读，但也包含了一种重要的观点。对这种观点的更为准确的描述会强调下述内容：尽管高特谢德和瑞士人都有相同的理性主

110

---

① Breitinger, *Critische Dichtkunst*, I, 31; and Bodmer, *Betrachtungen*, pp.52–3.

② 博德默 *Betrachtungen*（p.4）："感觉是人的第一任老师。所有的知识都来自它们。"

③ 尽管万尼克注意到论辩双方的诗学都有一个类似的理性主义基础，但他仍然错误地宣称瑞士人反对"明显的合理性"。参见 *Gottsched und die deutsche Literatur*, p.371。

义理想，但在 18 世纪 40 年代的一些著作中，瑞士人在强调诗歌话语的独特（*sui generis*）品质时，已经开始远离这种理想。比如说，布莱廷格竟然令人吃惊地宣称，情感和想象力都有它们自己的逻辑或结构。于是，在他的《批判诗学》中，布莱廷格坚称激情拥有它自己的语言，一种完全不同于理性的独特语法和逻辑（II, 354）。在《关于自然、目的和使用比喻的批判性论述》中，他还把这种思路扩展到关于诗歌的修辞性语言的论述中。这里，他构思了一种"想象力的逻辑"——一个被广泛引用的短语——其任务是区分诗歌中的各种形象、明喻和暗喻。不同于高特谢德，他认为这些语言形式都是想象力和知性的产物（9）。他解释道，存在一块儿完整的知识领域——感觉模糊而抽象的再现（13—4）——哲学的理智于其中不起作用。由于这些再现原则上不可能被分析成明确的概念，我们只能通过明喻和暗喻来把握它们的内涵。这里，布莱廷格已经预示着鲍姆加登的出现，后者将会在他的《美学》（1750 年）里强调感性的自治地位。

但即使是这里，也有必要把这种发展放在具体的语境中来解释，而不能犯时代性错误，好像布莱廷格已经超越了高特谢德，那通往鲍姆加登的路也已经完全真实地铺就了。因为，在某些重要方面，博德默和布莱廷格依然局限于理性主义的边界之内，拥有和高特谢德一样的理论基础。比如说，在他展开所谓激情逻辑的那些章节里，布莱廷格一再重申沃尔夫的理论，即情感只是关于完善的知识的一种模糊形式。[1] 他暗示道，我们只要剥去了情感的模糊形式，就可以看清它们的实质：一种关于完善的理智感知。那么，一种明确的激情逻辑还会留下什么呢？还需要指出的是，即使在他坚称只有诗才能把握感性经验的生动性和特殊性时，布莱廷格也没有赋予这种把握任何特别的认识地位；他的知识范式仍然是明确的理性主义。于是，他把诗歌的

---

[1] *Critische Dichtkunst*, II, 362. Cf. Bodmer's *Critische Betrachtungen über die poetischen Gemählde der Dichter* (Zurich: Conrad Orell, 1740), pp.341–2. 博德默肯定的是同样的沃尔夫教义。

修辞性语言指派给"睿智的低级功能",这完全忠实于沃尔夫的感性概念,后者认为感性是一种"低级功能"(*facultas inferior*);他还以一种完全柏拉图式的方式承认,诗歌徘徊于感性世界,只能给我们关于事物的表象的知识。[①]于是,我们会发现,这里还远离哈曼的彻底经验主义和唯名论,后者发现了理性主义的抽象空洞,宣称只有感觉再生产着事物的实在。

111

另一种有影响力的解释,来自恩斯特·卡西尔,他认为这场争论的实质是启蒙运动中理性主义和经验主义这两种方法论的斗争在美学领域的重演。[②]对卡西尔来说,高特谢德代表着笛卡尔和沃尔夫的理性主义方法论,这种方法论开始于演绎,或者以**更为几何学的方式**开始于普遍原则,并从中得出特殊的结论,而瑞士人代表着后期启蒙运动的经验主义,它开始于经验和特殊的资料,并从中得出更具普遍性的结论。卡西尔认为,这种表现在方法论方面的基本不同,表现在他们对待美学规则的对立态度中。不同于高特谢德尝试从第一原理中推演出规则,瑞士人坚称这些规则必须从各种特殊的作品中获得。

尽管貌似有理和具有一定启发性,但这种解释仍然存在一些困难。首先,正如人们会从瑞士人逐渐消失的理性主义中发现的那样,即使是在18世纪40年代,他们与高特谢德的方法论差别也绝没有那样的鲜明。无疑,瑞士人受艾迪生和杜博斯(Dubos)的经验主义影响更深一些,他们也曾批判过高特谢德派的人对理性主义方法论极端复杂而过分的使用。[③]但是,他们在原则上还远没有认同经验主义的方法论。在《关于诗性趣味的本质的通信》(*Brief-Wechsel von der Natur des Poetischen Geschmacks*,1736)中,博

---

① Cf. *Critische Abhandlung*, pp.7, 38.

② Ernst Cassirer, *The Philosophy of the Enlightenment*(Princeton: Princeton University Press, 1951),pp.331–8.

③ 根据万尼克,论辩展开的重要公开原因之一,是博德默对高特谢德一个弟子的文章的批评,这篇文章尝试为诗学提供一个更为几何化的起点。很明显,博德默反对迂腐的假学问,主张一种更经验化的路径。See Waniek, *Gottsched und die deutsche Literatur*, p.358.

德默为理性主义的趣味理论作辩护，并反对卡里皮奥（Calepio）的经验主义美学，认为后者是一种审美狂热。① 在为布莱廷格《批判诗学》——这个文本经常被拿来作为瑞士经验主义的证据——写的前言里，博德默再一次明确拒绝经验主义的批判，因为尝试把规则建立在经验基础上，会导致仅仅因为作品让人快乐就认可它。其次，尽管坚持理性主义，高特谢德本人并没有在其诗学中实行过演绎法。在《批判诗学》第二版前言中，他告知读者，他从那些伟大的诗歌中学到了他的规则和判断。② 这本书所采用的方法是有意识的和直白的折中主义，他收集各种规则，而这些规则已经被人们在各种特殊类型的诗中和具体的情况中使用过。最后，高特谢德和瑞士人所使用的方法实际上是非常相似的：他们首先给出一个一般规则，然后尝试通过各种例子来解释或证明这个规则。

尽管一般而言卡西尔的解释遭遇了这些困难，但也包含了一个重要的真理内核。当我们更为仔细地考察高特谢德和瑞士人如何推导他们的规则时，就会发现他们在方法论方面存在不同。高特谢德尝试把规则建立在更一般的形而上学基础上，而瑞士人却尝试从心理学的观察来得出他们的规则。于是，在《智慧的首要基础》中，高特谢德从他的本体论的第一原理中得出自己的规则。由于艺术家必须模仿自然，由于自然被规则所主宰，所以艺术家也必须根据规则来创造。但是，瑞士人却尝试通过确定作品如何对它的观众产生快乐的效果来证明规则。③ 他们更像经验主义者，把能够实现目的的最

---

① *Brief-Wechsel von der Natur des Poetischen Geschmacks*（Zurich: Conrad Orell, 1738），pp.2–4, 8–25, 41–73. 通信的确切时间发生在 1728 年 12 月到 1731 年 7 月之间。关于其内容的分析，参见 Daniel Dahlstrom, "The Taste for Tragedy: The *Briefwechsel* of Bodmer and Calepio"，*Deutsche Vierteljahrschrift für Literaturwissenschaft und Geistesgeschichte* 59（1985），206–23。

② *Ausgewählte Werke*, VI/1, 13.

③ 比如，参见布莱廷格写给博德默 *Critische Betrachtungen* 的 "Vorrede"，以及博德默写给布莱廷格 *Critische Dichtkunst* 的前言。两份前言都没有页码。

好手段普遍化。尽管如此，还需要指出的是，高特谢德与瑞士人之间的不同，与其说是他们的方法的不同，不如说是他们的起点的不同。高特谢德有一个**客观的**起点，要把规则建立在事物的本性之上，而受艾迪生和杜博斯影响的瑞士人有一个**主观的**起点，它关注审美经验本身。

三、争论的焦点

现在，既然我们已经清楚哪些问题不是这场争论的关键，那就有必要考察那些关键问题了。我们将会把所有次要的、关乎细枝末节的讨论放在一边，集中注意那总体上与美学相关的最重要的事情。当这样做时，我们就会很容易聚焦那可以区分高特谢德和瑞士人的基本问题——它只关注审美快乐本身的本性。① 忠实于沃尔夫的传统，高特谢德为一种新古典主义美学辩护，根据这种美学，审美快乐的**唯一**对象就是美，它存在于秩序、规律性或多样性的统一中。但是，瑞士人却支持一种原始的浪漫主义美学，根据这种美学，除了美，审美快乐还有其他根源，也就是崇高与奇妙，或者用他们的术语来说，是伟大（*das Grosse*）与新奇（*das Neue*）。② 他们明确指出，伟大与新奇不同于美，因为它们超越了所有形式的秩序和规整。伟大是难以测

113

---

① 因此，我对克劳斯·伯格汉（Klaus Berghahn）的声明即"在趣味概念和文学批评的使命方面，莱比锡和苏黎世之间没有根本性差异"提出异议。参见其重要而有影响力的文章 "From Classicist to Classical, 1730—1806" [*A History of German Literary Criticism, 1730–1980*, ed., Peter Uwe Hohendahl（Lincoln, NB: University of Nebraska Press, 1988），pp.13—98, esp. p.36]。伯格汉强调指出，瑞士人在 *Briefwechsel* 中反对杜博斯的影响，但忽视了他们在 *Dichtkunst* 中对他的依赖。

② 这一论点已经出现在博德默和布莱廷格的早期小册子 *Von dem Einfluss und Gebrauche der Einbildungs-Krafft* 中（pp.19–26）。这里，他们宣布了解释各种诗学类型的计划，并且在伟大与壮丽（*groß und herrlich*）、美（*schön*）、新奇与不寻常（*neu und ungemeine*）之间作了区分。催生他们计划的灵感，来自艾迪生（Addison）在 *The Spectator* 上发表的关于想象力的多种快乐——"伟大、不寻常或美"——的文章（See no. 412, June 23, 1712）。

度的巨大，也就是说，它让灵魂充满了惊异，因为它超越了所有的理解和衡量。新奇是不可思议和令人惊讶的，也就是说，它之所以让我们惊骇，正是因为它是反常的和无规律的。伟大和新奇尽管可以完全一致，但也可以互相区别，因为伟大不必是新奇的，而新奇不必是伟大的。①

如果这样看，高特谢德与瑞士人的争论就是关于审美经验的界限的战斗，其中关键的问题在于，这种界限是应该由理性划定，还是应该超越于理性之上。对于高特谢德和瑞士人来说，他们关于理性领域的看法很大程度上都是相同的：它是秩序、规律性或多样性统一的领地；但是关于这一领地能否囊括审美的领域，他们却产生了分歧。在让美成为审美快乐的唯一对象，并且强调美存在于秩序和比例中时，高特谢德把审美经验完全限制在理性的领域里。但是，在把伟大和新奇视为审美快乐的合法源泉，并强调它们并不局限于秩序、规律性或多样性统一之中时，瑞士人宣称，在理性领域之外，存在审美快乐的其他合法源泉。

尽管这场争论不可能根据这些术语得到完全清晰的描述，但论辩双方的基本原则还是沿着这些线索被区分开来了。高特谢德明显献身于一种狭窄的新古典主义美学。首先，我们可以从他赋予模仿原则的基础看到这一点。他指出，艺术家之所以必须模仿自然，是因为艺术家的基本目标是美的创造，而自然是所有美的根源。其次，我们可以从他关于审美快乐的分析中看到这一点。在《智慧的首要基础》中，他根据对完善的感性直觉来分析审美快乐，在那里完善被定义为秩序或多样性的统一。我们还可以从他强加于奇妙的限定来发现这一点。如果奇妙走得太远而违背了自然的限制，它就会变得荒谬（I，v，§24）。尽管高特谢德允许奇妙，甚至坚称奇妙是所有寓言的要义，但是他并没有赋予它任何独特的审美价值。于是，他坚决主张，诗人运

---

① 值得注意的是，瑞士人并没有使用"*das Erhabene*"这个关于崇高的常见术语来命名这些经验形式。他们使用的术语是"*das Neue*"和"*das Grosse*"，他们对"*das Grosse*"的解释就像崇高那样，但比起康德或伯克，他们在更狭窄的意义上使用它。

用奇妙，必须只是为了道德教化这一目的。诗人只有在必须为无知而迷信的公众写作时，才可以求助于奇妙，后者对于公众理解他的信息来说是必要的手段（I，v，§1）。但是，诗人绝不可以因为奇妙本身而引介它，好像它就是一种属于它自己的有价值的审美快乐。与此相反，瑞士人有时候走得是如此之远，以至于他们宣称，新异和奇妙是"快乐的唯一源泉"①。

瑞士人对新古典主义的突破，可以从布莱廷格证明奇妙或新异在诗歌中的重要性这一点看得清清楚楚。在《批判诗学》第五章，他提醒诗人要注意习惯和习俗的审美效果。它们的力量是如此之大，以至于如果不反其道而行之，它们会使我们的感官不再敏锐，使我们的心灵变得迟钝，让我们陷入一种"漫不经心的愚蠢"（*eine achtlose Dummheit*）中（I，107—8）。受杜博斯影响，布莱廷格坚持认为，对人类来说，没有什么比处于一种麻木或不活跃状态更令人不快乐的了。人类首要的也是最重要的需求，是让自身的力量活跃起来，因为人类最可怕的危险，最无法忍受的危险，就是无聊。出于这一原因，布莱廷格认同杜博斯的观点，即审美快乐的一个主要源泉，存在于对我们的生命力的刺激中。于是，他展开了如下推理：由于诗的目标不仅仅在于引导人，也在于使人高兴，而且只有在我们的功能被唤醒时才能获得快乐，所以诗人的使命就是削弱习惯与风俗的力量。但是，诗人要做到这一点，只能通过新异或令人惊讶之物（*das Neue*），而后者存在于某种陌生、非凡和奇妙之物中。布莱廷格认为，新异并非美或崇高的另一种形式，因为当美或崇高变成习惯和老生常谈时，它们也不再会打动我们（110）。因此他指出，即使是大海的崇高远景也不会打动人们，一旦人们已经习以为常。布莱廷格的观点暗示着，美会让我们厌倦；因为美的规则性会使它变成惯例和程序。

超越美的新古典主义美学的狭隘边界，瑞士人这种意愿和渴望，还明显

115

---

① Breitinger, *Critische Dichtkunst* (Zurich: Orell & Comp., 1740)，I, 111. 括号里的所有引用都来自这一版本。

表现在博德默《批判性考察》对审美快乐的根源的分析里。① 在这里，博德默确认自然中存在三种力量：美（*das Schöne*）、伟大（*die Größe*）和暴力（*das Ungestüm*），诗人们正是运用这些力量实现了他们唤起快乐的目标。正如我们所预料的那样，他把美等同于比例、规整、和谐等古典特质。但是，他明确指出，无论是伟大还是暴力，都不能被还原成这些古典特质。他认为，伟大不只是美的一种形式，因为我们无法彻底把握它的各个部分之间的顺序或比例（153）。面对伟大，我们的感受是惊愕（*Bestürzung*）与平静（*Stille*）的混合物。博德默认为，我们之所以能够在面对伟大之物时获得快乐，是因为心灵讨厌被束缚，而崇高的无限性会让它自由（212）。那种迅疾之物完全不是美的一种类型，而根本就是美的反面：它代表着"那具有攻击性、可怕和令人恐怖（*Widrigen, Furchtbaren und Erschrecklichen*）之物"。暴力不同于伟大，因为它不仅超越了美的界限，还实际上在破坏着这些界限，从而创造了丑的东西。在把丑（the ugly）作为审美快乐的根源时，博德默已经完全颠覆了与美相关的古典美学。②

人们或许会问：为什么布莱廷格和博德默的新美学还会坚持古典的模仿原则？由于他们坚称艺术应当模仿自然，而且由于他们和高特谢德一样认为自然是有秩序与规则的，人们还会问：他们的美学怎么会允许他们去肯定伟大、新异和暴力的价值？毕竟，他们的审美价值明显建立在他们对自然秩序和规则性的**突破**之上。布莱廷格在他的《批判诗学》中努力克服这个问题。③他认为，奇妙作为新异和惊讶的极端形式，只是某种新异之物的**表象**。尽管它确实建立在自然的法则之上，但它因为超越了观众的正常期待和经验而显

---

① Bodmer, *Critische Betrachtungen über die poetischen Gemählde der Dichter*（Zurich: Conrad Orell & Comp., 1741）.括号里的所有引用都来自这一版本。

② 万尼克无视这一问题，因为他认为瑞士人把丑、恶心和恐怖带入了美的领域。参见 *Gottsched und die deutsche Literatur*, p.148。

③ *Critische Dichtkunst*, I, 131. 在一些语段中，布莱廷格似乎承认自己反对模仿原则（Cf. I, 110）。

得是新的。于是，奇妙的快乐最终被证明本质上是主观性的，它来自观众**相** 116
信事情超越了自然的正常秩序。如果观众发现了自己所相信的是假的——如果他最终识别出自然背后的秩序——那么这种相信就会完全失去它与真理的类似性，从而不再令人快乐。

布莱廷格的区分是否真的避免了不一致性，还是很成问题的。如果快乐是完全主观性的，那么困难就依然存在，因为模仿原则被假设可以解释所有的审美快乐。审美快乐并非来自与自然法则——它是有规律的和合法的——的完全一致，而是来自**相信**缺乏这种与自然法则的一致。即使求助于一个可能世界，也不能帮助布莱廷格，因为一个可能世界只有在它遵从理性并且服从它自己的法则时才是在模仿自然；可是在这里，快乐却明确来自对**破坏**所有秩序与法则的相信，而非来自对另外一个世界的法则的发现与创造。瑞士人在努力让自己的新美学与古典主义的模仿原则相一致时显现出来的困难，说明他们已经超越自己最初的新古典主义，又迈出了新的一步。

现在，我们可以更清楚地看到高特谢德与瑞士人之间存在的另一个根本差异。不像瑞士人，高特谢德是模仿原则的严格执行者，他视这一原则为所有审美快乐的基础。尽管高特谢德也允许诗人建构一个**可能**世界，但他仍然禁止这个世界所带来的审美快乐依赖于对秩序的**破坏**，不管这种秩序是真实世界的还是可能世界的。换句话说，高特谢德坚持认为，所有的审美快乐最终都必须受到充足理由律的约束：诗人世界里发生的任何事情，都必须有其发生的理由；它必须与有规律而连贯一致的整体相符合。但是，瑞士人甚至已经突破了充足理由律，至少突破了作为美学原则的充足理由律，因为他们坚称新异、惊讶和奇妙之物所带来的快乐来自这样的确信，即这一规律已经被违反，天地间有一些东西的存在是没有充足理由的。

如果我们关于这场争论的诊断是正确的，那么就有必要同意那些强调这场争论之文化意义的学者们的观点，即使我们不赞同他们用以描述这场争论的那些术语。这场争论在文化方面表现出来的基本意义在于它与启蒙运动的决裂。由于瑞士人所支持的审美经验来自对秩序和法则的**违背**，他们让这些审美经验脱离了理性的司法范围，后者等同于秩序与法则的领域。他们质疑——即使只是含蓄地——理性在审美领域的主宰地位，质疑理性根据规则理解与判断审美经验的所有方面，质疑理性把规则还原为清晰、明确、尺度和比例这样的标准。通过质疑美是审美经验的唯一源泉，他们在莱布尼茨的"难以描述之物"上又迈出了一步，因为后者只是被理解为美的难以定义的优雅和模糊难辨。确实，他们让审美快乐建立在对莱布尼茨最根本也最珍爱的原则——充足理由律——的违背之上。

但是，有必要指出的是，瑞士人与启蒙运动的决裂很大程度上是暗示性的和不充分的。他们从没有用这样的术语表达过这种决裂，他们也不会赞同与启蒙运动的这种决裂，因为他们仍然在自己国家的土地上不遗余力地推广着启蒙运动的意识形态。他们的趣味概念，他们的诗歌理想，他们的激情理论，他们让诗歌对哲学的服从，还有他们的方法论，都显示他们在恪守理性主义传统。他们离浪漫主义对混沌、模糊和直觉的颂扬还很远很远——他们也会坚决反对这种颂扬。

公正地说，高特谢德本人也没有能够认识到瑞士人向他发起的挑战的深远意义。对他来说，这场争论太过个人化，以至于看不到它的深刻价值；而且，在 18 世纪 40 年代，他由于全心全意地致力于启蒙运动的事业，以至于不可能去把握任何超越于这场争论之上的东西。于是，对高特谢德来说，瑞士人的立场不是某种新思想的前兆，而只是某种旧东西——也就是前启蒙时期的新教主义——的故态复萌。

高特谢德踌躇不前的地方，新的一代开始前行了。无论怎样模糊和下意识，瑞士人对审美经验的非理性形式的拥护，成为高特谢德之后理性主义传统所面临的诸多根本挑战中的一个。下一代——鲍姆加登、莱辛、门德尔松和温克尔曼——的任务，就是直面瑞士人的挑战，而他们所采用的方法，要么就是限制理性主义，要么就是拓宽理性主义。

第五章

鲍姆加登的美学科学

一、美学之父?

人们普遍认为,现代美学之父是亚历山大·戈特利布·鲍姆加登(1714—1762)。这门学科的诞生之日,通常被设定为他的两本重要著作——《关于诗的前提的哲学默想录》(*Meditationes philosophicae de nonnullis ad poema pertinentibus*,1735)或《美学》(*Aesthetica*,1750)——中的一种的出版日期。我们可以轻易因其时代错误而不考虑这种看法,只把它视为文学或哲学史家的发明。但是,值得指出的是,鲍姆加登本人也属于最早传播这种观点——绝对有利于自我宣传——的人们中的一个。在他的讲座里,他对自己的这门学科的简短历史进行了回顾,把它的开端确定为自己博士论文《关于诗的前提的哲学默想录》的发表。[①] 同样值得指出的是,甚至鲍姆加登的一些同代人和他的直接继承人——苏尔泽、迈耶和门德尔松——也都相

---

① 参见 the *Handschrift*,即由某个无名学生作的课堂笔记 [*Alexander Gottlieb Baumgarten: Seine Bedeutung und Stellung in der Leibniz- Wolffischen Philosophie und seine Beziehungen zu Kant*, ed. Bernhard Poppe(Borna-Leipzig: Noske, 1907〕,pp.66, 70]。

信他讲的故事。① 对他们来说，鲍姆加登就是美学之父。于是，即使这种共识只是一种虚构，也很难说它犯了时代错误。

不过，究竟鲍姆加登在哪一方面**真的**算是美学之父？我们已经看到，沃尔夫对这一名号有着强烈的声索意愿（第二章第一部分）。是沃尔夫首先建构了一种艺术哲学，也是沃尔夫把艺术哲学送上了正轨，而鲍姆加登只是在后来继续推动了其发展而已。追随沃尔夫，鲍姆加登认为艺术是获得经验性知识的手段；而且这样一种艺术概念，也是他那著名的美学定义——"感性认识的科学（*scientia cognitionis sensitivae*）"②——的根源。鲍姆加登还在他的形而上学、认识论和心理学中紧密追随沃尔夫。但是，沃尔夫对鲍姆加登的塑造性影响，迄今为止还没有得到全面认识。学者们常常因为某些观念而赞扬鲍姆加登，实际上这些观念都可以在沃尔夫那里发现，或者，他们又把沃尔夫讽刺为一个狭隘的理性主义者，认为正是这样的沃尔夫刺激了鲍姆加登宣称自己具有原创性的野心。③

不过，即使鲍姆加登的原创性被过分夸大，他在现代美学建立过程中所扮演的领导性角色，也让他值得赞扬。他第一个赋予这门学科以现代名称，并且把它设想为"关于美的科学（*Wissenschaft des Schönen*）"④，这已经非常

---

① See J. G. Sulzer,"Aesthetik", in *Allgemeine Theorie der schönen Künste*, 4 vol.（Leipzig, Weidmann, 1792），I, 48; G. F. Meier, *Anfangsgründe aller schönen Wissenschaften,* 3 vols.（Halle: Hemmerde, 1754），§6, I, 9–10; Mendelssohn,"A. G. Baumgarten Aestheticorum Pars altera", *Gesammelte Schriften*, vol. IV, ed. Alexander Altmann（Stuttgart Bad Cannstatt: Frommann, 1977），p.263.

② See Baumgarten, *Aesthetica*（Frankfurt an der Oder: Kleyb, 1750; reprint: Hildesheim: Olms, 1986），§1.

③ 这种情况在最近出版的论鲍姆加登的著作里尤其常见。参见 Hans Rudolf Schweizer, *Ästhetik als Philosophie der sinnlichen Erkenntnis*（Basel: Schwabe, 1973）和 Steffan Groβ, *Felix Aestheticus: Die Ästhetik als Lehre vom Menschen*（Würzburg: Könishausen & Neumann, 2001）。

④ See Baumgarten, *Metaphysica*（Halle: Hemmerde, 1779），Editio VII, §533.

接近这一术语的现代理解。另外，他也是最早把沃尔夫艺术哲学理想现实化的那批人中的一个。在沃尔夫那里还只是纯粹理想的东西，鲍姆加登开始把它们变成现实。不幸的是，他并没有活到完全实现他关于这门新科学的规划。在他去世时，《美学》还只是一些片段。它实际上是一部广义的《诗学/ 修辞学》，因为它并没有超越诗学和修辞学的论述范围。

即使不考虑这些关于历史优先权的声明，"美学之父"这一说法仍然存在一些严重困难，不管我们把它赋予沃尔夫还是鲍姆加登。这一说法误导人的地方在于，它暗示鲍姆加登的这个学科概念具有持续的有效性，而且从此以后，所有以这个概念为名所做的事情都以这个概念为基础。事实恰好与此相反。在鲍姆加登对他的学科的理解与这个学科后来在 18 世纪的发展之间，就已经存在着巨大差异，更不要说今天人们对它的理解了。这些差异主要体现在概念、主题和方法等方面。

• 我们认为美学是关于美的艺术的研究，而这些艺术中最可能包括的有绘画、建筑、雕塑、诗歌、舞蹈与音乐。但是，这种艺术概念，只是在 18 世纪后期，也就是在《美学》出版后才完全建立和流行。[①] 尽管鲍姆加登似乎拥有一个现代意义上的美的艺术的概念，[②] 但这个概念在他的美学中不具有 决定性意义。他并没有把美学局限于美的艺术的范围，而是把它定义为"关于自由艺术的学说（theoria liberalium artium）"，其中他在传统意义上使用"自由艺术（ars liberales）"，指的是所有使用我们高级理智能力的技巧方式。[③]

120

• 我们并不认为美学属于认识论的一部分，因为我们并不认为美的艺

---

① 见本书第二章第一部分。

② 证据来自 Ursula Franke, *Kunst als Erkenntnis: Die Rolle der Sinnlichkeit in der Ästhetik des Alexander Gottlieb Baumgarten*, Studia Leibnitiana Supplementa Band IX（Wiesbaden: Steiner Verlag, 1972），pp.29–30。

③ 参见鲍姆加登的 *Aesthetica*（§§1, 4）。他的自由艺术，包括语文学、解释学、解经学、修辞术、说教术、诗学和音乐。

术的主要目的是为了获得知识。但是，鲍姆加登的美学概念根本上是认识论的。对他来说，美学有一个基本的认识使命：通过感官认识事物。那些能够归入他的美学概念的特殊艺术，是必须能够获得经验知识的艺术。[①] 于是，美学就涉及注意力艺术（ars attendendi）、抽象艺术（ars abstrahendi）和记忆艺术（ars mnemonica），甚至包括预言和预测艺术（ars praevidendi et praesagendi）。在这些艺术类型中，想象艺术（ars fingendi）包含了许多"美的艺术"，比如神话、戏剧、悲剧和喜剧。但是，它们只是想象艺术的二级分类，而想象艺术也只是鲍姆加登包含在美学十种艺术中的一种。

• 现代美学的发展与审美自治概念如影随形。当艺术被理解为具有自己内在的标准，从而独立于科学、道德与宗教时，美学变成了一个独立自主的学科。但是，鲍姆加登不仅没有审美自治的概念，甚至还坚决反对这个概念。[②] 他要求艺术家必须符合道德与宗教的要求，[③] 还强调他的科学的统一性，认为它的价值应该服务于道德和政治目标。[④]

• 我们认为美学是一门纯粹理论性的学科，它处理的是与艺术相关的抽象哲学问题。但是，鲍姆加登却认为，美学本质上是一种实践学科，它为艺术作品的创造确立规则。因此，《美学》的大部分内容对诗人来说就是一份入门手册，它为刚刚学写诗歌的诗人建议如何才能写出一首美的诗歌。

---

① 在其早期著述 "Zweiter Brief" of the *Philosophische Briefe von Aletheophilus*,（1741）和片段 *Philosophia generalis*（1742）中，鲍姆加登明确表述了这一观点。参见 *Texte zur Grundlegung der Ästhetik*, ed.Hans Rudolf Schweizer（Hamburg: Meiner, 1983），pp.67–78.

② 据说鲍姆加登确实有一个自治概念，因为他让美学独立于逻辑学。比如，参见 Theodor Danzel, *Gottsched und seine Zeit*（Leipzig: Dyke, 1848），pp.217–18, Johannes Schmidt, Leibnitz und Baumgarten（Halle: Niemeyer, 1875），pp.37, 59; Leonard P. Wessel, "Baumgarten's Contribution to the Development of Aesthetics" *Journal of Aesthetics and Art Criticism* 30（1971–2），333–42。然而，这是一种意义非常稀薄的自治概念，它很难等同于一种意义丰富的自治概念，根据后者，美学的自治意味着它与道德、政治和宗教的分离。

③ *Aesthetica*, §§45, 182–3. Cf. *Handschrift*, §§44, 99, 183–5.

④ See *Aesthetica*, §3.

• 对鲍姆加登来说，美学不仅是实践性的学科，还是伦理性的学科。美学的目的不只是创造美的事物，还要去教育人，去创造鲍姆加登所谓"美的精神（schöner Geist，ingenium venustum）"。这种人将不仅会发展他的理性能力，还会发展他的想象力、注意力、记忆力和感受力。具有这种"美的精神"的人，将不仅仅是一个职业诗人，还会是一个全面发展、多才多艺的人，他具有诗人的敏感和细腻，还有哲学家的明晰和精确。由席勒在《美育书简》中发展出来的美育规划，已经在鲍姆加登的《美学》中得到了浓缩表现。鲍姆加登的"美的精神"，是席勒"美的灵魂"的父亲。

有了以上比较，我们就会好奇鲍姆加登的美学与这门现代学科会有什么关系。反讽的是，尽管有如此区别，它们之间还是有密切的关联。如果我们关注一下鲍姆加登较早时期为这门学科所作的规划，就会发现这种关联。在《形而上学》（*Metaphysica*，1739）中，鲍姆加登不仅把美学定义为"关于美的科学"，还定义为"关于感性认识与建议的科学（*Scientia sensitive cognoscendi et proponendi*）"（§533）。术语"*proponendi*"的字面意义是打算、拿出、提出。在鲍姆加登这里，该术语特别指的是通过感性手段揭示、展示或显示某种东西。就像鲍姆加登所暗示的那样，如果我们考虑到这种揭示或展示的目的是美的话，这样一个概念就包含了美的艺术，不仅有诗和绘画，还有音乐和舞蹈。

但是，我们不能过分依赖仅仅一个单词的意义。当我们考虑鲍姆加登最初的目的与计划时，他的科学与这门现代学科的紧密关联就变得更加明显了。尽管《美学》并没有超越诗学与修辞学，但鲍姆加登最初的计划却是把他的新科学扩展到几乎包含所有美的艺术的地步。鲍姆加登在他的讲座里明确指出，"美学要比修辞学和诗学走得更远……"[①]他批评亚里士多德把哲学分为逻辑、修辞学与诗学，因为这种分类无法囊括所有用感官美好地思想的形

---

① *Handschrift*, p.76.

122 式。① 他问道："如果我想用感官美好地思想，为什么我就得用散文或韵文思想？绘画与音乐的位置又在哪里？"在《美学》的"前言"里，鲍姆加登明确摆出了一个针对他的反对意见，后者认为他的新科学只处理诗歌和修辞问题。对此，他断然回击道，这种新科学关注的是这些艺术和其他所有艺术共有的东西。他所谓的其他艺术，包括绘画、舞蹈与音乐。② 这样，即使只是标题式的，鲍姆加登似乎确实在心里构想着一种关于美的艺术的一般理论。

在理性主义传统中，鲍姆加登占据一个中间位置。他的核心价值根本上都是理性主义的。他的知识理想完全是理智性的：对于我们清晰而明确地思考过的东西，或者我们仅仅能够通过理性证明的东西，我们认识得最好。对他来说，理性总是认识的**高级**功能，而感性是认识的**低级**功能。但无论如何，比起沃尔夫或高特谢德，鲍姆加登赋予了感性认识的独特品质更大的价值。他在理性主义传统中的基本成就，就是给了这些独特品质明确的概念身份和牢固的体系性地位。鲍姆加登又返回了那"难以描述之物"的主题；但是，不像莱布尼茨和高特谢德，他没有任何犹豫地就献身于它。那不可定义性和不可分析性，作为审美经验的一种基本元素，被充分认识到了。

在允许"难以描述之物"进入理性主义传统过程中，鲍姆加登没有走得更远。尽管他很同情和高特谢德论争的博德默与布莱廷格，但是他并没有像他们那样走到超越了美的美学的界限的地步。《美学》实际上是一种定义"美好地思考着的艺术（*ars pulchre cogitandi*）"的尝试，而且它把崇高也仅仅视为美的一种次级形式。在《美学》中，鲍姆加登尽管拿出了好几个章节在谈论崇高，但他一直关心的是如何根据美的标准来看待崇高。③ 当在某种被不完美地描述的崇高之物和被完美地描述的美的事物之间作决定时，他会

---

① *Handschrift*, p.69.

② *Aesthetica*, §5. 鲍姆加登在 §4 和 §69 提到音乐，在 §7 和 §80 提到音乐与绘画，在 §83 提到音乐、舞蹈与绘画。

③ 参见 *Aesthetica*（§319）："在最高的意义上，美就是崇高的思想方式。"

说，这只是在决定崇高的对象中是否包含了更多的美。[1] 崇高之物**完全**不同于美的事物，这种观念鲍姆加登从未有过。

鲍姆加登遗产中最令人担心的方面之一，就是他与自己的学生格奥尔格·弗里德里希·迈耶（Georg Friedrich Meier，1718—1777）之间的关系。在《美学》1750 年首次出现之前，迈耶就在 1748 年经授权出版了关于这本书的内容的普及性解读——《所有美的艺术的基础》（*Anfangsgründe aller schönen Künste*），它以关于鲍姆加登的讲座的笔记为基础写就。由于以一种简练而优雅的德语写作，迈耶的著作表现得非常成功，而且确实比鲍姆加登的《美学》更受欢迎，后者用晦涩难懂的拉丁文写成。当然，问题的关键在于迈耶的著作能否作为鲍姆加登著作的可靠向导。关于这一点，出现了各种不同的意见。有人认为，迈耶的著作是对鲍姆加登著作精神与计划的背叛，而有人认为，迈耶的著作是对鲍姆加登著作精神与计划的忠诚落实。[2] 最后，答案取决于人们谈论的究竟是迈耶著作的哪一方面；但毋庸置疑的是，迈耶在某些方面扭曲了鲍姆加登的思想。这些扭曲有时候是致命的，因为它们会招致一些反对，这又会危害到人们对鲍姆加登本人思想的接受。我们将会在合适的时候提及这些反对声音。

二、哲学诗学

任何想要了解鲍姆加登美学的人，都必须返回这种美学最初的概念和灵

---

[1] See *Handschrift*, p.166, §210.

[2] 对迈耶持批评观点的，是鲍默（Bäumler）的 *Kants Kritik der Urteilshraft*（p.126）、施魏策尔（Schweizer）的 *Ästhetik*（p.13）和格罗斯（Groß）的 *Felix Aestheticus*（pp.49–50, 53, 56）。持肯定观点的是恩斯特·伯格曼（Ernst Bergmann）的 *Die Begründung der deutschen Ästhetik durch Alex Gottlieb Baumgarten und Georg Friedrich Meier*（Leipzig: Röder & Schunke 1911, pp.35–38, 55, 144–5）。伯格曼认为，迈耶是新德国文学更加有效的代言人（pp.192, 220）。

感。鲍姆加登的第一部哲学著作《关于诗的前提的哲学默想录》①，是他年轻时为获得博士学位所作。这个小册子浓缩了鲍姆加登美学科学的整个计划，也是这种科学的第一次表述。《美学》不过是后来对这个计划更大程度上的实现，对这种表述更大程度上的完善。鲍姆加登本人视《关于诗的前提的哲学默想录》为其重要著作，是他新的美学科学的开端。②

在前言里，鲍姆加登充分表述了他写作此书的动机。他承认自己少年时代深受诗歌所吸引，而且认真听取了睿智之人的建议，认为这种研究绝对不应该被忽视；必须给那些准备好上大学的年轻人教授诗歌，这一直是他在这个学科里的兴趣所在。鲍姆加登为他的诗歌之爱一直持辩护态度。他注意到当今很多哲学家都认为这个主题"实在是微不足道，不值得哲学家们关心"（36）。为了应对这种偏见，他尝试证明诗学应当在哲学体系中有明确的位置。他尝试证明，"哲学和如何建构一首诗的知识，通常被认为是正好相反的东西，现在可以在一种最为友好的联盟中关联起来。"（36）

尽管篇幅极其短小，只有四十多页，但《关于诗的前提的哲学默想录》是一本雄心勃勃的作品。鲍姆加登就是想让诗学成为一门科学。他希望建立一种他所谓的**哲学诗学**（*philosophia Poetica*）（§9；39）。哲学诗学是"关于诗学的科学（*scientia poetices*）"，其任务是确立"一首诗应该遵循的规则"（§9；39）。这种诗学将在沃尔夫的意义上是科学的：它将严格遵循数学方法，从不证自明的普遍真理和明确定义开始，把它们作为基本原理，从中推出诗歌的基本原则。不过，尽管鲍姆加登明确肯定沃尔夫的方法，他却明显是从引用虔敬派领导人菲利普·雅各布·斯宾纳（Phillip Jakob Spener）的话来

---

① 按照字面翻译，即 *Philosohical Meditations about Something Pertaining to a Poem*。所有涉及这本书的引文，均来自 Karl Aschenbrenner and William Holther, *Reflections on Poetry*（Berkeley: University of California Press, 1954）。德语段落号"§"后的第一个数字，指的是鲍姆加登的段落号；第二个数字，是这一版本的页码号。"S"表示某一段的边注。

② *Handschrift*, p.66, 70.

做到这一点的："数学，通过它的证明的安全性和确定性，为所有科学树立了典范，我们必须竭尽所能来模仿它。"（§21；46）这是一个非常具有策略性的引用，它可能会让那些粗暴攻击沃尔夫的虔敬派人物就此闭嘴。

鲍姆加登计划中的一个关键方面，是尝试为贺拉斯（Horace）的《诗艺》（*De arte poetica*）提供一种严格而系统的解释。几个世纪以来，贺拉斯的著作一直是青年诗人的指南，它所给出的建议都被视为绝对真理。这种实践直到 18 世纪也还没有结束。博德默和布莱廷格不断引用贺拉斯，高特谢德也如此肯定贺拉斯的价值，以至于他在《批判诗学》中通过翻译《诗艺》来作为该书的前言。对于这样一种神圣传统，鲍姆加登并不想去质疑，而只是想要为其辩护。他也不断引用贺拉斯，认为后者是他解决几乎所有诗学问题的"试金石"（§29S；49）。但是现在，鲍姆加登将要尝试的是解释贺拉斯的建议为什么那样有用和权威。于是，贺拉斯对鲍姆加登来说，就像亚里士多德对康德那样重要：就像亚里士多德提供了一种关于范畴的"狂想曲式的"解释，而康德尝试把这种解释引进严格的系统形式中，贺拉斯关于诗歌给出了一些临时性的建议，而鲍姆加登志在从第一原理中证明这些建议。《默想录》是**更为几何化的**《诗艺》。

这里有点讽刺性的地方在于，《诗艺》是用韵文写成的。确切地说，《诗艺》是关于诗的诗，于是阐释和阐释主题完全一致。但是，鲍姆加登的哲学诗学无论如何却必然是非诗化的。数学化诗学的前景会导致这样一个问题，即鲍姆加登的整个计划是否是一个误解。如果哲学是科学，它怎么可能理解并非科学的诗歌？如果哲学的媒介是明确的概念和判断，它怎么可能解释诗歌？后者根据鲍姆加登的想法，只存在于模糊的直觉和感受中。难道不会存在这样的危险，即通过解剖它活生生的主题，哲学会谋杀诗歌？鲍姆加登本人就提出了这种反对意见，他指出，许多人认为哲学与诗不可能"担任同样的职务"，因为"哲学追求的是高于一切的概念的明晰性"（§14S；42）。

那么，鲍姆加登如何回应这种反对意见？鲍姆加登承认哲学的推理知

125

识不是诗化的知识。一首包含明确的哲学概念的诗，将不会是真正的诗（§14S；42）。为了证明他的观点，他以韵文的形式建构了一种证明；尽管它完全符合韵律，但缺乏所有的诗歌品质（§14S；42）。但是承认这一点并没有让鲍姆加登陷入困境，因为他的目的不是去翻译特殊的诗歌内容，而是去解释一般意义上的诗歌话语的典型特征。《默想录》的核心命题之一，就是诗歌的特殊内容是与众不同和自成一格的，它不可能被翻译成明确的哲学概念。尽管如此，对诗歌话语的内在模糊性保有明确的概念，并不会弄巧成拙。这样，在这种反对意见的背后，潜藏着一种常见的谬论：因为诗歌话语是模糊的，所以关于诗歌就不可能有一种明确的理论。当他在《美学》中（§18）写道，有必要区分事物的美和关于事物的思想的美时，他就在向人们警告这一陷阱的存在。关于美的事物，我们可以有丑的思想，关于丑的事物，我们同样可以有美的思想。

不管好坏，鲍姆加登根据他的数学方法，从定义诗歌来开始他的哲学诗学。他认为，仅仅从这样一个诗歌定义开始，就可以推论出诗歌的所有特征，这些特征构成了诗歌的卓越或完善；而一旦了解了这些特征，我们将能够确定那些建构一首好诗或批评一首坏诗的规则。尝试仅仅从一个概念就推出那么多的东西，似乎就像谚语所说的那样，是从萝卜中挤出血来。认识到鲍姆加登认为诗歌概念是功能性的或规范性的——换句话说，植入这个概念的，是目标、宗旨或功能观念，这种观念告诉我们诗歌应该是什么——这个时候我们就会理解鲍姆加登在其起点就有的自信。于是，这个诗歌概念就像剪枝刀或门把手的概念。就像我们可以从它们的概念确定一个好的剪枝刀或门把手的特征那样，我们也可以这样确定一首诗的特征。一首好诗就是能够表现其功能或有效实现其目的的诗歌。

那么，什么是诗？鲍姆加登把诗规定为"完善的感性话语（*oratio sensitiva perfecta*）"（§7；39）。遵循他的数学方法，鲍姆加登对这个定义中的每一个术语都加以规定。话语包含"一系列的语词，它们意味着相互关联的再现"（§1；37）。这里的"话语"是对"*oratio*"的翻译，它只意味着言语或语言。**感性的**话语是指包含了感性再现（*repraesentationes sensitivae*）（§4；38）的话语。感性再现是感觉，而再现来自五官，或者遵循沃尔夫，可以称之为"知识的低级功能"，也就是感性而非知性的功能（§3；38）。最后，**完善的**感性话语，是说话语的所有部分——感性再现，它们之间的关系，和它们相关的语词或声音——都被引向感性再现的认知能力（*cognitionem repraesentationum sensitivarum*）上来（§7；39）。①

从这个定义出发，鲍姆加登希望能够推导出许多重要的结论。他说道，如果什么东西有助于一首诗的完善，它就是诗学（§11；40）。关于这样的完善，鲍姆加登有几条描述。首先是通过感性再现**认识**事物（§7；39）；其次是**唤醒**感性再现（§8；39）；最后是**交流**感性再现（§12；41）。尽管鲍姆加登的这些描述既不是同义的（synonymous），也不是同延的（coextensive），但他关于完善的主要标准似乎是第一条，即通过感性再现认识事物。另外两条标准附属于第一条：我们应该唤醒和交流感性再现，因为这样我们就可以通过感官获得更好的知识。从接下来的论证中，我们可以看到第一条确实是鲍姆加登的主要标准。

假设一首诗的完善存在于通过感官对事物的认识中，鲍姆加登认为对一首诗的第一个要求就是它应该包含**清晰的**再现（§8；39）。用莱布尼茨和沃尔夫的术语来说，一种清晰的再现能够充分认识事物，并把它和其他事物相区分；它不同于一种**抽象的**再现，后者**无法**充分认识事物，也不能把它和其他事物相区分。由于一首诗的完善存在于通过感觉认识事物的过程中，由于我们通过清晰而非抽象的再现明显能够更好地认识事物，那么一首诗越有清晰而非抽象的再现，就越是完善（§13；41）。就从这一点，鲍姆加登得出了一个关键的批判性结论。他反对那些沉迷于抽象性的诗人，

127

---

① 这里的所有格是含糊不清的。鲍姆加登的意思是说，对事物的认识靠的是感觉的再现，而非感觉再现自身。换句话说，感觉再现是知识的中介而非对象。

他们"错误地认为，他们的表达越抽象越晦涩，他们的措辞就越具有'诗意'"（§13S；41）。

对一首诗的第二个要求，是它应该包含**模糊的**再现（§15；42）。根据莱布尼茨和沃尔夫的用词，一种模糊的再现不同于一种明确的再现。明确的再现是我们不仅可以通过它认识事物，能把事物和其他事物相区分，还能列举和分析事物的各个区分明显的特征。模糊的再现是我们不可能通过它列举和分析事物的各个区分明显的特征，因为事物的特征在那里是混合在一起的。鲍姆加登指出，一首诗完善的感性话语并不包含明确的再现，因为这种再现根本不是感觉的特征。我们通过感觉感知到的东西是清晰的，而不是明确的，因为感觉不能分析事物彼此区分明确的特征，但能够感知到这些特征完全混在一起的元素。把这些再现的明确成分分门别类和条分缕析，这种能力要求的是一种知性行为或理智行为，即知识的高级功能。

得出一首完美的诗包含清晰而模糊的再现这一结论后，鲍姆加登进一步考察这些再现的本性。他为它们的模糊的清晰性或清晰的模糊性设想的**术语是广延的清晰性**（extensive clarity）。他解释道，当一种模糊的再现能够比另一种模糊的再现再现得**更多**时，那么前者就比后者具有更多广延的清晰性（§16；43）。广延的清晰性和模糊性——被再现在一个单一的再现中的标志的数量——成正比（§18；43）。这样的清晰性来自把一个事物的许多记号（notae）一次性地考虑到一起，而不是来自分别地或不同时间地考虑它们。我们应该注意拉丁文"*confus*"最初的意义。它来自动词"*confundere*"，其前缀"*con-*"意味着一起或一致，而动词"*fundere*"意味着涌出、流动、喷涌、蔓延和扩张。模糊因此就是把许多不同的东西一起一次性地蔓延或扩张（extending）——于是鲍姆加登选择了术语"广延的（extensive）"——出去。①

---

① 比照 *Metaphysica*（§79）："在杂多之结合中（所呈现出来）的差异是混乱。"

鲍姆加登把广延的清晰性和集约的清晰性（intensive clarity）作了比较。不同于广延的清晰性依赖于记号的数量，集约的清晰性依赖于每一单个记号的清晰性。广延的清晰性来自一次性全部再现许多东西；集约的清晰性来自对一次再现的诸元素的分析，并且在不同的时刻把这些元素分别再现出来（§16S；43）。不同于广延的清晰性是感官的再现或感性的特征，集约的清晰性是理智的再现或知性的特征，后者的独特功能是分析，是对一个再现中的各个不同元素的解剖。

这样，鲍姆加登开始得出一个并不令人惊讶的结论，后者已经暗含在他先前的定理中（§§13；16），即一首诗的卓越程度依赖于它的广延的清晰性程度（§17；43）。这是因为广延的清晰性程度越高，诗歌对我们感官经验到的东西的再现就越多。这些东西是决定性的，以至于我们对它们再现得越准确，我们的再现所包含的就越多。于是，再现越丰富——广延的清晰性越高——它所再现的决定性东西或感官经验到的个体之物就越多（§18；43）。于是鲍姆加登就得出这样的结论，即再现越特殊——它对我们感官经验中的东西再现得越多——再现就越具有诗意（§18；43）。

这该是一个如何单调、乏味和无趣的论点啊！然而，从这个观点出发鲍姆加登得出了——没有任何华丽的辞藻或没有任何张扬——他最重要的结论中的一个。他将莱布尼茨—沃尔夫哲学引入了一个关于认识完善性或卓越性的全新标准。现在，存在两种非常不同、实际上完全不可通约的标准：知性的集约的清晰性和感觉的广延的清晰性。不同于我们通过知性的集约的清晰性来认识抽象的理智事物，我们通过感觉的广延的清晰性来认识具体的感性事物。现在有两种形式的光在支持启蒙的事业：一种具有深度，而另一种具有广度；一种穿透事物最为内在的深处，一种照亮了事物的整个四周。

这个结论的深刻性，某种程度上因为鲍姆加登继续沿用"模糊的"这个概念以描述具有广延的清晰性的知识而被淡化了。就像英语里的"confused"那样，拉丁文里的"*Confusus*"也具有消极性的含义，因为"*confundere*"还

128

意味着无序、混乱、打翻、破坏和昏暗不清。① 正是出于这一原因，鲍姆加登认为感性认识从属于"知识的低级功能"。但是，尽管仍然具有这样无处不在的理性主义，鲍姆加登似乎还热衷于重新规定这个术语，赋予其更积极的内涵，以从被莱布尼茨或沃尔夫视为缺陷的东西里发现一种优点。这似乎是用广延的清晰性来定义模糊的最终原因。如果集约的清晰性的优点是分析，那么广延的清晰性的优点就是综合，后者具有把理智区分开来的东西统一起来的能力。

鲍姆加登观点的另外一个重要而无声的结论，就是它为诗腾出了一片巨大的本体论领域：所有具有个体性或特殊性的事物。不同于哲学被分派到一般性领域，因为它的惯用手段是概念，诗歌获得的是个体性领域，因为它的惯用手段是具体的形象和人物。鲍姆加登将在《美学》中详细发展这一结论；但它已经内含于《默想录》中。和沃尔夫一样，鲍姆加登认为感性领域包括所有个体事物，所有这些事物的每一个方面都是完全确定的（§19；43）。②如果事实如此，那么比起哲学的抽象概念，诗歌的具体形象将会能够更好地描绘这些事物。于是就有了鲍姆加登的命题，即广延的清晰性能更准确地再现感性经验的事物的确定性（§18；43）。他实际上是在说，只有诗歌具有再现感性世界的丰富性的能力，而哲学家的努力，正是从这个感性世界抽象出一般性原理。

鲍姆加登的广延的清晰性概念，还被用来解决趣味问题，后者一直困扰着他之前的理性主义传统。我们已经看到，这一传统中的思想家们在应付这

---

① See *Oxford Latin Dictionary*（Oxford: Oxford University Press, 1982），p.403. *Meditationes* 的译者阿辛布里纳（Aschenbrenner）和霍尔特（Holther）宣称，鲍姆加登的术语所指的，更像是"*fusion*"，而非贬义的"*confusion*"（21）。他们在某种程度上是正确的，因为鲍姆加登确实想要提升感觉的地位。但是对他来说，逃避"*confundere*"的消极内涵，也是不可能的，后者植根于他的理智主义认识论和心理学。

② 参见 Baumgarten, *Metaphysica*, §148. Cf. Wolff, *Philosophia Prima sive Ontologia,* §227："单个的存在者或个体，是完全彻底地被规定的那种东西。"（*Werke* II/3, 188）

一问题时，总是面对一个明显难以克服的两难困境：如果趣味判断不仅仅是个人喜好的表达，那么它们至少在原则上可以转换为理智的清晰而明确的概念。这使得趣味判断可能成为普遍性的，尽管这会以牺牲掉它们的独特品质为代价，而这些品质本来是理性认识含蓄的、未完成的和模糊的形式。鲍姆加登通过他的广延的清晰性概念，拯救了审美判断的独特品质，因为这一概念具有一种思想特征，它本质上不同于知性的集约的清晰性；但是他也保持了审美判断的普遍性，因为趣味判断仍然是关于感性经验的认识判断，它们像所有的认识判断一样，也是普遍化的。

　　于是，鲍姆加登对广延的清晰性的辩护，标志着理性主义传统中的一种重要转变。在某一方面，鲍姆加登只是返回莱布尼茨，并且完全认识到——现在不再有任何犹豫或含糊——了"难以描述之物"的重要性。广延的清晰性是鲍姆加登对这个微妙的主题的技巧性描述，后者最终在理性主义的约束中被驯服了。在沃尔夫那里，这个主题几乎被弃之不顾，他宣称审美经验可以通过分析得到促进，而在高特谢德、博德默和布莱廷格那里，他们不仅使自己的诗歌理想变得清晰，而且变得明确起来。鲍姆加登在强调广延的清晰性的独特思想品质时，远离了他所有的理性主义前辈。[①] 于是，我们会毫不惊讶地发现，那些高特谢德主义者和那些瑞士人都不会赞同鲍姆加登的广延的清晰性概念，对他们来说，这个概念似乎只是对理智的模糊性和耽于感受性的颂扬。[②]

　　我们或许会赞许鲍姆加登的新方向，但同时会质疑他的理论与诗歌有何相干。他的诗歌定义——"感性话语"——似乎不仅是陌生的，而且是非

130

---

① 因此，单策尔是错误的，他宣称瑞士人是鲍姆加登美学的灵感源泉。参见他的 *Gottsched und seine Zeit*（Leipzig: Dyke, 1848），pp.222–3, 224–5。值得指出的是，就在单策尔引用来作为鲍姆加登计划根源的文本中，瑞士人坚称诗性话语不仅要清晰，而且要明确。参见 J.J. Bodmer and J.J. Breitinger, *Von dem Einflusβ und Gebrauche der Einbildungs-Krafft* （Frankfurt, 1727, pp.15, 24–5, 40–1）。

② 关于高特谢德派的反应，参见 Danzel, *Gottsched und seine Zeit*, pp.220–1。

常狭窄的。它或许适用于史诗和田园诗，但不可能适用于再多种类的诗歌了。这个定义的基础有一部分是很清楚的：鲍姆加登希望强调，诗歌的典型媒介是具体的形象而非抽象的概念。于是，他尝试通过给出很多例子说明具体的术语如何比抽象的术语更具诗意，从而为这个定义辩护（§19S；43—4）。当我们认识到这个定义来自一个古老的传统，即视诗歌为用文字完成的图画时，我们就可以更充分地理解它——即使不会更多地拥护它（§39；52）。鲍姆加登遵循古希腊抒情诗人西莫尼德斯（Simonides）的格言，即诗歌是用文字完成的图画，图画是有形而有色的诗。就像这一传统中的许多思想家那样，他也引用了贺拉斯的著名句子"诗如画（*Ut pictura poesis*）"（§38；52）。①

鲍姆加登的定义存在一个明显的问题，即它似乎无法解释诗歌的抒情维度。由于他把认识作为诗歌的主要目的，他似乎很少看重感受的表达。但是这种印象是完全错误的。鲍姆加登就像一个高歌猛进的浪漫主义者，一再坚定地强调感受在诗歌中的重要性。于是，他坚持认为，唤起情感或感受是高度诗意性的（§§25—6；47）；他甚至为这个令人吃惊的命题辩护："于是，激发最有力的情感是高度诗意性的（*Ergo excitare affectus vehementissimos maxime poeticum*）。"（§27；48）。关于强烈情感的诗性品质，他给出了三个观点。第一，由于情感涉及快乐或痛苦的程度，它们唤起诗歌清晰而模糊的再现特征（§25；47）。第二，由于我们在对我们而言是好或是坏的事物中再现得越多，感受就比其他再现拥有更多广延的清晰性，也就更具诗意性（§26；47）。第三，由于情感是强烈的表达，而强烈的表达更清晰，于是，激发最为强烈的情感，就具有高度的诗意性（§27；48）。在这三个论点中，鲍姆加登让诗歌的情感方面具有了它的认识方面的功能。诗歌应该激发情感，因为

131

---

① See *De Arte Poetica* 361. 我们或许会如此翻译这句话："这首诗多么像一幅画！"人们经常指出，贺拉斯并没有讲过后来的评论者赋予他的意义。贺拉斯之所以说一首诗就像一幅画，那是因为这首诗可以用不同的方法或从不同的视角来看。

通过情感，诗歌可以获得广延的清晰性，而且可以因此更好再现真理。于是，情绪的表达和对实在的再现不是互相排斥的。鲍姆加登能够既强调情感的重要性，又不放弃他的认识性概念或诗，因为他对情感的分析，使得这些情感进入了认识状态。遵循沃尔夫，[①] 鲍姆加登把情感或感受定义为对善或恶——它们本身是存在的客观状态——的认识的模糊形式。[②]

鲍姆加登定义存在的另外一个问题，是它似乎没有给幻想或想象留下空间。如果诗歌是通过感觉对事物的认识，那么它似乎就与诗意的历史没有多少差别了。但是，这种印象也是一种错误。鲍姆加登非常渴望认可想象力的诗性品质。鲍姆加登不但不认为诗人只能描述感性世界，反而支持他去虚构的权利（§58；58）。一个虚构就是一次模糊的再现，它来自被想象力区分又重组的元素（§§50—1；55）。由于形象是清晰而又模糊的再现，而且只是在感觉中形成，所以它们是诗意性的，即使它们比起感性印象本身少了一些诗意性（§29；48）。鲍姆加登进一步指出，诗人的虚构刺激奇妙之物的出现（§56；56），而奇妙因为能够唤起感受和很多模糊的观念而是诗意性的（§44；53）。当然，这并不是说鲍姆加登认同所有类型的虚构。他区别了两种类型的虚构：乌托邦式的（utopian）和异宇宙性的（heterocosmic）（§§51—2；55）。不同于乌托邦式的虚构相关于不可能之物，异宇宙性的虚构相关于可能之物。鲍姆加登反对的是前者，赞成的是后者，而他反对与赞成的原因，再一次揭示了他的认知主义概念：对可能之物，我们会有很多活生生的感性再现，但对不可能之物，我们不会有任何这类再现（§§53，55—6；55，56）。

就算鲍姆加登**想要**承认想象力的作用，但这一问题依然存在，即由于他致力于诗歌的认识性目的，他**能**否做得到这一点。根据我们现代后康德性的知识概念——它把知识限定为与（在过去、现在或将来）存在的事物相

---

① 　见 Wolff, *Psychologia empirica*, §605：“情绪从善和恶的混乱表象中生起。”（*Werke*, II/5, 459）

② 　See Baumgarten, *Metaphysica*, §§94–100.

132　关——这是不可能的。但是，把这一概念运用到鲍姆加登那里，是在回避问题，后者是在莱布尼茨和沃尔夫的理性主义传统中思考，这一传统所支持的，是一种完全不同的知识标准。对莱布尼茨来说，一种观念是真的，只要它的想法是可能的，而且只要它不包含矛盾，这种想法就是可能的；观念并不必然涉及存在于经验之中的事物。① 对沃尔夫来说，科学包含关于**可能**世界的知识，而不管这种可能世界究竟存不存在。② 当我们认识到了事物存在的理由，我们就认识到了真理，而不管这些事物是不是现实的或可能的。③ 形而上学的真理意味着与充足理由律和不矛盾律的一致；而不仅现存事物而且可能事物都会符合这些规律。④ 正如我们已经看到的那样（2.5），对真理的这种宽泛定义，对艺术来说具有极其重要的意义：这意味着，诗人可以徜徉在想象之中，却仍然能够认识真理。

　　我们无法再详细讨论《默想录》中鲍姆加登诗学的细节问题了。目前的讨论，已经能够充分显示鲍姆加登诗学的一般计划和概念的重要性及受欢迎程度了。但是，关于《默想录》最后几段自命不凡的话——在那里，鲍姆加登介绍了他的一般意义上的美学概念——我们还是想再说上几句。在用差不多一百段的文字为他的诗学奠定基础之后，鲍姆加登展望了一种新型的逻辑或科学，它可能"指向感性地认识事物的低级认识功能"（§115；78）。他用一种高级认识功能——通过理智或理性认识事物——和这种低级认识功能作比较，后者通过感觉认识事物。不同于处理高级认识功能的科学叫**逻辑学**（在其狭窄或严格的意义上来说），处理低级认识功能的科学叫**美学**（§§115—6；77—8）。这是一个非常大胆的提议，尤其是对这样一个年轻人来说！因

---

① Leibniz, "Meditaiones", IV, 425; *Philosophical Essays*, ed. Roger Ariew and Dniel Garber (Indianapolis: Hackett, 1989), p.26.

② Wolff, *Logik*, §1; I/1, 115.

③ Wolff, *Metaphysik*, §§142, 145; I/2, 74, 76. Cf. *Logik*, §6; I/1, 213.

④ Baumgarten, *Metaphysica*, §92.

为不同于沃尔夫，鲍姆加登是在暗示，逻辑学并不是适合所有形式知识的工具论，它只适合于这些形式的知识中的一种，后者依赖于高级认识功能。[1]通过我们感觉获得的知识的工具论，将会是一种完全不同的工具论，而它就是美学。于是，艺术哲学将不再只是物理学的一部分，或者像沃尔夫所想的那样，是每种经验学科的一方面；相反，它现在可能是整个哲学体系一半部分的工具论。从现在开始，鲍姆加登将不得不花费他余生中的大部分时光来努力——和他的疾病及学术责任作斗争——实现这一野心勃勃的计划。

三、美的科学

康德总是从鲍姆加登的美学里获益良多——尽管他很少承认这一点。他直接挪用了鲍姆加登的美学——即作为感性认识的科学，它不同于理性认识或逻辑——概念。在其就职演讲中，他对鲍姆加登的继承尤为明显；即使在第一批判中，康德称他关于感性的先天原理的科学为"先验美学"时，他仍然很明显地继承着鲍姆加登。[2]

然而，康德与鲍姆加登的关联并不能减少他与后者的基本差异。这些差异中有一个涉及美的科学的可能性。由于康德把科学限定在认识领域，又由于他明显区分了认识与趣味，他认为不可能存在一种美的科学。尽管康德也

---

[1] 在 *Discursus Praeliminarius* 中沃尔夫明确指出，逻辑主宰所有形式的认识，包括理性认识和感性认识。见 §154："在逻辑学中所教导的，不仅有那些通过经验而被建立起来的确定原则，而且有那些通过（理性）计算而被发掘出来的原则……"（*Werke*, II/1.1, 82. Cf. §§61, 117Scholium; Werke, I/1.1, 30, 54）

[2] 关于康德对鲍姆加登的继承，参见 Baeumler, *Kants Kritik der Urteilskraft: Ihre Geschichte und Systematik*（Halle: Niemeyer, 1923, pp.308–32）。不过，博伊姆勒过高估计了两人间的相似之处，没有充分关注康德对理性主义传统的批判，即后者没能充分区别知性与感性。对博伊姆勒来说，鲍姆加登作了充分区别，这完全是一个已知数；但正如我们将要看到的那样（本章第七部分），这种想法太简单了。康德与鲍姆加登的异同，是一个复杂而微妙的问题，这里不能予以探讨。

认为美学可以是一种感性认识的科学，但他禁止这门科学扩展到美的领域，因为美完全存在于趣味的领域之内，而位于认识的领域之外。康德坚持认为，鲍姆加登所谓的美学，实际上应该被称为趣味批判。但是，科学与批判是完全独立的两种活动。

康德与鲍姆加登之间的这一差异，最为明显地表现在康德在第一批判中为先验美学所作的一条著名的脚注里（B35）。在这里，康德反对鲍姆加登尝试建立一种关于美或趣味的科学。他认为，鲍姆加登的计划原则上是误入歧途的，因为关于趣味判断不可能存在一种先天基础，而所有的趣味判断都必须建立在经验之上。他认为，任何想要建立一般趣味原则的人，都会陷入一种恶性循环：特殊的趣味判断是一般趣味原则的基础，这决定了一般趣味原则不可能反过来是特殊趣味判断的基础。由于一种趣味科学是不可能的，康德坚决主张限定术语"美学"的含义，把它严格规定为关于感性认识的科学。

鲍姆加登的美的科学的概念真的在原则上就是错误的吗？这无疑是一个重大问题，我们不可能在这里考察它的所有方面。我们将会在后面的部分讨论鲍姆加登关于审美判断的认识维度的理论（4—5）。这里我们只考虑根据康德在第一批判中给出的特别原因，鲍姆加登的科学是否真的不可能。一种趣味科学意义上的美学科学，真的会陷入恶性循环吗？①

为了公平起见，我们需要考察一下鲍姆加登本人对这种困难的反应，因为他曾经对此有过敏锐的意识。在《美学》的最初几个段落里，他考虑了一

---

① 康德反对鲍姆加登计划的问题，曾经被博伊姆勒 *Kants Kritik der Urteilskraft*（pp.270, 272）和施魏策尔 *Ästhetik als Philosophie der sinnlichen Erkenntnis*（Basel: Schwabe & Co., 1973, pp.24–5）讨论过。他们宣称，康德的批判错失了目标，因为鲍姆加登的主要目的不是为审美判断建立一般原则。但正是在这一方面，康德正确理解了鲍姆加登，后者明显把他的美学理解成为审美形式进行系统奠基，见 *Handschrift*（§1, p.66）。博伊姆勒和施魏策尔忘记了鲍姆加登对一般形式的辩护，见鲍姆加登 *Aesthetica*（§§11–12, 57, 62–3, 71, 74, 99）。在强调鲍姆加登关于经验是知识的独特源泉的解释时，施魏策尔淡化了鲍姆加登思想的理性主义层面，并且让后者太过接近于经验主义传统。

些类似于康德那样的反对者会提出的问题，尤其是我们怎样建立趣味原则的问题。令人吃惊的是，他明确拒绝康德给出的建议，即把美学限定在批判领域中。他指出，批判的常见问题，是批评者难以清楚表述他们据以判断的原则，而且因此他们会误用这些原则。美学科学的重要优势，是它能够使这些原则变得清晰而明确，从而让批评家能够更容易地准确运用它们，从而使得关于趣味的争论迎刃而解。① 美学的使命因此就是为批判提供基础，就是建立所有批判性判断背后的指导性原则。

初看上去，鲍姆加登对康德式反对的回应好像回避了问题的实质。他假定批评家预先设定了原则，而康德否认存在任何这样的原则。这就产生如下问题，即鲍姆加登为什么会认为批评家必须首先确立原则？

鲍姆加登认为美学中存在一般原则的理论根据，来自他对一个更为基础的原则的坚守，那就是他尝试在《形而上学》中证明的、对他的整个理性主义都是根本的充足理由律。② 尽管他接受康德式的观点，即审美判断规定了 135 我们在某些客体那里得来的快乐，③ 但是他仍然认为我们应该能够为这些判断找到理由，来解释我们为什么是在这些客体而非那些客体中得到快乐的。一条一般原则的目的，就是表述这些理由，并为它们提供解释。从鲍姆加登的角度来看，经验主义美学存在的问题，就是它允许审美判断违背充足理由律：它让快乐成为审美价值的唯一充分的试金石，而不允许质问人们**为什么**应该感到快乐。④ 鲍姆加登不那么乐观地指出，如果我们开始描述审美判断

---

① *Aesthetica*, §§11–12, 57, 62–3, 71, 74, 99.

② See *Metaphysica*, §§14, 21, 22. 尽管鲍姆加登并没有把这条原则特别应用于趣味判断，但他的哲学的一般原则是，所有真正的判断都必须为其真理提供一个理由。

③ *Metaphysica*, §§655, 661–2. 鲍姆加登坚持认为，美存在于趣味可感知的完善中，而快乐来自对完善的感知。

④ 见 *Aesthetica*（§5）："……对这一点来说，其余美学中的前概念几乎都是必需的，除非想在评判美的思想、美的言论和美的作品中讨论单纯的兴趣。"关于这段重要文字的解释，参见 Jäger, *Einführung*, pp.105–27.

背后的原因，那么我们就会发现这些判断的相似之处。这些相似之处，就会是我们的一般原则的基础。

鲍姆加登尽管坚持一般原则的价值，但也承认我们有时候会作出一些趣味判断，而又没有准确描述出它们背后的一般原则。他甚至进一步指出，一般原则与其是假的，还不如没有（§73）。尽管如此，他仍然坚称，在某些时候，有必要描述出这些原则。这些时候出现于存在争论时，出现于一个人在某件作品而不是其他作品中得到快乐时。鲍姆加登指出，在这些时候，单单求助于经验已经无济于事，因为人们就在这时候有了矛盾的经验（§73）。对个人来说，解决争议的唯一办法，就是为他的判断提供理由，去描述他的判断背后的更为一般的原则。比如说，人们可以解释他喜欢某一特别的作品，因为这一作品的形式结构，因为它的各个要素之间的和谐、它的颜色的搭配等。尽管这些理由中没有一条能够确保其他人也会感到快乐，但它们至少保证了人们一致同意的**可能性**。当其他人根据这些考虑重新观看作品，并且发现了相同的结构时，或许他的"眼睛将会睁开"，于是就会存在一致同意。这样，一般原则并不尝试独立于我们的经验而起作用，而是去深化这种经验。它们扮演着向导的角色，去再次观察画作，去更仔细地考察它的特征，这样我们就可以发现我们最初没有发现的东西。这是"艺术鉴赏"的标准程序，其任务就是让人们根据过去经验的智慧感受作品，这种智慧里总是——即使只是模糊而初步地——包含着一般原则。

因此，在鲍姆加登看来，一般原则的价值，就是通过为审美判断提供理由，帮助获得关于这种判断的一致同意。但是，如果我们完全放弃一般原则，而只依赖于经验，我们就会失去保证审美判断的普遍性的基础。我们就只能依赖机缘，并且只能希望存在一致同意；讨论不再有任何基础。于是，鲍姆加登会反对康德，认为拥有一种美学科学的价值，在于只有它能够保证审美判断的普遍性的**可能性**。在否认这些原则的可能性时，康德削弱的正是他如此强烈支持的普遍性。

有必要指出康德对鲍姆加登的美学原则的其他一些误解。康德有时候认为，鲍姆加登的意图是去**证明**趣味判断，好像这能够从第一原理先天地推理出来，而这些原理独立于观众的快乐。[①]但是，鲍姆加登并不认为审美判断可以从第一原理推论出来；相反，他坚持认为，就像相关于个别对象的特殊经验判断一样，审美判断和理性的所有基本原则之间的关系只是依情况而定的（也就是非推论性的）。他也没有假设我们只需要通过运用一个原则到对象那里去就可以确定审美价值，而不管我们从对象那里获得的快乐。原则的指向不是去**替换**快乐，自己作为审美价值的试金石——正如康德所认为的那样[②]——而是去**解释**快乐，去确定快乐包含了哪些东西，我们为什么会拥有它。

假设一般原则对批评来说是必要的，那么，我们如何建立这些原则，在建设这些原则时我们能否避免陷入循环，都还是问题。鲍姆加登并没有否认，而且还曾明确肯定这一观点，即审美经验必定在先，是趣味的一般原则的基础。因此，在《美学》的前言中，他解释道，美学的任务是把在日常经验中含混、模糊和下意识的东西变得清楚、明白和自觉起来。他认为，如果这些原则在经验中已经不再含混，那么我们就不会拥有这些原则本身的基础（§7）。正如他在一处罕见的比喻中所言，我们只有首先通过夜色的深沉和黎明的熹微，才能看到正午的阳光（*Ex nocte per auroram meridies*）。

但是，鲍姆加登认识到，我们不可能仅仅根据经验就形成一般规则（§73）。经验只能提供美的特殊例子，以这些例子为基础，不足以建立普遍规则；何况，并不是所有人都认同这些例子的审美价值。他认为，避免这一困难的唯一方法，就是建立能够确定总体而言的美的本性的一般原则。然而，这种迁就会让人觉得鲍姆加登陷入了康德所谓的循环，因为他既宣称我

137

---

①　*Kritik der Urteilskraft*, §§17, 33, 34; V, 231–2, 284–5, 285–6.

②　See *Kritik der Urteilskraft*, § 34, V285.

们通过反思经验中的特殊例子来确定一般原则，又宣称我们根据原则来判断特殊例子的有效性。

尽管康德所谓的循环实际上是不可能逃避掉的，但问题是这种循环究竟是不是恶性的。没有什么地方比解释学那里有更多的恶性循环。我们通过部分理解整个文本，又通过整体理解文本的各个部分。我们通过在部分与整体之间来回移动，用关于部分的较为特殊的知识来增加关于整体的知识，用关于整体的较好的知识来促进关于部分的知识，以解决明显存在的僵局。同样的情况出现在审美经验中。鲍姆加登认为，我们通过发现和普遍化经验中的特殊情况来建立审美原则，然后用这些原则帮助我们理解特殊情况，这又反过来让我们修正和完善原则。当然，并不存在这些原则都是正确的先天保证。它们只有在和经验相符时才是有效的；而如果它们会让我们认同一种我们不会从中获得任何快乐的作品，那么它们就是无效的。与经验相符，仍然至少在消极意义上是检验原则的真理性的试金石。

我们还要看到，鲍姆加登认为，除了我们对特殊艺术作品的经验，还存在其他一般审美原则的根源。这一根源来自这些原则在整个哲学体系中扮演的角色，尤其是来自派生出它们的经验心理学的更高层次的一般原则。鲍姆加登解释道，美学之所以能够是一门科学，是因为心理学用一般原则在支持着它。[①] 在《形而上学》中，鲍姆加登已经概略描述过这些一般心理学原则。在那里他提出这样的观点，即审美快乐存在于对完善的感知中（§§655，662），而完善又存在于寓多为一的和谐中（§§94，141）。这样，如果我们发现自己能够根据这样的原则解释审美快乐的所有例子，而且如果我们能够根

[①] *Aesthetica*, §10. Cf. *Meditationes*, §116; 78. 这里，鲍姆加登确信可能存在一种美学科学，因为心理学"提供了可靠的原则"。他极有可能参考了沃尔夫的《经验心理学》，在这本书里，沃尔夫也处理过审美经验问题。因此，当博伊姆勒坚持认为鲍姆加登尝试为美学提供一种纯粹逻辑学的而非心理学的基础时，他犯了严重的错误。参见 *Kants Kritik der Urteilskraft*, p.114。

据我们感官功能的一般本性进一步解释这些原则，那么它们就可以作为我们判断经验中的特殊例子的标准。这样的原则给予我们从这些作品而非其他作品那里获得快乐的理由；于是，它们成为我们判断艺术作品的标准。

　　鲍姆加登的一般审美原则确实是"先天的"，但并非在绝对的意义上所言，即它们只来自反思，完全独立于所有的经验，而是在相对的意义上所言，即它们来自更高的心理学原则，后者决定了审美经验在我们的一般心理秩序中的位置。于是，让鲍姆加登的原则成为先天的东西，是它们在他的体系中的位置，而非那完全位于经验之外的根源。这就消除了康德对这些原则的反对意见，后者假设它们必然是绝对意义上的先天，就像数学原则那样，**完全不可能存在的**审美原则似乎有一个完全先天的根源。①

四、感觉理论

　　从后来更为宽广的历史视角来看，鲍姆加登美学概念令人如此惊讶的地方在于，它根本上是认知性的。他好像在假设——这种解释似乎是不证自明的和无须辩护的——审美感知是一种知识形式，尤其是一种不同于理智知识的感性知识。《美学》中的第一句话，就没有任何解释和证明地宣称，美学是"感性**认识**的科学"（§1）。但正是这样一种假设，从后人的视角来看似乎是非常成问题的。在《判断力批判》的第一段，康德明确区分了认知判断和审美判断。如果我们认同康德的区分，那么鲍姆加登的整个科学都建立在错误之上。

　　这里有一些有趣的也无法逃避的问题：为什么鲍姆加登认为审美经验是一种知识形式？是什么前提在支撑着这样一种饱受争议的假设？为了回答这些问题，我们必须返回鲍姆加登的核心著作，他所有后期思想的基础——

---

① *Kritik der Urteilskraft*, §34, V, 286; §44, V, 304–5; §60, V, 354–5.

《形而上学》（1739）。① 这本书详细解释了鲍姆加登认识论美学概念的若干前提，在《美学》中，这些前提只是被预先假定了。

在《形而上学》中，鲍姆加登把美学置于他的体系的一个明确部分——经验心理学中（§533）。鲍姆加登把心理学定义为关于灵魂的一般谓词的科学（§501）。**理性**心理学根据理性考察灵魂的每一个观念（§503），而**经验**心理学根据灵魂的经验对待灵魂，这些经验存在于世界中，而且和肉体关联在一起。在把美学置于经验心理学之中时，鲍姆加登很大程度上接受沃尔夫的引导，后者曾经在他的《经验心理学》中谈论过审美快乐和美。

鲍姆加登经验心理学核心原则之一——也是他的认知主义美学的关键前提之一——是他对灵魂的定义。像笛卡尔那样，鲍姆加登认为灵魂（*anima*）是一种思想着的或有意识的存在（*res cogitans*）（§504）。由于他坚持认为思想或意识存在于再现中，他在本质上把灵魂理解为具有再现能力的存在。于是，追随沃尔夫，鲍姆加登把灵魂定义为一种再现力量（*vis repraesentativa*）。② 再现存在于一种对世界的某一部分的意识状态中，不管这个世界是内在于我们还是外在于我们（§§506—7）。

当然，这样一种心理学就意味着，灵魂的本质和目的就是认知。再现是一种认知状态（*cogitationes*）（§506），而灵魂作为一种再现力量，就是一种认识力量。就像沃尔夫一样，鲍姆加登沿着这条线解释心灵生活的其他方面。欲望和情感，只是再现力的不同方面或形式。欲望的功能就在于努力生产被作为善来再现或被判断为完善的事物（§§606，663，689—90）；情感（*affectus*）存在于对善的事物的模糊再现中（§678）。③ 鲍姆加登也把趣味理解为一种认识功能，一种区别完善与不完善的事物的能力（§607）。

① 所有引文都来自第七版的《形而上学》（Halle: Hemmerde, 1779）。

② Baumgarte, *Metaphysica*（§506）："……我的灵魂是再现的能力。"Cf. Wolff, *Metaphysik*, §§753–6。

③ Cf. *Meditationes*, §25.

非常明显的是，鲍姆加登不像康德，他认为即使快乐也有认识论意义。快乐（*voluptas*）是灵魂直觉到完善的状态（*status animae ex intuitu perfectionis*）（§655）。

然而，这样一种心理学，只是鲍姆加登认知主义美学的一般前提。鲍姆加登需要一个关于感觉本性的特别前提。感觉对鲍姆加登来说至关重要，因为他认为感觉是一种特殊的再现方式，它能够规定美学的典型主题。包含在美学中的认知形式根本上是感性的，所以它首先也是最重要地存在于感觉（*sensationes*）中。但是，这又造成一个问题：为什么感觉是认知性的？宣称所有的再现都是认知性的这个一般理论是不够的；我们需要更具体地理解为什么感觉是认知性的。

但是，这是一个富有争议的问题，尤其是在 18 世纪的时候。一些哲学家，最值得注意的是笛卡尔和洛克，视感觉为"第二性的质"，也就是说，颜色和声音，在每一个感知者那里都各有不同，因此它们给予的是关于主体的心理和生理的知识，而非客体自身的知识。他们把这些第二性的质和"第一性的质"——即形状、大小和重量——作比较，后者在每一个感知者那里都可以准确测量和比较，因此可以洞察客体本身。这种区分，确实是 18 世纪美学主观主义转向背后的关键原因之一。由于审美经验主要存在于感觉中，而感觉又只是第二性的质，一些思想家就认为这样的经验告诉我们更多的是主体而非客体，是感知者而非被感知物。①

于是，问题变得愈加紧迫了：为什么鲍姆加登会认为感觉能够提供知识？通过感觉我们能够认识到世界的什么？要回答这一问题，我们必须返回鲍姆加登在《形而上学》中的感觉理论。追随沃尔夫，鲍姆加登把感觉定义

① 比如，参见 Hutcheson, *An Inquiry into the Original of Our Ideas of Beauty and Virtue*(London, 1726, section I, xvii; Hume, "Of the Standard of Taste", *in Essays Moral, Political and Literary* (Indianapolis: Liberty Fund, 1985, pp.220–49)，esp.230："感觉不能再现真正存在于客体中的东西。"

为对我或世界的当前状态的再现（§534）。[①] 感觉的主要形式产生于我通过我的五官对外在世界的意识中。但这不是感觉的唯一形式。对鲍姆加登来说有两种感觉。他区分了两种感觉（*sensum*）的功能，内在的和外在的。不同于外在感觉再现我的身体状态（*status corporis mei*），内在感觉再现我的灵魂状态（*status animae meae*）（§535）。

值得注意的是，在他的感觉定义里，鲍姆加登似乎把对我的当下状态的再现与对世界的当下状态的再现相提并论，似乎它们是同一种再现的可替换的描述。他明确表示："对我的当下状态或感觉（幻觉）的再现，就是对世界的当下状态的再现。"[②] 这似乎是对内在感觉和外在感觉的模糊与合并。我们想要问：它到底是哪一种感觉？感觉似乎不能同时意识到我自己和世界。

141 但关键的是要看到，这不是非此即彼的选择。他并没有在模糊内在和外在感觉，而是在指出外在感觉的两个相互交织的方面。在他看来，外在感官的感觉的特征，就是它们同时是关于我和关于世界的事实。它们是关于我的事实，因为它们是我的意识状态，因为它们**从我的立场出发**再现自然。它们也是关于世界的事实，因为它们是所有自然作用于我的效果，因为它们是自然在我那里和通过我生成的东西。感觉因此既有主观的一面，也有客观的一面。主观的一面"从内到外"看感觉，也就是从主体的立场出发看世界如何向他显现。客观的一面"从外到内"看感觉，也就是从世界出发，把感觉视为世界中的另外一个东西，视为整个世界的效果或表象，就像它作用于主体那样。

一旦我们根据他的一般形而上学理论来看，鲍姆加登的分析就是完全可

---

① 见 Wolff, *Logick*："但是我说，我们感觉到某物，意味着我们意识到某物的同时也当前化地意识到了我们自己。我们正是以这种方式感觉疼痛、声响、光以及我们自己的思维。"（§1; I/1, 123）

② *Metaphysica*, §534："我思想我当下的状态。因此，我再现，即感觉我的当下状态。对我的当下状态或感觉（幻觉）的再现是对世界的当下状态的再现。"

以理解的了。一旦我们把外在感觉的两个方面置于它们的一般宇宙论背景中，它们就会很快表现出来。对鲍姆加登来说，世界是个系统的统一体，是个和谐的整体，其中每一事件的发生，所根据的都只是通过整体而行动的**整个世界**。于是，他把世界的任何一种当下状态，都定义为"*status mundi*"，即"它［世界］在其同时存在的部分中的整体（*totum omnium statuum in partibus eius simultaneorum*）"（§369）。正是这种"*status mundi*"，被再现在感觉中。感觉不只是发生在我之中的事件，而是发生在整个世界中的事件，因为世界通过我显现自身。于是，用莱布尼茨的话来说就是，感觉向我显示了"从我的视角看到的整个世界"。

于是，鲍姆加登的分析的实际效果，是在质疑笛卡尔式的区分意识与世界的二元论。鲍姆加登拒绝认为再现是一种意识状态，它有点神秘地再现或契合了外在于它的世界中的广延存在。所有的再现，不仅仅是感觉，都是作为整体的自然中的事件；而且，作为自然的产物，它们从我的身体所在的位置再现整个世界。因此，关于人类灵魂，鲍姆加登给出了如下令人吃惊的定义，即"再现人体所在位置的力量（*vis repraesentativa universi pro positu corporis humani*）"（§741）。

在《形而上学》中，鲍姆加登强调了感觉的客观方面，以及它的认识论维度。他写道，感觉（*lex sensationis*）的基本法则是，作为世界状态和灵魂状态的再现前后相继（§541）。感觉的知识确实是"世界上最真实的（*verissimae totius mundi*）"（§546）。错误并非来自感觉自身，而只是来自以之为基础的判断，即当我们根据那些向我们呈现的材料作出错误的推论时（§§545—6）。

142

然而，尽管鲍姆加登强调了感觉的客观性，我们还是要看到他的本体论的一般原则禁止他持有如下观点，即感觉给予我们的是狭窄的形而上学意义上的知识。这些原则意味着感觉不可能向我们提供存在于实在自身之内的知识，也就是脱离感觉和先在于感觉的世界的知识。因为就像莱布尼茨那样，鲍姆加登坚持认为，世界上的终极事物是单子，即不可延展的简单物（§§230，241）。但是，感觉向我们揭示的是一个可以延展的事物的世界。于是，我们通过感官认识到的，只是现象，是由单子的聚集和活动形成的混合物。这些现象是许多单子一起作用于我们的结果。而那些单子本身，是不可感觉的。

现在，鲍姆加登美学的感性知识似乎显得比过去更加神秘了。如果终极的实在是不可感觉的，那么感官是如何给予我们知识的？似乎我们通过感官认识到的东西——在空间中有形的和延展的东西——根本不同于实在本身，后者是无形的和不可延展的。鲍姆加登的问题，其实只是折磨早期现代哲学的一个更一般的问题的一种表现。也就是说，感官如何给予我们关于实在的知识，如果事物的终极成分本身是不可见的？我们所看到的，只是拥有一定大小、形状和颜色的混合体；但它的终极成分是一个个不可见的单元，不管这个单元是原子还是单子。于是，在感性世界的表象与由现代科学提供的对这种表象的解释之间，存在着彻底的异质性。正是基于这些考虑，洛克在他的《人类理解论》中得出结论，即像颜色、声音和口味这样的感性品质完全不可能给予我们关于实在的知识。洛克指出，这样的第二性的质不可能给予我们关于对象本身的知识，因为它们无法和那些产生它们的对象完全相似。① 比如说，在关于颜色的观念和物体中产生这种观念的那些精微粒子的运动之间，没有相似之处。出于类似的原因，康德在其第一批判中宣称，颜色不是物体的客观品质，而只是"视觉的变形，它以某种方式受到光的影响"（A 28，29/B 44，45）。当然，康德在第一性和第二性的质之间所作的区分，是他后来在认知判断和审美判断之间作出区分的基础。

所有这些导致以下问题：为什么鲍姆加登并没有像洛克和康德那样得出相同的结论？为什么他认为感官完全可以给予我们知识？鲍姆加登本人并没

---

① Locke, *Essay concerning Human Understanding*, II, vii, 15.

有明确处理过这样的问题；但是如果我们返回他的大部分哲学的终极根源也就是莱布尼茨那里，他对这一问题的反应就变得清晰了。在这一点上，把莱布尼茨的《人类理智新论》中的西奥菲勒斯、菲勒利西斯和莱布尼茨、洛克作一个互换，应该特别有趣而有益。① 西奥菲勒斯（莱布尼茨）警告菲勒利西斯（洛克），虽然第二性的质是不可感觉的精微物质作用于我们的生理机能的结果，我们也不应当由此推断它们与它们的对象没有相似之处。尽管这些质在某一方面不像它们的对象，但它们在另一方面又很像它们的对象。它们在内容或质料方面不像它们的对象；但是它们在结构或形式方面像它们的对象。于是，西奥菲勒斯把它们的相似之处比作"通过存在于它们之间的有序关系，一种东西表达另一种东西"（131）。他给我们举了一个关于相似性的例子，即投射到平面上的椭圆形和投射这个椭圆形的圆形之间的相似性。根据这个例子来判断，相似性似乎依赖于结构或形式，而非感觉的内容。根据莱布尼茨，感觉是一种综合现象，它具有内在的结构，后者来自感觉各要素的活动和它们的组合方式。让感觉和它的原因相像的，就是感觉和它的原因一样，都遵守相同的基本法则。于是，感觉与它的对象之间的形式上的或结构上的相似性，本质上是法理学的相似性。

把莱布尼茨的理论运用到鲍姆加登那里，可以让他的形而上学和美学更加连贯一致。它允许鲍姆加登这样说，即使实在本身是不可感觉的，感官仍然能够给予我们关于实在的知识。于是，美学可以成为一种认知科学，这里的科学超越了通常的或陈腐的意义，即让实在等同于日常的或常见的对象；它将为我们提供关于终极真实的对象——即单子本身——的知识，即使这种知识非常不清晰和模糊。感觉所把握的实在——尽管"通过一块暗色玻璃"——恰好就是实在的形式结构，是它的多样性的统一。出于我们将要看到的理由，对多样性的统一的感知，恰好就是美本身。

① Leibniz, *Schriften* (Gerhardt), V, 118–19.

五、对美的分析

鲍姆加登对感觉的解释，只是他关于审美判断的一般认知主义理论的一部分。这一解释虽然必要，但不足以为这一理论提供一个严密的基础。因为即使我们承认感觉是客观的，能够给予关于实在本身的知识，但这并不意味着审美判断本身就是客观的或认知性的。很明显，这些判断不仅仅在报道感觉，或者把感性品质归于客体；它们还宣称，一个客体是美的，这至少意味着，它在**愉悦**感官。不同于颜色、声音和形状貌似配得上客观性的名号，快乐似乎没有资格和它们竞争。快乐不是客体的可定义的质；它似乎就是感知者的一种感受。也正是这一原因，康德认为审美判断是主观的。①

尽管鲍姆加登是个认知主义者，但他并没有低估或取消快乐在审美判断中的作用。② 他也和康德一样，坚称某物只有在让人愉悦地感知时才是美的。他关于美的两个定义，都与快乐相关。③ 他在《形而上学》中宣称，美是"一种现象的完善"（§662）。根据他在《美学》中的描述，美存在于"感性认识的完善"（§14）中。快乐是这样的完善得以实现的标志或认识根据（*ratio cognoscendi*）。追随亚里士多德，鲍姆加登坚称，任何独特行为的完善都会导致和包含快乐，后者只是这种行为的完成。④ 除了对美的精确定义之外，鲍姆加登关于美学的一般概念也赋予快乐重要地位。如果美学的目的是引导我们创造美，那么美的主要目的就是在感知者那里创造快乐。于是，鲍姆加

---

① *Kritik der Urteilskraft*, §1, V, 203–4.

② *Pace* Riemann, *Die Aesthetik Alexander Gottlieb Baumgartens*（Halle: Niemeyer, 1928），p.35.

③ 在沃尔夫那里，美与快乐的关联更为明显："因此，优美能够被定义为在我们身上要产生出快乐的那种同事物的相宜……"见 *Psychologia empirica*, §545; II/5, 421. 正如博伊姆勒所言（*Kants Kritik der Urteilskraft*, p.114），沃尔夫的完善的可观察性（*observabilitas perfectionis*）变成了鲍姆加登的完善这种现象（*perfectio phaenomenon*）。

④ Aristotle, *Nicomachean Ethics*, Book X, ch.4, 1174^b.

登在他的讲座里宣布："美的主要目标，尤其是那最好的和最高尚的美的目标，是它想要让人快乐。"①

鲍姆加登从没有根据快乐在审美经验中的根本作用而得出康德的结论，即审美判断必然只能是主观性的。相反，忠实于他的认知主义，鲍姆加登甚至坚称快乐也是一种认知状态。于是，在《形而上学》中，他把快乐（*voluptas*）定义为"灵魂对完善的直觉的状态"②，其中直觉是通过感官得到的关于某一特点的直接知识，而不是通过符号得到的间接知识（§620）。而且，完善也不仅仅是可归于感知者感官的品质——当这些感官能够良好行使功能时；完善是鲍姆加登所谓一种"先验的"特性，也就是说，它属于事物特有的本质（§98）。于是，就有了他的这一句名言："所有的实体都是完善的（*omne ens est perfectum*）。"（§99）完善存在于寓多为一的和谐中（§§94，99，100）。它是每一个体固有的东西，因为每一个体都是多种属性的统一（§§40，94，99）。而且，完善总体而言是宇宙结构的基础，它存在于让许多事物合成一个和谐整体的统一体中（§§357，360）。

理解了鲍姆加登的快乐和完善概念，我们现在可以来理解他的美的理论了。鲍姆加登的理论起点，是沃尔夫在《经验心理学》中对"美"（*pulchritudo*）的简短解释。③追随沃尔夫，鲍姆加登的核心命题是，美存在于对完善的直觉中。这个命题包含着非常周到的思想。它的每一个特征都是战略性的，都能解释审美经验的某一方面或审美判断所向往的某种东西。这样一种命题尝试同时解释美的主观和客观方面。④在让完善成为美的本质属性时，这个命题让美部分成为客观性的。如果客体中不存在多样性的统一，

---

① *Handschrift*, §196; 160.

② Baumgarten, *Metaphysica*, §655："由对完善的直观而来的灵魂状态是快乐（满足）。"

③ 见本书第二章第四部分。

④ 认为鲍姆加登的美的定义只是客观性的，这是一个常见的错误。比如参见 Bergmann, *Begründung*, pp.153, 155。

美就不会存在。但是，在让直觉也成为美的关键特征时，该命题又让美成为主观性的。如果没有对完善的感性感知，美也不会存在。美的客观成分的益处在于，它使得为审美判断作辩护、为它寻找理由成为可能，因为这些理由指向客体自身的一些特征，主要是它的形式结构的特征。还有，它使得区分好的和坏的趣味成为可能：好的趣味是指从完善中获得快乐的趣味，而坏的趣味是指从不完善中获得快乐的趣味。美的主观成分的益处在于，它强调了快乐在美那里的决定性作用，尤其是感官的建构性角色。快乐总是审美价值的终极试金石，是检验完善是否被感知到的试金石，而不管某种东西是否看上去多么远离规则。鲍姆加登强调**直觉**是美的主观方面的特殊形式，这也是战略性的。这种强调的关键是对"难以描述之物"，审美经验的难以言表性、不可规定性——我们很难规定和确定是什么东西让一个客体变得那样令人愉悦或心动——的解释。作为对某一特征的直接意识，直觉有着一种广延的清晰性和生动性，它不可能用概念完全详细地表述和解释出来。审美经验这一被莱布尼茨和康德强调过的特征，对鲍姆加登来说同样重要。

不管怎样具有战略性，鲍姆加登的理论经常被指控缺乏连贯性。许多学者都曾经指出，鲍姆加登的美的定义似乎前后不一致。[①] 不同于《形而上学》里的定义视美为客体的属性，是客体多样性的统一，《美学》里的定义视美为主体的属性，是主体表现良好的感性认识。这两种表述之间的矛盾，让人们对鲍姆加登美学的总体连贯性产生了怀疑，甚至让人们猜测在鲍姆加登哲学发展过程中是否出现过一次断裂。然而，我们需要看到的是，根本不存在不连贯性，而且那些概念也是彼此强化的关系。这些概念之间的不同，也只是从鲍姆加登的视角来看的不同：在《形而上学》中他的关注是理论性的，以确定我们通过感觉能够**认识**到什么，而在《美学》中他的关注是实践性的，

---

① Riemann, *Aesthetik Baumgartens*, pp.37–8; and Armand Nivelle, *Kunst und Dichtungstheorien zwischen Aufklärung und Klassik*（Berlin: de Gruyter, 1960）, pp.20, 30.

以确定我们如何完善感觉。① 尽管如此，鲍姆加登从来没有打算把美的这两个方面分离开来：他完全清楚，只有当感性认识符合事物自身的完善时，我们才可能完善感性认识（§§19—20）。他的一般论点是，完善的这些形式都是互相依赖的：对客体中的完善的感知，导致感性认识的完善，而后者最高程度的显现或表达，是感知者的快乐。这里潜在的思想似乎是，当我们感知到一个拥有和谐结构的客体时，这种感知会刺激感官的行为，引导它们在其特有的行动中表现良好。不断地感知到和谐，就会让感官变得更准确、更敏锐、更快地反应；这些感官的良好表现，就会导致快乐的出现。

现在，既然已经把握了鲍姆加登美的理论的大致轮廓，我们就可以开始去发现康德针对这一理论所作的反驳的不足之处了。关于审美判断的基础，康德在他的第三批判里一再向读者提供的是非此即彼的选择：要么是快乐，要么是原则；要么是主体的感受，要么是客体与规则相符。② 康德坚持认为，我们必须采用前者而不是后者，而后者又被康德归属于他的理性主义前辈。但是现在，我们已经很容易就看到，鲍姆加登根本不会接受这些彼此排斥的选项，因为对他来说，美包含快乐，后者又来自完善，即客体与规则的相符。就像我们已经在上文看到过的那样（5.3），这里我们再次看到，规则的目的不是去替代快乐以作为美的标准，而是去解释快乐并为其辩护。这绝不是鲍姆加登的立场——就像康德所暗示的那样——即在没有快乐的地方，和只有客体符合规则的地方，还可能存在美。如果一个客体似乎符合规则但仍然没有唤起感知者的快乐，这要么是因为这些规则不能解释完善，要么是因为感知者没有充分的趣味来感知完善。像康德那样，仅仅把得到快乐视为趣味的裁判，会导致难以区分好的趣味和坏的趣味，难以应对趣味的差异性

147

① 尝试让鲍姆加登免受不连贯性指控的著作，参见 Foranke, *Kunst als Erkenntnis*, pp.88–9; Schweizer, *Ästhetik*, p.83; Mary Gregor, "Baumgarten's Aesthetica", *Review of Metaphysics* 37 （1983）, 357–85, esp.376–82。

② Kant, *Schriften*, §§8, 17, 33, 34; V, 215–16, 231–2, 284–5, 285–6.

问题。

在第三批判中康德多次写道，审美判断不可能是认知性的，因为它们不是把一个确定的概念运用到它们的客体身上去。[①] 他似乎认为鲍姆加登的完善理论据此也是错误的，因为后者好像坚持认为审美判断就是在运用这些确定的概念。但是，这完全忽视了鲍姆加登所坚持的观点，即审美经验存在于广延的清晰性而非集约的清晰性中，而广延的清晰性是不可能被分析成明确的概念的。和康德一样，鲍姆加登也在尝试解释审美经验的难以言表或难以确定的方面。但是，关于这种难以确定性，他给出的是一个非常不同的解释：对鲍姆加登来说，它存在于概念的模糊性中；对康德来说，它存在于可替代的解释的可能性中，其中每一种解释都可能包含清晰而明确的概念。不管哪一种关于不可确定性的解释更为可取，这一事实仍然存在，即鲍姆加登从未宣称审美经验可以还原为确定的概念。只是指出审美经验的不可确定性，指出它不可还原为确定的概念，不能算是拒绝认知主义理论的充分理由，因为后者一直坚持认为，审美经验的认知是不确定的。

康德的反驳的核心部分，是我们根本不需要一个完善概念来决定某物是不是美的。[②] 至少，在自由的美而非依附性的美那里，我们只需要知道一个客体对我们来说是否有一种令人快乐的表象；而且因此我们不需要知道它的目的，或者知道成为同类中最完善的意味着什么。比如说，我发现一朵玫瑰是美的，即使我对玫瑰花瓣的目的一无所知。面对镶边和壁纸上的阿拉伯花纹、希腊数字、鸟或树叶，我只对那些图案或花样作出反应，而不管客体的目的。康德观点背后的关键假设——这一假设因为他而变得非常清楚——是完善概念暗示着固有的合目的性概念的存在。[③] 他认为，一个

---

① Kant, *Schriften*, §§4, 8, 15, 20; V, 207, 215–6, 226, 238.

② Kant, *Schriften*, §§4, 16; V, 207, 229.

③ Kant, *Schriften*, §§15; V, 227.

客体的完善，是根据它是否以及何种程度上符合它的目的来衡量的。康德解释道，那包含在完善中的合目的性，是**固有的**合目的性，而不是**非固有的**合目的性：固有的指目的是内在于客体的，是客体概念的关键；非固有的指目的是外在于客体的，是从外部强加于客体的，那里客体被拿来服务于某种异己的目标。

康德用这些术语对完善理论的解释貌似可信。另外，它还有助于解释他为什么会认为完善主义者致力于把确定概念运用到审美经验上去：目的概念应该是一个确定概念，而判断客体是否美，将因而只是一件运用这个概念到客体上去的事情。但是，这里仍然存在一个主要问题：这是对沃尔夫或鲍姆加登的错误解释。无论是沃尔夫还是鲍姆加登，他们都没有把完善狭义地理解为局限于固有的合目的性。沃尔夫和鲍姆加登用完善概念表示的是某种非常一般化的东西：多样性的统一，寓多为一的符合。① 那把许多统一为一的东西是某种充足理由，其中任何一种理由都可以是充足理由，只要根据它我们能够理解事物为什么会如此存在或行动。② 在这种宽泛的意义上来理解，完善主要是客体的结构或形式特征；而且它并不必然涉及一种潜在的目的。完全没有理由证明充足理由必须是一种目的；它可以是任何一种原因，不管是动力因、形式因、质料因还是终极因。总的来说，沃尔夫和鲍姆加登的形而上学都没有赋予终极因特殊地位。尽管他们认为目的论是形而上学的合法组成部分，但他们在本体论和宇宙论的发展后更多把目的论分派到了神学领域。是莱布尼茨通过把一种强烈的意向（nisus）赋予单子，在他的宇宙论中赋予目的论一个更加重要的角色。于是，康德根据合目的性解释完善概念，来自一种可以理解的错误：把莱布尼茨加进了沃尔夫和鲍姆加登。他深受迈耶这种错误所鼓舞，就像我们已经看到的那样（2.5），和鲍姆加登相反的迈

---

① Baumgarten, *Metaphysica*, §§94, 141; and Wolff, *Ontologia*, §§503, 505.

② Baumgarten, *Metaphysica*, §§94–5; and Wolff, *Ontologia*, §505.

149 耶，也明确用审美客体的目的来定义它的统一。①

一旦我们认识到存在两种非常不同的完善概念，那些区分康德与鲍姆加登的问题就变得更加清晰了。存在一种弱的和一种强的完善概念。弱的完善概念就是多样性的统一，它只是客体的形式结构。强的完善概念是固有的合目的性，它包含某种关于客体应该是什么的标准或观念。强的概念隐含着弱的概念，因为固有的合目的性包含多样性的统一；但是弱的概念并不隐含强的概念，因为多样性的统一并不需要包含关于客体目的的任何标准或观念。康德对完善的批判的关键之处，是他的——完全正确的——观察发现，即审美判断并不需要强的意义上的完善；于是，他认为，我们可以确定一个客体的美，而不需要拥有任何关于它的内在本性的概念。② 但是，这一点并不能让康德完全充分地得出他想要的结论，即审美判断是非认知性的。如果一个审美判断包含了弱的意义上的完善概念，它仍然有充分理由是认知性的，因为形式结构是客体的客观特征；确实，我们甚至可以用数学术语来衡量它，而不必论证感性品质的客观性。

六、美学的地位

鲍姆加登美学中最有争议的问题，在于他是否真的让美学成为一门自治性的学科，是否赋予美学等同于或独立于逻辑学的地位。传统观点认为，鲍姆加登高于莱布尼茨和沃尔夫的重要成就——以及他对总体意义上的哲学的贡献——在于他让美学成为一种独立的科学，成为像逻辑学那样的哲学合

---

① 参见 Meier, *Anfangsgründe aller schönen*, §§24, 471, 473; I, 40 and III, 511, 517。关于鲍姆加登与迈耶之间的关键区别，参见 Bergmann, *Begründung*, pp.141–86。伯格曼的观点（pp.161–2）可能是正确的，即比起鲍姆加登的 *Aesthetica*，康德更喜欢易懂的 *Anfangsgründe*。

② Kant, *Kritik der Urteilskraft*, §§4, 16; V, 207, 229.

法组成部分。① 据称，鲍姆加登赋予了美学自身的法则，后者独立于理性的法则，而且在这样做时，鲍姆加登突破了莱布尼茨—沃尔夫理性主义的局限。但是，这样一种解释遭遇到了其他人的辩驳，尤其是贝奈戴托·克罗齐（Benedetto Croce）和恩斯特·卡西尔的辩驳。② 他们认为，鲍姆加登并没有真正建立一门自治性的学科，他仍然局限于莱布尼茨—沃尔夫理性主义的框架里。鲍姆加登不仅没有让美学独立于逻辑学，反而视美学为真理的低级形式，并用完全逻辑化的术语来铸造它。于是，就有了克罗齐咒骂式的结论：

> 他（鲍姆加登）宣布了一门新的科学，并且以一种传统的学术形式呈现出来；这个新生的孩子经他过早的洗礼而获得美学的名字，并且这个名字也一直保留至今。但是，新名字缺乏新东西；哲学的铠甲下面，并没有强健的身体。③

这两种解释究竟哪一种正确？传统的解释有着坚实的根据。首先，有鲍姆加登自己给这一学科的定义"关于感性认识的科学"。这个定义意味着美学有着和逻辑学相同的地位，因为每一种学科都被指派了属于它自己的认

---

① 例如，参见 Hermann Hettner, *Geschichte der deutschen Literatur im achtzehnten Jahrhundert* (Berlin: Aufbau, 1979)，I, 387–8. 关于这种观点的最近表述，参见 Kai Hammermeister, *The German Aesthetic Tradition* (Cambridge: Cambridge University Press, 2002)，p.4; Groβ, *Felix Aestheticus*, pp.48–64。这种传统观点最有影响力的表述，来自 Baeumler, *Kants Kritik der Urteilskraft*, pp.189, 191, 192, 208. 他坚决反对对鲍姆加登的理性主义解释，这种解释建立在这一基础上，即鲍姆加登的主要关注点是赋予感性的逻辑同等而独立的地位（pp.224, 225）。不过，博伊姆勒没有仔细考量相反的解释的证据，而且因此他的解释回避了针对克罗齐和卡西尔的问题。同样的批判适用于施魏策尔和格罗斯，他们非批判地追随博伊姆勒。

② Croce, *Aesthetic*, trans. Douglas Ainslee（Boston: Nonpareil, 1978），pp.214–19; and Ernst Cassirer, *Freiheit und Form: Studien zur deutschen Geistesgeschichte*（Berlin: Cassirer, 1916），pp.79–80.

③ Croce, *Aesthetic*, pp.218–19.

识功能：美学是关于感性认识的科学，就像逻辑学是关于理性认识的科学一样。其次，鲍姆加登坚称，感性认识的完善标准不同于理性认识的完善标准。关于这些真理标准之间的不同之处，他有两种描述。在《默想录》里，他区分了哲学的**集约的**清晰性和诗的**广延的**清晰性：集约的清晰性存在于把一个清晰的再现**分析**为各个明确的元素中；广延的清晰性存在于这样的过程中，即把许多清晰的再现**综合**成一个，这个综合体能够生动而完全地再现个体。在《美学》中，他区分了知识形式上的完善和质料上的完善：不同于逻辑学家追求知识的形式上的完善——尽可能地抽象与普遍——美学家志在知识的质料上的完善——尽可能地具体与个体化（§§558—60）。不管哪一种表述都可以清楚地说明，鲍姆加登认为这些功能都具有独特的不可比较的完善或卓越标准。我们因此不能用理性认识的标准衡量感性认识，好像后者只是前者的低级形式。这些标准彼此不同，这对鲍姆加登的整个美学概念来说至关重要。于是，他在《美学》主体部分的第一段就写道："依其身份，美学的目标是感性认识的完善（*Aesthetices finis est perfectio cognitionis sensitivae, qua talis*）。"（§14）

　　然而，相反的解释也有重磅的证据。尽管鲍姆加登分派给逻辑和美学不同的认识功能，但这些功能本身并不能和它们的认识论地位相当。在《形而上学》中，鲍姆加登把感性明确描述为"认识的低级功能（*facultas cogniscitiva inferior*）"，因为它的构成性再现，它的感觉不能提供关于理智的清晰而明确的知识（§§519—20）。[1]他确实用消极的理智术语描述过感性的广延的清晰性特征：把许多不同的元素全部一次性地考虑，这就是模糊性。只要我们提出下面的问题，和理性认识相比感性认识显得低级的原因就立刻显得清楚了：感性和理性，这两种功能中的哪一种可以提供关于实在的知识？鲍

151

----

① 施魏策尔宣称鲍姆加登在其 *Aesthetica* 中放弃了这种等级概念（*Ästhetik*, pp.21–2），这是错误的。比如，参见 *Aesthetica*（§§1, 12, 41）。施魏策尔自己后来承认了这些概念的持续使用（*Ästhetik*, p.26），但继而宣称在接纳它们方面仍然存在不连续性。

姆加登的答案是非常明白的：感性提供的是一种非常低级的知识。确实，根据他的认识论的一般原则，更为准确地说，**如此而言的**感性根本不可能为我们提供关于实在的知识。正如我们已经看到的那样，感觉的唯一认识论价值，纯粹来自它的下意识的和不明确的理智结构，而不是来自它作为感觉而有的特殊品质。实在本身是某种单一的、非延展性的和不可理解的东西，而感官把事物再现为聚合的、延展的和可理解的东西。鲍姆加登认为，我们通过感官所把握到的东西，只是假设的或被具体化的现象（*phaenomena substantiata*）（§§191，193，425）。[1] 它们之所以是假设的，是因为我们以为我们感知到的是实体，但在现实中它只不过是实体的效果或附带现象，而实体存在于感官的领域之下和之上。

有人可能会进一步认为，传统的解释可以继续坚持，只要在感性与理性、感性认识与理性认识之间存在真正的平等。而如果下述情况中的一种是真实的，那么这种平等就会存在：（1）感性再现和理性再现所给予的，是对同一个事物的同等而独立的**视角**。（2）这些不同形式的再现所给予的，是各种不同事物的知识，在这些知识中，所有事物都有相同的本体论地位，也就是说，每一种事物都凭借自身而成为一个实体。但是，鲍姆加登的一般形而上学和认识论都排除了这两种可能性。不同于第一种可能性，根据鲍姆加登的感觉理论，感觉是一种关于实在的知识的模糊形式，而且感觉的所有认识论价值都依赖于它潜在的理智结构。不同于第二种可能性，鲍姆加登认为感官所给予的，只是关于事物的现象或表象的知识，这些现象或表象不可能独立于事物本身而存在。如果鲍姆加登更多地是一个二元论者，也就是说，如果他坚持某种类似二元世界理论，其中理性认识本体，感性认识现象，而本体和现象是两种不同的实体，那么理性与感性之间就会存在明显的平等了。但是，鲍姆加登从未有过或者说曾经明确否认过这样的理论。对他来说，现

152

---

[1] 这是一种沃尔夫式的观点，见 Wolff, *Cosmologia generalis*："在可见世界中，除了那些组合物之外，我们无法通过感官感知到任何东西。"（§§66; II/4, 62）

象不是明确的实体，而只是实体显现为具有感性的存在物的过程；换句话说，它们只是本体显现给感官的过程；或者用莱布尼茨的话来说，它们是"*phaenomena bene fundata*"，也就是说，它们是表象，其基础存在于完全理智的或可理解的实体中。

鲍姆加登判定艺术家拥有的是一种非常低级的知识，这在《形而上学》的最后几部分变得非常明显，在这里他暗示道，诗人所模仿的自然是"一种实体化的现象（*phaenomena substantiata*）"（§110）。这使得艺术的主观性问题成为假问题或幻觉。因为，当我们在制作一种具有依赖性存在的东西（一种偶然之物），而它仿佛有一种独立的存在（实体）时，我们只是在把一种现象实体化；换句话说，我们只是在错误地假设它们是实体。[1] 于是，艺术家看来好像是被这张幻觉之网所捕，让我们相信这些表象就是实体本身了。于是，鲍姆加登似乎并没有成功逃离反而无意中支持着柏拉图在《理想国》第五部分中对艺术的指控。由于艺术家只模仿实在的表象，他的创造物只是对实在的双倍逃离；它们只是表象的表象。当我们考虑到这一点时，克罗齐诅咒式的判决似乎完全公正。

七、一份含混的遗产

然而，克罗齐只不过是整个画卷中的一半。因为，在如此狭窄的形而上学意义上衡量美学的地位是否真的合适，这依然是个问题。这是克罗齐和卡西尔无声的假设，他们通过提问感性认识是否能够提供关于实在本身的知识来得出他们的判断。但重要的是要看到，鲍姆加登本人明确反对在这种狭窄的意义上衡量感性认识。他认为，感性和理性所遵循的不仅仅是不同的完善标准，还有不同的真理标准，而且根据逻辑学的真理标准衡量感性，是不切

---

[1] See *Metaphysica*, §193.

实际的，也确实是不恰当的。

这至少是《美学》第一部分最重要的章节中的突出部分。在这里，鲍姆加登概述了一种完整的审美真理理论，这一理论的唯一目的是确定适合美学的真理标准。因此，我们有必要在这里简单考察一下。

鲍姆加登从区分各种形式的真理开始。首先是完全**客观性的**或**形而上学的**真理，它内在于事物本身。这种真理存在于事物与理性的基本原则即矛盾律和充足理由律的相符中（§423）。还有一种**主观性的**真理，在它被主体再现的范围内属于客观性真理（§424）。有两种形式的主观性真理：**逻辑**真理，在那里我对客体有着明确的理性认识；**审美**真理，在那里我对客体有着清晰的感性认识（§424）。审美真理因此"在真理通过感官被认识这一范围内是真理（*veritas, quatenus sensitive cognoscenda est*）"（§423）。两种形式的主观性真理合在一起，被鲍姆加登称为"审美—逻辑真理"（§427）。我们在日常生活中所认识到的大部分真理，都是一种审美真理和逻辑真理的混合物，也都因此属于审美—逻辑真理的领域。于是，鲍姆加登解释道，在审美—逻辑真理的范围内，每一种真理都有不同的完善形式。不同于逻辑真理的标准是**形式的**完善，审美真理的标准是**质料的**完善。形式的完善存在于一般化的能力中，存在于证明命题的能力中，存在于分析出概念的明确成分的能力中；而质料的完善存在于个体性的再生产中，存在于对具体内容和经验的多样性的接近中（§§558—9）。鲍姆加登指出，在审美—逻辑知识的范围内，我们不可能在一方面达到完善，而又不会在另一方面创造出不完善了。我们实现越多逻辑真理的形式的完善，就会得到越少审美真理的质料的完善，反之亦然。所有形式真理的完善必然涉及质料真理的丧失，因为形式的完善要求从日常经验中抽象出具体的内容和丰富性。凡是我们在普遍性中获得的，都会在个体性中丧失（§560）。于是，美学家的使命，就是去弥补逻辑真理的不足：去再生产个体性，后者在努力追求形式真理的完善过程中丧失了，或者没有被考虑过（§564）。

153

鲍姆加登审美真理理论所导致的主要后果，是逻辑真理的严格标准将不再适合日常生活中的感性知识。逻辑真理的标准要求证明和还原为不证自明的能力（§§481—2）。但是，日常生活的信仰——它们都是有限的和有条件的，因为它们都来自有限的人类感性——中没有一种符合这样的标准。确实，在完善的理性知识和日常生活的感性知识之间有着无限遥远的距离（§557）。完善的理性知识是只有上帝才有的特权，而我们人类只能心甘情愿地去完善我们在地球上所能获得的唯一一种知识。认识到我们的大多数信仰都经不起严格的证明，鲍姆加登坚持认为我们必须把自己托付给逼真性（*verisimilitudo*）（§§481—3）。逼真性存在于用所有可以找到的证据来辩护的信仰中，那里支持逼真性（*verisimilar*）信仰的证据，会多于反对这种信仰的证据；尽管一种逼真性的信仰不可能被证明，但它同样也不可能被驳倒（§483）。

尽管鲍姆加登渴望建立审美真理的平等权利，但我们一定要看到，鲍姆加登把审美真理的平等权限制在了审美—逻辑真理的范围内。由于受到感性认识的影响，审美—逻辑真理距离关于实在本身的知识还很远很远；它至多能够给予我们关于表象或现象领域的知识。鲍姆加登非常准确地指出，真理的最高形式就是纯粹逻辑性的，而它超越了审美—逻辑领域（§557）。尽管鲍姆加登渴望给予审美真理应得的东西，但他从未放弃过自己基本的理性主义理想。真理存在于与认识的基本原则的相符中（§481），存在于不证自明的还原能力中（§482）。正是这个逼真性——**像**真理但又不是真理本身——范畴，显示了审美真理低于那最高的标准。①

因此，到了最后，鲍姆加登的辩护者和贬损者都有他们自己的理由。但是面对鲍姆加登思想的复杂与精微，他们都无法做到完全公正。就鲍姆加登

---

① 所有这些段落都是反对施魏策尔观点的强有力证据，后者认为鲍姆加登在 *Aesthetica* 中放弃或缓和了他的理性主义，转而支持一种所谓"认识的动态原则（*dynamisches Prinzip der Erkenntnis*）"的经验。参见 Schweizer, *Ästhetik*, pp.24–5。

的终极知识标准是理性主义的，以及他认为感官所提供的是一种低级形式的知识而言，他的那些贬损者们是有道理的。但是，他们没有注意到鲍姆加登拒绝用这样的标准衡量美学，没有注意到他坚持认为美学必须有它自己的独立的真理标准。就鲍姆加登主张美学和逻辑学有各自不同而平等的真理标准而言，他的那些辩护者们也是正确的。但是，当他们忽视了这种平等背后的关键限制时，他们也误入歧途了，这条限制就是：这种平等只存在于审美—逻辑领域。

　　总而言之，把鲍姆加登描述为"一个沉默的革命者"是非常片面的。①我们最好称呼他为一个保守的革命者，或者一个革命的保守主义者。如果鲍姆加登在把美学从逻辑学的专制下解放出来这一方面是革命的，那么他在坚持莱布尼茨—沃尔夫理性主义的理想方面仍然是十足的保守主义者。如果说他赋予感官把握实在的清楚结构的权利，那也只是在如下范围内，即它们是一种"类似理性的艺术（*ars analogi rationis*）"，它们具有含混的理性形式；它们自己的独特之处在于，它们只是模糊的根源。美学与逻辑学的平等最终被证明是不平等的。尽管存在一种真正的形式上的平等——因为它们有着各种不同的真理标准——但在素材方面不存在平等——因为感官只认识现象，而只有理性能够认识实在本身。对于鲍姆加登的更为激进的继承者们——哈曼和赫尔德——来说，他们的使命就是去完成由鲍姆加登大胆地开始又谨小慎微地限制着的革命。但是，他们将要采取的步骤，却是鲍姆加登完全难以置信的：拒绝理性主义的认识论理想。

155

---

① 　Thus Baeumler, *Kants Kritik der Urteilskraft*, p.229.

第六章

温克尔曼与新古典主义

一、作为哲学家的温克尔曼

1739 年夏季的某一天，当鲍姆加登仍然是哈雷的著名教授（*Professor extraordinarius*）时，一个一文不名的神学院学生意外造访了他。这个学生告诉看门人，他在找一本参考书，巴黎科学学会《年鉴》中的一卷，他想教授先生或许手头有这本书。他到处寻找这本书，但是毫无收获；绝望之中，他鼓起勇气来找他的教授老师。被其学习热情所感动，鲍姆加登热情接待了这个学生并和他谈了话。这个学生给他留下了深刻印象，因为他居然忠诚地听完了鲍姆加登所有的讲座。鲍姆加登想，或许某一天，这个学生也会成为一名教授。①

这可能是现代美学两位开创者的第一次会面——或许是唯一的一次会面。拜访鲍姆加登的青年学生叫约翰·约阿希姆·温克尔曼（1717—1768）。正如已经发生的一切所证明的那样，他并没有成为一名教授；但是，他确实

---

① 这则逸事来自 Wolfgang Leppmann, *J. J. Winckelmann*（London: Gollancz, 1971, pp.42–3）。

成了他那个时代最受欢迎的作家之一，而且还成了和鲍姆加登地位不相上下的思想家。如果鲍姆加登被称为美学之父的话，那么温克尔曼通常被称为艺术史之父。

温克尔曼究竟从他的老师那里学到了什么东西？这个问题很难回答。[①]完成自己的学位论文后，鲍姆加登仍然在建构着自己的思想，这些思想最终都表现在他的《美学》中。这些思想中的一部分出现在温克尔曼所参加的讲座中；于是，我们可以毫不奇怪地在温克尔曼后来的著作中看到鲍姆加登的影子。但是，鲍姆加登对其学生的影响还要经受一道大大的障碍：温克尔曼长期以来都对沃尔夫主义的学院式方法论抱有极度的反感，而鲍姆加登却是这种方法论的忠实履行者和完美实践者。在哈雷的大学时光里（1738—1740），温克尔曼还听过沃尔夫的讲座，后者令他无比厌恶。他发现沃尔夫的方法论迂腐、难懂、空洞，是一种围绕虚假问题编制毫无意义的精细之网的无聊艺术。据说，即使到了晚年，当有人提及沃尔夫的名字时，温克尔曼仍会恨得咬牙切齿，当众讽刺一番。

对于温克尔曼的学术生涯来说，这种反应将会被证明是起决定性作用的。因为，这让他倾向于一种非常不同的方法论，后者完全不同于理性主义传统中流行的看待艺术的方式。并没有像他所有的理性主义前辈们那样关注趣味和审美判断问题，温克尔曼的兴趣主要集中在艺术的历史和文化根源上。他视艺术为文化的产物，是一个民族的独特生活方式的表现。他的目的不是去评估审美经验的**认识论**价值，而是去确定审美经验的**文化**价值，也就是确定人们为什么会赋予这种审美经验如此的重要性。至于方法论，温克尔曼与其说是沃尔夫或鲍姆加登的学生，不如说是伏尔泰和孟德斯鸠（Montesquieu）的学生。我们可以在他的方法论里看到一种新的历史态度的开端，这种态度在 19 世纪德国哲学中还是那样独特。当黑格尔（Hegel）后来写道温

---

① 关于温克尔曼与鲍姆加登的关系，参见 Carl Justi, *Winckelmann und seine Zeitgenossen*, 3 vols. (Cologne: Phaidon, 1956)，I, 89–95。

克尔曼开创了一种全新的看待艺术作品的方法时，他主要指的就是他的历史方法。①

由于他的历史兴趣，以及他对数学方法的蔑视，我们似乎很难把他归入理性主义传统中去。忠诚于数学方法，对趣味问题有明确的立场，这些是从沃尔夫到鲍姆加登的理性主义传统的典型特征。但是，把温克尔曼排除在这一传统之外，将会是一个严重的错误。因为，在其他一些方面，温克尔曼与这一传统密切关联：他支持这一传统关于美的美学；他接受它视美为完善的解释；他完全致力于探讨这一传统的柏拉图主义根源；而且，他也致力于启蒙的事业。尽管他遵循一种历史主义的方法论，但是他从来没有拿它来得出一种属于后来的历史主义者的相对主义结论，而且从来没有怀疑过理性主义传统对普遍审美价值的信仰；实际上，他认为这种方法论如果得到正确使用，会更加肯定理性主义美学。这样，温克尔曼不但没有破坏理性主义传统，反而扩展、丰富和强化了这一传统。他用一种新的历史方法来为理性主义关于美的解释作辩护；

158 他把这一传统和古典传统关联起来，让它成为古典价值和信仰的守护者；他还重新恢复理性主义灵感的主要源泉，柏拉图在《会饮篇》和《斐德罗篇》中的爱欲教义。还从来没有这样一个如此忠诚与热忱的狄奥提玛的弟子！

温克尔曼献身于艺术史，并且拒绝数学方法，这些还导致有些学者质疑他作为美学理论家的贡献。有人认为他的美学是一种衍生物，是鲍姆加登理性主义的支流，②而有些人认为他的美学太过碎片化、不完善和不连贯，以

---

① Hegel, *Vorlesungen über Ästhetik*, in *Werke in zwanzig Bänden*, ed. E. Moldendauer and K. Michel, 20 vols.（Frankfurt: Suhrkamp, 1970），XIII, 92.

② 这是克罗齐的观点。参见 Croce, *Aesthetic*, trans. Douglas. Ainslie（Boston: Nonpareil, 1978），pp.262–4。

至于难以称为一种理论。① 还有些人认为他对美的理论根本不感兴趣。② 所有这些观点可以说都不堪一击。温克尔曼的美学虽然过于碎片化，虽然还不完善，虽然对鲍姆加登和理性主义传统多有借鉴，但仍然具有很高的哲学价值和历史重要性。温克尔曼对一些基本美学概念如优雅（grace）、美和表现（expression）等进行了原创性的分析，这些分析对莱辛、门德尔松和席勒来说显得非常重要。尽管趣味问题对他来说并非关注重点，但他还是尝试给出了一个原创性的看法。他的历史方法并没有让他远离美学问题，而是为他提供了接近美学问题的新途径。他强调指出，这种方法的基本目标，就是去解释美本身的本性。

　　那些质疑温克尔曼哲学家地位的人们经常用错误的标准来衡量他。温克尔曼的哲学特质，不应该按照严格的概念分析或准确的论证这样的学术标准来判断。温克尔曼不是沃尔夫或鲍姆加登；而且他也从未想过要成为沃尔夫或鲍姆加登。由于他已经拒绝了他们的方法，所以用他们的标准衡量他，完全是在回避问题。温克尔曼必须根据另外一种完全不同的标准来衡量：不是那个可以最终回溯至亚里士多德的学术传统，而是那个与之相对抗的柏拉图传统。在所有伟大的古代哲学家中，温克尔曼独钟柏拉图，他很小就开始阅读柏拉图的著作，并称之为自己的"老朋友"。在美学方面，他明确宣称自己是柏拉图的弟子。③ 他曾经多次提及他的许多同代人的烦恼，即柏拉图以来的一般美学理论全都是"空洞的、非建设性的和内容低劣的"④。他认为，自己的使命就是复兴柏拉图的精神，而后者已经被埋在经院主义数个世纪以

159

① See Hugh Honour, *Neo-Classicism* (London: Penguin, 1977), p.58; and Bernard Bosanquet, *A History of Aesthetic* (London: George Allen & Unwin, 1904), pp.241, 250.

② Alfred Baeumler, *Kants Kritik der Urteilskraft:Ihre Geschichte und Systematik* (Halle: Nie-meyer, 1923), p.105.

③ See *Abhandlung von der Fähigkeit der Empfindung des Schönen*, in *Kleine Schriften, Vorreden, Entwürfe*, ed. Walter Rehm (Berlin: de Gruyter, 2002), p.217.

④ *Abhandlung von der Fähigkeit der Empfindung*, p.214.

来堆积的灰尘里。① 正是《斐德罗篇》和《会饮篇》的精神，贯穿在温克尔曼所有论审美的著作里。

有必要指出的是，温克尔曼的柏拉图主义不只是一种教义，还是一种方法。他认为，我们应该模仿古人，不仅模仿他们的艺术，更要模仿他们整个的思想方式。② 温克尔曼对柏拉图式方法的坚守，最明显地表现在他早年德累斯顿时期的著作中。在 1755 年的《古希腊雕塑绘画沉思录》（*Gedancken über die Nachahmung der griechischen Wercke in der Mahlerey und Bildhauerkunst*）中，温克尔曼在简单陈述了自己的基本原则后，提及某种关于他的著作《关于〈沉思录〉的书信》（*Sendschreiben über den Gedancken*）的匿名批评，还提及了自己为回应这种批评而著的另一部作品《关于〈沉思录〉的解释》（*Erläuterung des Gedancken*）。《沉思录》里的所有基本论点都曾经完整出现在《书信》里。温克尔曼关于《书信》的写作被贬斥为一种促销策略，这也有点太过分了。③ 它拥有一种非常深刻的哲学观点。在那里，温克尔曼尝试推广柏拉图的方法，并为柏拉图的哲学精神辩护。温克尔曼说道，真正的哲学，不是去证明一种教义，而是去考察一个事件；它要求思想者和自己的所有观点都保持一定的批判性距离，因为他认识到采取任何一种立场都是成问题的，而且承认最终采取的立场都是反复权衡各种选择，在它们之中选择"那个最具可能性的故事"的结果。④

---

① 嘉斯迪告诉我们，在温克尔曼于罗马的早期时光里，他曾经想过要对柏拉图的著作写一个评论。See Justi, *Winckelmmann und seine Zeitgenossen*, I, 166–7.

② See "Reifere Gedanken über die Nachahmung der Alten in der Zeichnung und Bildhauerkunst", *Kleine Schriften*, p.145.

③ 根据嘉斯迪，这些后来的文章"很少或几乎没有让他的思想得到进一步确证或阐明"（*Winckelmmann und seine Zeitgenossen*, I, 497）。温克尔曼不仅没有在这些论文里实质性地改变他的观点，反而更加详细地解释这些观点，并且为自己作了辩护。它们对于理解《沉思录》来说是不可或缺的。

④ Plato, *Timaeus*, 29d.

把温克尔曼视为一个哲学家，这种重新评价应该扩展到他的思想的各个方面。我们将会在本章发现，比起许多学者所假设的那样，温克尔曼的美学要更加连贯一致、更受欢迎和更有趣。尤为特别的是，我们将会看到温克尔曼的古典主义并非仅仅局限于复制古代模式，他用于艺术研究的历史方法被康德的遗产不公正地遮蔽了，他对希腊文化的解释并没有被尼采的解释所取代。不过，在重估温克尔曼之前，我们需要梳理一下他所产生的影响。　　160

二、历史影响

人人都说，温克尔曼对他那个时代的影响是无比巨大的。在有生之年，他几乎已经成为受人崇拜的偶像。可能除了克洛普斯托克（Klopstock）这个例外，再也没有其他德国作家拥有如此之高的荣誉。[①] 温克尔曼被他那个时代的每一个主要思想家——如莱辛、阿布特（Abbt）、尼克莱、门德尔松和赫尔德等——所欣赏，甚至在歌德时代被奉为圣徒。在 19 世纪早期，歌德把温克尔曼视为自己的异教信仰和新古典主义的保护神，借助于他的记忆来嘲笑浪漫主义运动的出现。[②] 但是浪漫主义者也非常认可温克尔曼。即使在弗里德里希·施莱格尔开始反对新古典主义之后，他仍然崇拜着"神圣的温克尔曼"[③]。

我们该怎样解释温克尔曼的巨大影响？他的一生包含着传奇的所有素材：一个穷鞋匠的儿子，通过无比勤奋的努力，克服一切障碍，最终成为古

---

① 这是亨利·哈特菲尔德得出的结论。参见 Henry Hatfield, *Winckelmann and his German Critics 1755–1781*（New York: King's Crown Press, 1943, p.1）。

② Goethe, *Winckelmann und sein Jahrhundert*, in *Sämtliche Werke, Briefe, Tagebücher und Gespräche*, ed.Dieter Borchmeyer et al.40 vols.（Frankfurt: Deutscher Klassiker Verlag, 1986）, XIX, 177–232.

③ See *Ideen* 102, *Friedrich Schlegel Kritische Ausgabe*, vol. II, ed. Ernst Behler（Munich: Schöningh, 1982）, p.266.

典艺术的国际权威。这种人生为所有生存于类似一文不名的境况中，却抱有文学梦想的人们带来了希望。^① 同样重要的是，温克尔曼是一个德国人，一个获得成功的乡下小子。对很多人来说，他让德国人在古典学问的万神庙里有了一席之地。通过他对法国人的令人难堪的蔑视——他认为法国人永远不可能成为希腊人——温克尔曼亲手助长了正在发芽的民族主义。但是，同样令人难堪和失望的是，当他到达罗马后，他对他的德国同事们也开始变得非常傲慢起来。^②

在 18 世纪德国重新恢复对希腊文化的兴趣，温克尔曼可谓厥功甚伟。由于他的示范，现代人开始学习希腊语，阅读希腊经典原著；最终，高级中学（Gymnasia）开始把希腊语引入他们的总课程。18 世纪末对希腊文学的兴趣，和本世纪中叶形成了鲜明对比。由于三十年战争的结束，对希腊哲学与文学的研究在德国急剧衰落。盛行一时的法国趣味，对拉丁文的强调，让希腊哲学与文学研究奄奄一息。希腊语只是为了新约圣经研究才被学习。最晚的柏拉图著作德语版需要追溯至 1602 年，从 1606 年到 1759 年，荷马的著作只出版过一次，对希腊经典的兴趣缺乏，由此可见一斑。

任何关于温克尔曼影响力的研究，都必须提及他的主要文艺成就《古代艺术史》（Geschichte der Kunst des Alterthums），后者初版于 1764 年的德累斯顿。^③ 这本书作为对古代艺术的可信解释，本身也很快成为经典。^④ 鲍姆加登《美学》在美学研究中的地位，就是温克尔曼《古代艺术史》在艺术史研

---

① 例证见 Hatfield, *Winckelmann*, pp.26–7。

② 这是一个常见的指责。参见 Hatfield, *Winckelmann*, pp.21–47。

③ 括号内所有关于这部著作的引用，都来自 *Geschichte der Kunst der Altertums*（Darmstadt: Wissenschaftliche Buchgesellschaft, 1993）。还存在一个新的批评版的四卷本 *Johann Joachim Winckelmann, Schriften und Nachlaβ*, ed. Adolf Borbein et al.（Mainz am Rhein: Philip von Zabern, 2002—　）。

④ 关于这部著作的接受史，参见 Alex Potts, *Flesh and the Ideal: Winckelmann and the Origins of Art History*（New Haven: Yale University Press, 1994），pp.11–46。

究中的地位。《古代艺术史》是对古代视觉艺术的全面解释，后者包括埃及、伊特鲁里亚、希腊和罗马艺术。人们对这本书的兴趣，以及这本书的价值，不在于它独特的经验性发现——它的许多结论都很快被后来的考古研究证明是错误的——而在于它的方法论。温克尔曼的方法论有四个典型特征，它们全都非常具有影响力，其中一些还富有争议。首先，温克尔曼在一种完整的文化背景中看待艺术，强调艺术不能分离于它的政治、宗教、风俗和自然环境。于是，他完全突破了瓦萨里（Vasari）和贝洛利（Bellori）的文艺复兴传统，后者把艺术史弄成了个体艺术家的传记汇编。对温克尔曼来说，艺术不是个体天才的创造，而是整个文化的成就。其次，温克尔曼尝试提供的，不是一种简单的叙事，而是一种完整的体系（*eine Lehrgebäude*）(9)。① 这一体系将会采用一种特别的形式：它包含一种有机发展的纲要，根据这一纲要，艺术史的每一个时期都有它的诞生、发展、壮大和衰落阶段。再次，温克尔曼让艺术史的主题相关于风格的发展，而每一个体艺术家都只是这个发展过程中的片段。每一种风格都根据自身内在的逻辑发展，以至于它必须以各种特殊的方式来发展。最后，也最具争议性的是，温克尔曼拒绝把艺术史和美学分离；在他看来，艺术史的主要目标，就是确立艺术自身的本质 (9)。他坚持认为，要想知道他在说什么，艺术史家们需要具有艺术家的眼光。

由于这部名著（*chef-d'oeuvre*）的极端重要性，温克尔曼的影响很难被限定在艺术编年史范围内。他还是艺术史本身中的一个突出人物。他帮助创造了他谈论过的每一个主题。在 18 世纪中期复兴古典主义方面，温克尔曼 162 显得非常著名。他在《古希腊雕塑绘画沉思录》中对巴洛克和洛可可趣味的激烈攻击，以及对希腊艺术的热情辩护，被视为德国新古典主义运动的起点。在 1755 年移居罗马，并且成为青年贵族们的导游后，温克尔曼让自己成为一种新风格的偶像，一种新趣味的监护人。没有人会说温克尔曼的新

---

① 格里姆把"*Lehrgebäude*"定义为"将一门科学学说的整体看成一座建筑"。参见 Grimm, *Deutsches Wörterbuch*, 33 vols.（Leipzig, 1854），VI, 572。

古典主义是革命性的；因为他不是第一个也不是最后一个坚持返回古代趣味的人。尽管如此，在定义这种新趣味的过程中，温克尔曼扮演着一个重要角色。他在《沉思录》的一些著名段落里这样写道，"希腊杰作的典型特征"是"它们高贵的单纯和静穆的伟大"。这些话尽管很难说是原创性的，[①]却成为德国新古典主义的准则。

温克尔曼的影响波及甚远，已经大大超过了历史编撰学和新古典主义领域。他提供给年青一代的建议，是一种全新的文化理想，是他们那个时代陈腐文化的完全不同的替代物。不管温克尔曼有意还是无意，下一代人总是把他的新古典主义不仅解释为对一种新艺术的召唤，还解释为对一种新伦理、新信仰和新政治的召唤。由于温克尔曼，希腊人成为批判现代所有方面的标准。为一个已经对基督教义和启蒙绝对论逐渐厌倦和警惕的时代而写作，温克尔曼让年轻人们想起那古老的替代物：古希腊和罗马的人道主义和共和主义。于是，年轻人们把一种极具颠覆性的信息解读进了温克尔曼的文本：我们只有变得像希腊人那样，才能实现充分的人性。于是，模仿希腊人，不仅是一个美学命令，还是一个政治命令、宗教命令和道德命令。从这一方面看，席勒、赫尔德、威尔海姆·冯·洪堡（Wilhelm von Humboldt）、弗里德里希·施莱格尔和青年黑格尔，都是**温克尔曼的孩子**（*die Kinder Winckelmanns*）。

问题依然存在，即温克尔曼本人在何种程度上拥有这样一种激进的议题。这种议题至少在他的文本中得到了暗示。它似乎是《古代艺术史》背后暗藏的信息，因为如果希腊艺术不可能独立于希腊伦理和政治，那就不可能在复兴希腊艺术时不同时复兴希腊伦理和政治。似乎为了把这一点讲得更清楚，温克尔曼非常强调时代，并且在《古代艺术史》里再一次指出，自由是艺术的保护神，而希腊艺术只有在民主的伯利克里时代才是繁荣兴旺的。[②]我

---

① 关于这些术语的早期历史，参见 Gottfried Baumecker, *Winckelmann in seinen Dresdner Schriften*（Berlin: Junker und Dünnhaupt, 1933），pp.57-8。

② See, for example, *Geschichte*, pp.42, 88, 130, 295, 308, 319, 332, 377.

们所知的温克尔曼的个人态度，揭示了他对自己所处时代文化的蔑视。他对普鲁士和撒克逊人的专制主义鄙夷不屑，视之为暴虐专横；他还对基督教伦理持批判态度，因为在他看来，这种伦理没有为"友爱（friendship）"留下空间。温克尔曼曾经宣称，他的生命中有两种伟大的激情：自由和友爱。[①]如果说德国破坏了第一种激情，那么基督教就把第二种激情设为禁忌。就像那么多的年轻一代一样，温克尔曼是如此深爱着古典的希腊，因为它是他那个时代令人压抑的伦理、宗教与政治的解药和替代物。没有什么比他的同性恋倾向更能激起他的亲希腊主义，更能燃起他对自己所处时代令人压抑的道德的怒火。毕竟，只有希腊人允许这种"恶习"，只有希腊人对男性美充满了狂热的崇拜。尤其重要的是，希腊人为温克尔曼提供了一种自由的性生活的典范模式。

三、模仿古人

温克尔曼的第一部重要著作，是他出版于 1755 年 7 月的《古希腊雕塑绘画沉思录》。第一版只印了 50 册，还没有署名。它题献给波兰国王和撒克逊王子奥古斯特三世。导致这本书出现的机缘，是温克尔曼和撒克逊宫廷画家亚当·弗里德里希·欧瑟尔（Adam Friedrich Oeser）的对话，在构思这本书期间，他曾经在这个宫廷里住过。[②]

---

① See to Berendis, July 25, 1755, *Briefe*, ed. Walther Rehm, vol. I（Berlin: de Gruyter, 1952），p.181.

② 在 *Erläuterung des Gedancken* 的结尾（p.144），温克尔曼曾经称赞过欧瑟尔。自从赫尔德以来，欧瑟尔在温克尔曼思想发展中所扮演的角色，就成为思想的主题。参见 Herder, "Denkmal Johann Winckelmann" in *Werke*, vol. II, ed. Günter Grimm（Frankfurt: Deutscher Klassiker Verlag, 1993），p.637; Justi, *Winckelmmann und seine Zeitgenossen*, I, 397–408。正是欧瑟尔在德累斯顿的画廊里教会了温克尔曼绘画与赏画。欧瑟尔预示了而且可能影响了温克尔曼的古典主义取向；他宣称："古老的雕塑以及大型的雕像依然是所有艺术知识的基础和顶峰。"（Justi, p.405）

《古希腊雕塑绘画沉思录》是一部简短的著作，只有 50 页，四开本。除了严谨的编辑校订，这本书还极其清晰、简洁和质朴。这样一种风格，是对古人的有意识的模仿。对于古人，温克尔曼喜欢这样说，即他们知道如何说得很少却能说出很多，而不像现代人，说得很多却说出很少。① 尽管如此，我们还是要指出，这本书最初的草稿其实很厚。由于温克尔曼打算自己出版这本书，他不得不狠心删减，以此限制成本。它的质朴和简洁，似乎更是审美律令的经济效果。

164

尽管具有古典的清晰性和质朴性，歌德还是发现这是一本具有明显巴洛克式风格的书。② 他抱怨道，这本书是如此抽象，以至于他很难从中找到一点感觉。歌德的这种说法虽然有些极端，但也有一定道理。温克尔曼极端简洁风格的代价，就是哲学上的抽象性。由于他在那么少的字句里凝练了那么多的东西，他的一些核心观念就显得模糊不清，缺乏支撑。温克尔曼自己很快就认识到了这一缺点。他又写了《关于〈沉思录〉的书信》和《关于〈沉思录〉的解释》两本书，以澄清和辩护他在《沉思录》里以断奏的方式给出的大多数观念。

《沉思录》是温克尔曼整个计划的核心。正如赫尔德所言，它是"温克尔曼整个灵魂的萌芽"，是"温克尔曼的起点，也是他终其一生不断返回的地方"。③ 这本小册子可以从不同层面来解读。一方面，它可以说是新古典主义美学的激情宣言，是对德累斯顿宫廷根深蒂固的巴洛克和洛可可风格的辛辣讽刺；另一方面，它可以说是对视觉艺术的辩护，以针对柏拉图在《理想国》第五部分所作的经典指控；还有一方面，它可以说是关于方法的讨论，这种讨论规定艺术家的手段，以实现自己的正当目的：关于实在本身的知

---

① *Geschichte der Kunst der Altertums*, p.168.

② Goethe, *Winckelmann und sein Jahrhundert*, in *Sämtliche Werke,* XIX, 188.

③ Herder, "Denkmal Johann Winckelmann", II *Werke*, ed. Martin Bollacher et al.（Frankfurt: Deutsche Klassiker Verlag, 1993），II, 643.

识，构成表象基础的形式。所有这些层面都出现在温克尔曼用一个句子表达的核心论点中："那让我们变得伟大——确实，如果可能的话，甚至变得无与伦比（inimitable）——的唯一途径，就是对古人的模仿（imitation）……"（29）①

温克尔曼的论点是一个有意为之的悖论。术语"无与伦比（*unnachahm-lich*）"和"模仿（*Nachahmung*）"的并置，更加显示了这一点。这个观点是温克尔曼苏格拉底式方法的典型例证。隐藏在悖论背后的东西，是去刺激读者反思自身。这里之所以还存在一种苏格拉底式的反讽元素，不是因为温克尔曼认为自己的论点是有问题的，而是因为他认识到这个论点是有争议的，是需要进一步讨论的。但是，在《沉思录》里，温克尔曼并没有明确地解除这个被他放置在读者阅读道路上的悖论。最终，温克尔曼成为他自己的反讽的受害者：要想完全理解他的文本，我们必须投入他一直瞧不上的学术训练中去。

温克尔曼的论点至少以两种方式表现为悖论。首先，我们被要求通过模仿来实现无与伦比性。这是荒诞可笑的，因为根据定义，无与伦比性是不可能被模仿的。如果我们要模仿它，我们所创造出来的，只是某种可被模仿的东西，于是，手段（模仿）会妨碍目的（创造不可模仿的东西）的实现。其次，温克尔曼把无与伦比性与某种独特的和原创的东西关联起来；但是如果我们模仿了它，我们又会使它成为可复制的和非原创的。于是，温克尔曼的论点似乎可以归结为一种自我挫败的命令："通过模仿成为无与伦比的！""模仿那不可模仿的！""成为原创的，同时遵循某种别的东西！"

根据最为简单而直接的解释，温克尔曼的模仿教义只是建议艺术家去复制古代艺术作品。它似乎在劝告画家和雕塑家摆出一个古典模特，在画布或石头上把它再造出来。在温克尔曼的时代，复制古代模特是常见的实践，早

165

---

① 所有引文都来自 *Kleine Schriften, Vorreden, Entwürfe*. ed. Walter Rehm, 2nd edn. Berlin: de Gruyter, 2002。行数由斜体表示。

已存在了数个世纪。整个欧洲的艺术学院在教育它们的学生时，都从让他们再造古代模特开始。于是，按照这种解读，温克尔曼只是在鼓励这种实践，让它成为艺术教育的**重点**；他所质疑的，只是常见的现代主义者们的信仰，即对古人的模仿，只能是艺术教育的**初级**阶段。①

这种解释有时候被视为不可思议的天真，好像温克尔曼不会容忍纯粹的复制。但实际上，这正是温克尔曼的一部分意思。他确实视古代作品为青年艺术家的模特，他也确实认为他们应该忠实地模仿或复制这些模特。比如说，他发现在古罗马，拉奥孔是艺术家们的典范，这一点值得赞扬（30）。温克尔曼明确比较过模仿古人与直接模仿自然，认为只有前一种方法才能教会艺术家创造出伟大的艺术作品。

尽管如此，完全精确地复制古代模特，确确实实不是温克尔曼所谓模仿的**所有**含义；而且，这种含义也确实不是他的论点的关键之处。因为，在《沉思录》里，温克尔曼警告我们不要盲目追随古人；他还明确指出，他非常看重艺术作品创造过程中的独特性、原创性和自发性。他明显赞许地引用米开朗基罗（Michelangelo）的话："任何追随他人的人，都不会走在前面，而且任何不能为自己造出好的东西的人，都不会好好利用别人已经做出来的好东西。"（38，*17—20*）② 在《古代艺术史》中，温克尔曼对纯粹复制的轻蔑态度，更为明显地表现在他对罗马艺术的看法中。罗马艺术从没有什么新东西可言，因为它只是在模仿希腊人。温克尔曼警告不要追随罗马人："……无论何时，模仿者永远位于被模仿者之下。"（225）

那么，如果模仿不只意味着复制，它究竟意味着什么？一些学者并没有

---

① 这是嘉斯迪的解读（*Winckelmmann und seine Zeitgenossen*, I, 444）。

② Giorgio Vasari, *Lives of the Artists*, trans. George Bull, 2vols.（London: Penguin, 1987），I, 427. 值得指出的是，米开朗基罗说这句话时，指的就是班狄奈利（Bandinelli）所复制的《拉奥孔》，而温克尔曼正是建议把这件作品作为原型来看待。温克尔曼完全意识到米开朗基罗这句评论的上下文语境。

直面这个问题，而是用某种模糊而轻飘的东西来回避它。他们说它似乎意味着"以希腊精神进行的创造"①。但是这种解释不过是在用晦涩的语言解释难懂的问题（*obscurum per obscurius*）。我们需要更加准确的解释。

为了理解温克尔曼的意思，有必要进一步考察《沉思录》，尤其是温克尔曼用以解释古代艺术家的方法的那些段落。他指出，对艺术家来说，可能存在两种模仿自然的方法（37）。第一种是准确地再造一个单独的个体，后者已经存在于我们的感官经验中；第二种是从经验中的许多类似特例中收集各种观察所得，把它们构成一个单独的原型。不同于前一种方法给了我们一个复制品或模型，后一种方法尝试创造一种理想的美。温克尔曼认为，希腊大师们的方法，绝对是后一种而非前一种。他们的目的不是去复制已经存在于感性经验中的事物，而是以感性形式具体化某种完善的理想。他们并没有直接再造经验中的某种特殊客体，而是从经验中抽出所有完善的特征，把它们结合在一个单独的完善理想中（30，*30—4*，34，*32—3*）。

正是在这样的语境中，我们才可以确定温克尔曼模仿教义的内涵。根据这种解读，温克尔曼是在说，现代艺术家应该模仿的，不只是古典的**模特**，还是古典的**方法**，不只是古典艺术家的**产品**，更是他们的**行动**。就像古希腊艺术家拒绝模仿现实给予他们的客体，而是根据理智创造一个理想，现代艺术家要做的也是相同的事情。或者，温克尔曼是在说，现代艺术家应该追随的，是古典作品的**形式**而非**内容**。关键不是古典艺术的主题——希腊女神、众神和英雄——而是描绘这一主题的方式，是它简洁、清晰和优雅的风格。于是，温克尔曼非常赞赏拉斐尔（Raphael）绘画中的古典特质，尽管这些绘画的主题是神圣的而非古典的。

从这个角度看，温克尔曼的模仿教义就不再是悖论了；它不仅与心灵的自发性、原创性和独立性相容，而且还确实需要这些特性。因为，我们模仿 167

① See Henry Hatfield, *Aesthetic Paganism in German Literature*（Cambridge: Harvard University Press, 1964），p.7.

希腊人，不只是通过创造一种美的或完善的理想，或只是通过学习一种简洁而清晰的风格；而是说我们只有通过我们自己理智的自发行为，才能创造出这样的理想，才能学到这样的风格。

温克尔曼写于 1759 年的一篇短论《关于艺术作品欣赏的回忆》（"Erinnerung über die Betrachtung der Werke der Kunst"），可以让我们更加确定，温克尔曼的模仿教义应该如此解读。这里，温克尔曼不仅直接宣布放弃任何对古典艺术的盲目复制（151），还明确强调指出，区别好与坏的艺术的基本标准之一，就是心灵的独立性，就是心灵为自身而思想（149—51）。然后，他在模仿（*Nachahmung*）与复制（*Nachmachung*）之间作了区分，并且解释道，心灵的独立性虽然与复制不相容，却与模仿完全相容。复制不仅意味着再造某个模特，而且根据某种指定的规则工作（151）。复制的这两个方面都与心灵的独立性、心灵为自身思想的特性不相容，这种为自身思想的特性，把心灵显现在自发性、创造性和原创性中。温克尔曼坚决主张，艺术家不能仅仅再造那已经给予他的东西，而应该根据自己的行动改造它，从而使它获得一种属于它自己的独特品质（151）。

认为古人的真正方法是理想化（idealization）而非模仿，温克尔曼的这种主张并不新奇。文艺复兴以来，这已经是常见的教义，而且还有大量的古代资源支持着它。常被拿来支持这个教义的证据，是乔瓦尼·贝洛里（Giovanni Bellori）1672 年所著《现代画家、雕塑家与建筑师传》（*Vite de pittori, scultori et architetti moderni*）的前言。① 以他对西塞罗（Cicero）、赛内卡（Seneca）和昆体良（Quintilian）的解释为基础，贝洛里认为古希腊艺术家——他指的是宙克西斯（Zeuxis）、利西波斯（Lysippus）和菲狄亚斯（Phidias）——并没有直接模仿自然的不完善特征，而是根据由理智构成的完善原型来工作。贝洛里的观点被广泛接纳，成为法兰西学院和罗马圣路加

---

① Reprinted in *A Documentary History Art*, ed. Elizabeth Holt, 2 vols.（New York: Doubleday, 1958），II, 94–106.

学院的官方教义。它后来又被很多古典主义者如尼古拉斯·普桑（Nicolas Poussin）和安德烈·菲力比安（André Félibien）重申。

但是，温克尔曼说的即使不是什么新东西，也一定是某种富有争议性和分歧性的东西。他是在攻击那些现代主义者，他们相信现代艺术优于古代艺术，因为前者能够更为准确地再生产出自然。他在这方面的最重要的对手，是法国美学家罗格·德·皮尔斯（Roger de Piles，1635—1709），后者在他的《论工艺品及名画》（*Dissertation sur les ouvrages des plus fameux peintures*）（1681）里为一种原则辩护，即："绘画是对可见客体的完美模仿。 168 其最终目的是误导视觉（*La peinture est la parfaite imitation des objets visibles. Sa fin est de tromper la veûe*）。"① 尽管皮尔斯也赞美古人，但他仍然认为现代人实现完全的现实主义的能力已经超过了古人。在这方面，古人还是显得太粗糙和简单；只有在像鲁本斯（Rubens）这样的现代大师那里，才可能相信人们真正发现了自然本身。

尽管温克尔曼与贝洛里传统的密切关系有时候会被提及，但人们还是认为他与这一传统在某个根本方面有距离，即让理想化成为只有古人才有的特性。② 尽管这一传统中的思想家们认为现代艺术家也可以理想化——于是就有了那种解释——但在坚称**只有**古人能够实现这样一种理想方面，温克尔曼要比这些思想家表现得更为古典主义一些。正是这个原因，我们被告知温克尔曼主张**只有**古人才可以被模仿。③

但是，这种解读在拯救温克尔曼的原创性时，却让他承载了不连贯性和不真实性的负担。如果只有古人才能创造完善的理想，那么现代艺术家就只能复制古人。但是这样的话，温克尔曼在模仿和复制之间所作的区分就变得毫无意义了。还有，温克尔曼显然没有认定只有古代艺术家能够实现完善；

---

① 引自 Baumecker, *Winckelmann in seinen Dresdner Schriften*, p.24。

② 这是鲍梅克的解释。Baumecker, *Winckelmann in Seinen Dresdner Schriften*, p.45.

③ Baumecker, *Winckelmann in Seinen Dresdner Schriften*, p.41.

他非常崇拜拉斐尔的单纯与宁静；他甚至承认，从构图和透视法方面来看，现代画家已经超越了古人。

现在应该很清楚了，关于温克尔曼的模仿教义，存在一种既进步又保守的解读。进步的解读认为现代艺术家能够实现和古人一样的理想，而模仿也只是对古人方法的遵循，或者是创造出和他们一样的形式方面的特征，而不管他们的主题。保守的解读坚称，只有古代艺术家能够创造完善的理想，因此现代艺术家只有在复制的意义上模仿古人；他们因此必须不仅在形式上而且在内容上追随古人。但是，上述证据已经清楚说明，我们必须采纳的是进步的解读。但是有必要补充一点，那就是这种进步的解读已经有了自己的著名代言人。这些代言人中最为有名的是黑格尔，后者把这种解释带向了它的终极结论：宣称艺术的终结！但是就像黑格尔的许多同代人那样，温克尔曼也不会赞同这种观点。

承认了对温克尔曼的进步性解读，我们现在开始面对这个令人苦恼的问题：复制古代的模特究竟有何意义？正如我们已经看到的那样，温克尔曼赞同这种实践，并且这也是他的意思的一部分；但它也似乎违背了他的模仿教义的精神实质。如果模仿古人就是追随他们的方法，那么艺术家们就不应该把自己束缚在古人的模特身上去；相反，他们应该自由选择他们自己的主题，去创造他们自己想创造的东西。毕竟，由于模特也只是一种特殊的对象，就像自然中的任何一种东西一样，根据模特绘画，就是去复制而不是去理想化。

不过，当我们考虑到温克尔曼认为模仿古人模特还有一种教育目的时，这种不连贯性就会消失。对艺术家们来说，这些模特是他们学习理想化技巧的工具，是一架梯子，一旦他们掌握属于自己的技巧，这架梯子就会被最终丢掉。复制古人模特而非直接模仿自然的关键，是前者能够让青年艺术家感受到藏在希腊模特中的理想美；通过研究古典模特，艺术家会学习到如何理想化自己，并且不再落入简单复制现实存在的自然客体的陷阱。一旦现代艺术家开始形成自己的理想，他就能够沿着自己的路前进，而不再受古典模特的约束。

初看上去，温克尔曼的模仿理论放弃了古典的模仿理论，根据后者，艺术应该再生产、复制或模仿自然。① 看上去温克尔曼似乎是在建议艺术家去理想化而非去模仿，去创造理想而非复制自然中的事物。在《沉思录》里也确实有一些段落比较了对古人的模仿和对自然的模仿（38—9）。比如说，他严厉批评了贝尔尼尼（Bernini），因为后者想要直接模仿自然而非遵循古人的方法。

然而，我们要看到，温克尔曼并非拒绝而只是重新解释了这一古典理论。在《沉思录》的一段话里他明确指出，如果艺术家学习模仿希腊人，那么他将会最终"站在通往模仿自然的真理之路上"（38，6—7）。在另外一段来自《关于〈沉思录〉的解释》的话里，他也明确宣称，诗的目的，和绘画一样，都是对自然的模仿（118，1—3）。温克尔曼保留了古典理论，但又从柏拉图的角度重新解释了自然或实在概念。忠实于柏拉图传统，温克尔曼认为实在不是感性世界的特殊性，而是可理解世界的形式或原型。温克尔曼需要艺术家们模仿的，正是这种实在或自然，而非感官里的暗影世界。于是，温克尔曼不是在降低而是在提升艺术的真理需求。艺术应该努力洞见实在本身的可理解结构，而不是简单复写实在存在于感性经验中的表象。

温克尔曼对理想化方法的辩护，及其对直接模仿的批判，都是在尝试着为艺术事业辩护，以反对柏拉图在《理想国》第五部分提出的挑战。在某种重要的程度上，温克尔曼接受了柏拉图的观点：如果绘画与雕塑只是对存在于感性经验中的事物的简单模仿，那么它们就只不过是欺骗，是表象的表象，把它作为实在本身而典当了出去。皮尔斯的绘画理论存在的问题，就是它很难抵挡这种柏拉图式的严厉反对。但是，从《斐德罗篇》和《会饮篇》

170

---

① 这个结论经常被引用。比如，参见 Honour, *Neo-Classicism*, p.61。

中获得启发的温克尔曼热忱地相信，艺术家不必局限于这一使命。艺术家不但不用仅仅模仿特殊性，还能够凭直觉把握形式本身；而且视觉艺术的任务就是在画布和石头上具体化这种直觉。只有通过这种途径，艺术才能成为柏拉图在《斐德罗篇》中允诺成为的东西：美的化身，形式的感性表象。

温克尔曼在其后期时光真的放弃了模仿理论？有一种证明可以支持这种观点。[①] 我们被告知，《古代艺术史》中的艺术史理论削弱了模仿理论，因为它显示了希腊艺术如何从古希腊独特的气候和政治环境中出现的过程。由于这些环境不可重复，在我们今天这种非常不同的环境里复兴希腊艺术，就是不可能的。于是，人们就认为，温克尔曼放弃了他的艺术变革希望，只是屈尊变成了一个辉煌过去的睿智观察者。

但成问题的是，在温克尔曼的古典主义和历史主义之间确实存在某种不连贯性。尽管现代艺术家不可能创造出希腊大师们才有的完美作品——它们依赖于独特的环境，但他仍然能够遵循希腊人的方法，仍然能够创造出具有同样单纯与清晰品质的作品。这里，只有在我们假设模仿意味着再创造和希腊人的杰作一样的东西时，意味着不仅在方法上而且在内容上或主题上模仿他们时，才会存在不连贯性。但无论如何，温克尔曼本人并没有感觉到这种不连贯性，他也从未放弃过他的模仿理论。值得指出的是，即使是在《古代艺术史》中，他仍然再次肯定了这一理论。他关于希腊人的历史研究的关键核心，就是去确定美本身的本质。[②]

171

四、一种新古典主义美学

温克尔曼新古典主义美学的核心，出现在他的《沉思录》的著名语段里：

---

① See Ingrid Kreuzer, *Studien zu Winckelmanns Ästhetik* (Berlin: Akademie Verlag, 1959), pp.65–6, 95, 100.

② See *Geschichte der Kunst der Altertums*, p.9.

"希腊杰作普遍存在的典型特征，是一种高贵的单纯（*eine edle Einfalt*）和一种静穆的伟大（*eine stille Grösse*）"（43）。温克尔曼解释道，希腊雕塑中的人物总能显现出"一个伟大而宁静的灵魂（*eine grosse und gesetzte Seele*）"。不管有多么哀伤和困窘，他们总是显示出一种自制和镇静，一种超越于不幸之上的灵魂力量。这些角色从来没有被放在一种野蛮的、极端的和狂暴的状态或情形中被描述，这种状态或情形在希腊人看来是一种错误，被他们称为 *Parenthyrsis*①，即过分夸张而不恰当的痛苦。

　　温克尔曼的声明是对巴洛克式趣味的反应，后者的美学和他自己的美学完全相反。巴洛克美学看重激情的表现，而且特别强调情感的强度。当然，对温克尔曼来说，这只是一种称之为"*Parenthyrsis*"的错误。这种巴洛克美学的英雄，就是温克尔曼的死敌贝尔尼尼，他曾经直接称呼后者为"艺术破坏者"（*der Kunstverderber*）。在《沉思录》里，温克尔曼向贝尔尼尼及其所有追随者发起了攻击。他们想要在一种极端而不常见的状态中描绘人物，因为这样做似乎可以解释灵魂中燃烧的火焰（44）。他们最喜欢的技巧因此就是对比（*Contrapost*），其目的就是借助于尖锐的对比制造效果的强度。但是对于温克尔曼来说，这完全违背了希腊艺术的精神，后者不是为了揭示激情，而恰是为了揭示灵魂超越和控制这种激情的力量。

　　温克尔曼新美学的典范是拉奥孔，他认为后者是名副其实的"波利克里托斯（Polyclitus）准则，艺术的完美准则"（30）。这尊于 1506 年在罗马重见天日的雕塑，是罗马人的复制品，原作由罗德岛的雕塑家哈格桑德（Hagesander）、波利多罗斯（Polydorus）和阿桑诺多罗斯（Athanodorus）于公元 1 世纪后半叶完成。这尊雕塑显示的，是司祭拉奥孔和他的儿子们被两条蛇缠身的故事。温克尔曼看中这尊雕塑，不仅仅因为它常被视作希腊艺术中的杰作，而且因为它是一个完美的试金石，可以证明他的美学相对于巴洛克美学

---

① 此词来源于希腊词 *Parenthyrsos*，指不恰当的感情、矫揉造作的风格。——译注

的正确性。因为很多年以来，巴洛克艺术家们都视这尊雕塑为悲伤与痛苦的完美表现，[①]而这些极端情感恰好是温克尔曼想要从艺术中驱逐出去的东西。通过举这个最受巴洛克传统喜欢的例子，温克尔曼作了一个非常具有战略性的决定：他相信自己既能驳倒那些反对他的理论的最有力证据，还能显示他的理论具有解释所有表象的能力。

172

初看上去，这尊雕塑似乎就是反对温克尔曼静穆与克制美学的证据。由于拉奥孔是在和要绞杀他的蛇作斗争，所以他似乎并没有那么沉静；实际上，他似乎陷入了垂死挣扎的痛苦中。这里的痛苦看上去是真实的痛苦。但是温克尔曼要求我们作进一步的观察。拉奥孔并没有在拼命尖叫；他的脸并没有扭曲；他似乎在平静地忍受着痛苦。即使已经濒临死亡，拉奥孔的脸仍然显得镇定、有尊严和自制。尽管这种解释全然不顾可见的证据，但它后来被公认是非常引人入胜的解读；这种解读将会是莱辛《拉奥孔》的起点。[②]

认为温克尔曼针对巴洛克美学的反驳是革命性的，这是一个错误。[③]这种看法过分夸大了温克尔曼的原创性，这种原创性其实是局限于他的撒克逊语境中的。温克尔曼的巴洛克批判，基本上是对撒克逊宫廷趣味的批判，后者已经让巴洛克式作品充满了它所有的博物馆和画廊。它所获得的少有的古代雕塑作品之一，所谓的《贞女万斯塔》（*Vestal Virgins*），却从来没有展出过，一直被放在库房里；正如温克尔曼所解释的那样，那位贞女"像盒子里的鲱鱼一样被收藏着"。撒克逊趣味很难走在时尚潮流的前列；它实际上是完全粗鄙和落后于时代的。到了世纪中期，对巴洛克和洛可可风格的反对已

---

① See Germain Bazin, *Baroque and Rococo Art* (New York: Praeger, 1964), p.24.

② 关于对温克尔曼《拉奥孔》解读的接受史，参见 H. B. Nisbet, "Laocöon in Germany: The Reception of the Group since Winckelmann", *Oxford German Studies* 10 (1979), 22–63。

③ 比如，巴特勒（E. M. Butler）就宣称，温克尔曼是反对巴洛克的"最早的领导者"，参见 *The Tyranny of Greece over Germany*, (Boston: Beacon Press, 1958), p.18, 她的意思是说，这只是一个开端。

经在法国和意大利开始风行。在罗马，绘画开始返回新古典主义的价值，开始拒绝赛森托的巴洛克风格和威尼斯的洛可可风格。法国人从来没有真正全面接受巴洛克风格；而且在路易十四的统治下，他们已经发展出了他们自己的新古典主义形式。普桑（Poussin）率先开始反对贝尔尼尼；他成了风流人物，"普桑主义"流行整个法国。温克尔曼充分意识到了这种发展趋势，他似乎不可能像他的那些后代强加于他的那样，宣称这种原创性归自己所有。但是由于撒克逊趣味的存在，他仍然觉得自己有理由攻击巴洛克风格的残渣余孽。贝尔尼尼虽然不再是他曾经创造的风格的引领者，但直到18世纪中叶仍然不乏模仿者；而且查尔斯·勒·布隆（Charles Le Brun），法兰西学院的实际引领者，还使那些表现灵魂所有激情的技巧变得正式化起来。[①]

173

　　关键的问题仍然存在：温克尔曼为什么会欣赏单纯与静穆？他为什么会反对极端情绪的表现？以温克尔曼美学只与趣味问题相关为由拒绝考虑这个问题，会是一个错误。因为忠实于理性主义传统的温克尔曼坚持认为，批评家绝不能满足于声明某种东西是美的，批评家的特殊使命是去确定它为什么是美的。[②] 遵循他自己的建议，我们需要就温克尔曼的美学提出类似的问题。

　　关于自己的美学，温克尔曼确实提供过一些明确的论证。其中之一，就出现在《沉思录》这个长长的句子里："身体的姿势越平静，它越易于描述灵魂的真正特征；在所有远离睡眠状态的姿势里，灵魂都没有处于它最适当的状态，而是总处于被强制和约束的情况中。"（43—4）这里，存在几个关键的前提：（1）睡眠是灵魂的适当状态；（2）任何猛烈或极端的事物都会强制或约束灵魂；（3）美与强制或约束不相容。这些前提假设了一个潜在的原则，即自然的就是美的。尽管这一原则貌似可信，但人们可能还是要问，为什么睡眠对灵魂来说是自然的。宣称宁静祥和是自然的，就是在给出一个正

---

①　这表现在布隆的名著 *Méthode pour apprendre à dessiner les passions*（Paris, 1698）中，温克尔曼在 *Geschichte*（p.169）中把它作为批评对象。

②　See "Beschreibung des Torso im Belvedere zu Rom", *Kleine Schriften*, p.169.

式的声明：灵魂**应该**处于这种状态。但是，温克尔曼并没有进一步解释灵魂为什么应该处于这种状态。

温克尔曼为自己的美学提供的另一种论证，出现在他的后期著作《论艺术中美感的作用》（*Abhandlung von der Fähigkeit der Empfindung des Schönen in der Kunst*，1763）中。在这里，他主张沉静是审美快乐和沉思的必要条件。他说道，"真正的享受"，只能来自"心灵和身体的休息状态"（219）。如果我们感受到一种太过极端的情感或太过暴力的行为，我们就会发现自己的平衡被打破，就会产生厌恶之情。我们在感知到和谐与比例时才获得审美快乐，发现灵魂的极端状态会破坏必要的平衡。这里有必要指出的是，这种论证把沉静不仅视为艺术作品本身的特质，还视为对它的感知的特质。这种论证尝试连接起二者：如果感知者发现了静穆，他就会享受这静穆。但是，这样一种论证面对悲剧性快乐的问题，就会显得有些牵强：看见人们遭遇不幸，我们也会很享受。

这两种论证都很成问题。比起被它们解决的问题，它们似乎又制造了更多的问题，或者说，对于它们假设的前提条件，它们并没有予以充分解释。它们也都没有揭示温克尔曼美学的终极基础。尽管温克尔曼从未明确提及，但他的美学的主要根据基本上是伦理性的。温克尔曼之所以看重单纯与静穆，就是因为他认为它们是一种伦理理想——希腊人的节制（Sophrosyne）伦理——的化身。这是一种自我控制的理想，一种强调所有事情都要适度的理想，一种理性的自我约束理想，它能够让人在所有变换的激情和无常的命运中享受到沉静和从容的自制。古希腊雕塑的单纯和静穆，只是这种理想令人愉悦的感性表现或表象。温克尔曼从希腊哲学与文学中认识到这种理想，并且很适当地把它解读进了希腊雕塑中。在《沉思录》里，他为这种解释找到的依据是，它是希腊人自己的实践：希腊艺术家本身就是哲学家，他们把自己的理想刻进了石头（33）。无论如何，把希腊艺术和希腊伦理结合在一起，与温克尔曼的历史方法完全相符，根据这种方法，艺术只是文化的一个方面，只是这种文化的最高价值和理想的表现。

对希腊艺术持这样一种道德视角，当然有先例存在，那就是柏拉图。没有什么比温克尔曼尊崇静穆与自制更能说明柏拉图对他的影响了。就像《理想国》里的柏拉图，温克尔曼期望艺术能够引导和教育公众；他也会把那种削弱自制力和允许自我放纵的艺术驱逐出理想国。温克尔曼对巴洛克雕塑的反对，让人想起柏拉图在《理想国》第五部分对希腊悲剧诗人的谴责。当人们确实应该学习控制他们的情感时，悲剧诗人和巴洛克艺术家却在鼓励人们发泄，他们应该对此负有责任。

温克尔曼与巴洛克的战斗，最终表现为两种相互竞争的伦理理想、两种完全相反的世界观之间的斗争。根据其潜在的人道主义，温克尔曼把希腊人的节制伦理视为希腊人人性自足信仰的表现，这种信仰主张，只需要通过我们的自然力量，我们就能在此生中获得至善。不管是斯多葛派还是伊壁鸠鲁派，希腊人都认为至善存在于幸福中，存在于灵魂的宁静中，而这种幸福与宁静是对自我主宰的美德的报偿。但是，来自反宗教改革运动的巴洛克艺术，却承担着由教会指定的解释和宣传使命。它尝试建立信仰的荣耀和教会的权威，从而意味着返回了原初的基督教视角，根据这一视角，至善不可能在此生获得，而只能通过永恒的救赎。这种新基督教精神的最明显表现，就是贝尔尼尼的杰作《圣特瑞莎的迷狂》（*Ecstasy of Saint Teresa*）。我们或许可以把特瑞莎的迷狂描述为静穆；但这种静穆使她超越了这个世界。她向上扭转的头颅，紧闭的双眼和张开的嘴巴，显示了她不再处于我们中间。相反，温克尔曼对拉奥孔的解释，是一种尘世美学的缩影：即使处于生命可能 175
会遭受到的最糟糕的苦痛中，拉奥孔依然保持着他本有的尊严。

五、古今之争

温克尔曼在《沉思录》里对古典艺术的辩护，是他对那场有名的古今之争（*Querelle des anciens et des moderns*）作出的贡献。[①] 这场开始于 17 世纪 80 年代法国的争论所关注的根本问题，是古代艺术与科学能否仍然作为现代思想生活的权威。文艺复兴运动的态度是，古希腊人和罗马人的成就是规范性的，是所有未来艺术和科学的基础。这种态度的最明确的代表是伊拉斯谟（Erasmus），他有过这样一句有名的断语，即艺术与科学中值得认识的东西，都已经被希腊语和拉丁语写完了。但是，到了 17 世纪早期，这种观点由于新科学的惊人成功而被削弱了，这种成功似乎证明现代人已经超越了古代人。新科学的方法主张的是一种令人眩晕的进步观，一种不断超越古人、获得全新知识的前景，这种知识，柏拉图和亚里士多德做梦也没有想过。到了 18 世纪早期，争论似乎已经决定性地偏向了现代人这一方。牛顿主义的胜利和传播，彻底打败或者说完全埋葬了古代世界的科学。

但是，关键的问题依然存在：如果在科学方面超越古人是可能的，那么在艺术方面呢？如果说伽利略征服了亚里士多德，哈维战胜了盖伦，那么莎士比亚就一定是比索福克勒斯更优秀的戏剧家？伏尔泰就一定是比荷马更卓越的诗人？古老争论的余烬，到了 18 世纪又开始熊熊燃烧起来。尽管大多数古代的支持者愿意承认科学方面的失败，但他们都和古代艺术坚定地站在一起。

尽管这场争论最初聚焦的是诗歌，但最终影响了所有形式的艺术，尤其是绘画和雕塑。在 18 世纪早期，关于视觉艺术的古今两条战线业已形

---

① 关于这场争论的一些有用处的摘要，见 G. Lanson, *Historie de la littérature française* (Paris: Hachette, 1960)，pp.595–602; Ira Wade, *Intellectual Origins of the French Enlightenment* (Princeton: Princeton University Press, 1971)，pp.624–31; Werner Krauss, "Der Streit der Altertumsfreunde mit den Anhängern der Moderne und die Entstehung des geschichtlichen Weltbildes", in *Antike und Moderne in der Literaturdiskussion des 18. Jahrhunderts*. (Berlin: Akademie Verlag, 1966)，pp.ix–lx; Joseph M. Levine, *The Battle of the Books* (Ithaca: Cornell University Press, 1991)，pp.121–47。

成。[1] 在支持古人的阵营里，有罗兰·尚布雷（Rolland Chambray）、安德　176
烈·菲力比安和乔纳森·理查德森（Jonathan Richardson）。他们为一种理想
化方法辩护，强调构图对着色的重要性，为拉斐尔和普桑复兴古代精神大唱
赞歌。现代人的主要代言者，是罗格·德·皮尔斯（Roger de Piles），法兰
西学院的名誉顾问，他持有一种完全相反的立场。[2] 他支持对自然的直接模
仿，重视着色甚于构图，坚称鲁本斯超越了普桑和拉斐尔。

在 1755 年开始写《沉思录》之前，温克尔曼已经详细研究了这场争论。
他曾经阅读并摘录过尚布雷、菲力比安、理查德森和皮尔斯的许多著作。从
他在德累斯顿时期的著作可以很清楚地看到，他坚定地站在反对现代主义的
古典主义立场上。他时时处处都和古典主义者保持一致：他也为理想化方法
辩护，也强调构图的重要性甚于着色，也肯定拉斐尔和普桑的价值高于鲁本
斯。[3] 皮尔斯——温克尔曼曾经在自己《关于〈沉思录〉的书信》（79）中
引用过皮尔斯的《论文》——成了他的主要敌人和靶子。[4]

一旦我们把《沉思录》放在这样的语境中看，它的整个论证就都显得普
通甚至落入俗套了。实际上，这本书还是有一些新颖之处的。它的原创性不
在于温克尔曼的立场如何，而在于他如何为这种立场辩护。温克尔曼采用了
一种全新的策略来为他的古典主义正名，那就是他使用了现代主义者自己发
明的武器。虽然承认了新科学的优越性，温克尔曼要用他们的方法去证明古

---

[1]　关于这场争论，见 Baumecker, *Winckelmann in seinen Dresdner Schriften*, pp.9–34。

[2]　关于皮尔斯的论述，见 Thomas Puttfarken, *Roger de Piles' Theory of Art*（New Haven: Yale
　　University Press, 1985）。

[3]　温克尔曼对待鲁本斯的态度，要比他所属派别所允许的那样更复杂。在 "Vom mündli-
　　chen Vortrage der neueren Geschichte" 中，他把鲁本斯置于现代大师之列（21）；在 *Ge-*
　　dancken 中，他认为鲁本斯是寓言性绘画方面最伟大的人物之一（37）；在 *Erläuterung* 中，
　　他赞扬 "他的精神成果取之不尽、用之不竭"（112）。尽管如此，他并不喜欢鲁本斯的
　　比例或色彩，尤其不喜欢那些肉身裸体。见 *Von der Fähigkeit der Empfindung des Schönen*
　　（231）。

[4]　温克尔曼中对现代主义立场的解释，见其 *Sendschreiben* Rehm, pp.65–6, 70–1。

典艺术的优越性。这种正在被我们谈论的方法，就是由孟德斯鸠在他的《论法的精神》（*Esprit des lois*）中发展而成的历史方法。根据这种方法，艺术和政体一样，应当被视为一个民族的精神的一部分，是这个民族的历史环境、传统、语言、法律与宗教的必然产物。在新科学中，这种方法表现为自然主义的，强调民族精神如何由它的自然环境，尤其是地理、气候和空气形

177 成。温克尔曼无疑受到了孟德斯鸠的启发；早在 1755 年，他就阅读并摘录过孟德斯鸠的《论法的精神》。[①] 公正地说，孟德斯鸠是温克尔曼自己的历史概念背后的指导性精神。

更为特别的还有，温克尔曼的策略是运用孟德斯鸠的方法去证明一个基本观点：比起现代世界，古希腊的政治体制和美妙环境与自然的契合度更高。说他们与自然更契合，就是说他们鼓励和刺激更充分、完整地表现我们的自然人性力量。希腊人在艺术方面具有优越性的主要原因——也是他们直至今日还能提供模仿的模特的主要原因——是他们的艺术作品是不受任何限制的、充分发展的人性自然的产物，从那时以来，这种人性再也没有被如此自由或全面地认识到了。

在《沉思录》和《关于〈沉思录〉的解释》中，温克尔曼为这个论点发展出了两种不同的论证。第一，古代城邦的宪法和政治体制赋予它们的公民以自由，而自由是我们的自然力量得以全面发展的前提条件。第二，比起北部国家，希腊的气候、空气和地理更适合健康与美的发展。在这两种论证里，温克尔曼都预设了一个前提——就像绝大多数启蒙思想家一样——即存在一种固定的、持续的和明确的人性，这种人性的能力只有在特殊的物理和政治条件中才能得到发展。

温克尔曼在《沉思录》里给出的论证只是一种暗示。他写道，存在于希腊人之间的自由的文明状态，允许他们把自己的天性发展到极致，他们的艺

[①] 关于孟德斯鸠对温克尔曼的影响，见 Justi, *Winckelmmann und seine Zeitenossen*, I, 247, 250–9。

术家也没有遭遇法律和习俗的限制之苦（33）。但是，在《古代艺术史》中，这种观点被更加着重和明确地表达出来，在那里，他一再指出，雅典的政治体制给了它的公民发展自己的所有人性力量的自由，而这些力量中首要的也是最重要的，是他们的审美创造力。自由是"die Pflegerin der Künste（艺术家的保姆）"（88），也是"（希腊）艺术优越性的主要原因"（130；cf. 295）。他解释道，雅典艺术家最幸福的时光，是在伯利克里主管城邦事务的40年里。在《古代艺术史》第二部分，温克尔曼指出，在艺术的兴衰和雅典民主的兴衰之间，存在着某种完美的关联（319，332）。他对希腊艺术史的复杂分期，把希腊艺术的巅峰即美的风格，与伯利克里时代关联在了一起。　　178

　　但是，艺术与自由之间为什么会存在这种关联，温克尔曼恰恰没有给予充分解释。他貌似很充分地假设道，严苛的法律和审查制度将会压制创造力和天赋。他认为，埃及之所以没能发展出伟大的艺术，就是因为他们严酷的法律和习俗禁止了所有的创新（49）。他认为，腓尼基人、波斯人和埃及人都没有发展出如希腊人所拥有的如此高程度的艺术，就是因为他们的帝国体制（84）。但是，我们想要问的是，为什么共和体制对艺术的繁荣来说是必要条件？难道一种开明的专制就不能产生同样的效果，在那里统治者也可以赋予艺术和科学以自由？但是，更为详细地阅读《古代艺术史》，我们会发现比起一种简单的直觉，还有很多因素在起作用，这种直觉认为，公民自由并不妨碍创造与创新。温克尔曼解释道，雅典民主的平等精神意味着，每个公民都应该根据他的成就而非仅仅根据他的出身而被看重（133—4）。这导致雅典人之间产生了一种追求自己荣誉的良好竞争，这些荣誉就像体育成就一样被赋予艺术家。由于希腊人会因某人的艺术、科学和体育成就而让他变得不朽，普通的希腊公民都被鼓励去实现伟大。温克尔曼把这种传统和专制体制作了比较，发现在后者那里，国王和他的宫廷成员会把自己视为伟大的唯一来源，因此会嫉妒任何授予他人的荣誉（84，88）。

　　尽管温克尔曼的论证似乎已经非常充分，但从后来的思想史视角来看，这种论证仍显幼稚。就在五年前，让-雅克·卢梭（Jean-Jacques Rousseau）已经在他的《论科学与艺术》中强烈批判过这种论证。卢梭和温克尔曼一样是个狂热的共和主义者；但他坚持认为艺术与科学的发展，不利于共和国公民精神的成长。共和国要求公民献身于公共事务，为公共的善而牺牲自己；但是，由于对艺术与科学成就的奖励，艺术家和科学家培养出了虚荣心和个人主义。被温克尔曼视为有利于艺术和科学成长的关键的竞争，恰恰被卢梭视为不利于共和国的道德危险。卢梭与温克尔曼之间的鲜明对比——尽管他们在共和主义方面意气相投——让人们猜想温克尔曼会怎样回应卢梭；但无论如何，他从未发起这样的挑战。①

179　　　温克尔曼第二个论证强调的是希腊优越性背后的物理条件而非政治条件。在所有的物理事实中，温克尔曼着重强调了气候，它不仅包含了温度，还包含了空气和土壤的质量。温和的希腊气候和富饶的土壤，不仅没有带给生命有机体多少压力，还为它的微妙特征和神经的发展提供了理想的条件（100，102，108）。这样理想的物理条件，尤其适合美的发展，于是，希腊人在肉体方面确实比现代人更美："我们中间最美的身体也不可能接近于最美的希腊人身体，就像伊菲克勒斯接近于他的兄弟赫拉克勒斯那样。"（30）温克尔曼也注意到，并非所有的希腊人都是美的（112）；他甚至从未想过希腊人是最美的种族，这个称号他更愿意赋予高尔吉亚人，后者明显比希腊人拥有更好的物理环境（32）。但他仍然认为，一般而言，比起他们的现代对应者，希腊人要更美一些，因为现代人不得不居住在不那么有利的环境中。

　　　在其早期论文中，关于环境与教育在形成希腊人的美方面谁更重要，温克尔曼一度犹豫不决。在《沉思录》里，他赋予希腊教育体系同样的重要性。他认识到，希腊人之所以如此美丽，不仅仅是因为他们的气候，还因为他们

---

①　温克尔曼的著作和通信很少涉及卢梭。在 Sendschreiben 中（p.192），温克尔曼曾经极其轻微地提及阅读卢梭小说的时尚。卢梭是在温克尔曼到了罗马后才赢得声名的，而在那里，温克尔曼和法国、德国文学界几乎是隔离的。

的教育体系，后者致力于美的崇拜。为了保持他们的身体外形，希腊人遵守一种严格的饮食规律，还参与体育锻炼，穿宽松的不觉得约束的服装（31—2）。不同于在《沉思录》里特别强调教育的重要性，在《关于〈沉思录〉的解释》里，温克尔曼进一步谈论环境的建构性角色（99—100，102—5）。但在这样做时，他也承认希腊人的优越性"可能"更多依赖于他们的教育而非自然或"天堂般环境的影响"（99）。

值得指出的是，在所有有助于形成希腊人的美的因素中，温克尔曼并没有强调现代意义上的种族——也就是遗传学意义上的先天特征——的重要性。对他来说，希腊人并非优等民族。尽管温克尔曼曾经抱怨过，现代希腊人因为和许多民族通婚而失去了身材方面的一些特征，[①]但他并不认为这对他们的发展来说是关键性的。对他来说，真正关键的因素是环境，环境具有决定种族和身体特征的力量。于是，他指出，离开雅典的希腊人已经失去了他们的雅典特征和真正的健康，而来到他们故乡的外来移民却拥有了他们的天真（104）。

不管温克尔曼赋予教育和环境何等的重要性，我们还是会质疑他的观点与美学的相关性。我们或许可以承认温克尔曼的结论，即希腊人拥有如此美丽的身体，但是仍然会问这如何能够证明他们的艺术的优越性。仅仅因为希腊人非常美，不能得出他们的艺术也很美的结论。在这里温克尔曼的观点依赖于一个被广泛采纳的前提，而对温克尔曼来说，这个前提妨碍了一种全面的解释。就像所有的同代人一样，温克尔曼也假设艺术的目的是模仿，而且最好的模仿最接近于艺术的素材。这意味着艺术的素材应该是美的，而最美的艺术应该存在于对最美的身体的最为准确的模仿中。这种观点假设美与其说是形式的功能，不如说是素材的功能，与其说是我们如何模仿的功能，不如说是我们所模仿之物的功能。正是出于这一原因，素材的美才是本质性

180

---

① Cf. *Erläuterung*, p.105 and *Geschichte*, p.39.

的。于是，被准确模仿的希腊人的身体，生产出了美的艺术。不管如何成问题，在温克尔曼的时代，这一假设仍然被广泛接纳与辩护。它确实在受到温克尔曼高度欣赏的著作——让·巴普蒂斯特·杜博斯（Jean Baptiste Du Bos）的《关于诗与画的批判性反思》（*Réflextions critiques sur la poësie er sur la peinture*）——中得到了充分的辩护。①

今天看来，温克尔曼关于希腊人优越性的第二个或自然主义的观点不能不说是幼稚可笑的和妄加猜测的了。但是在 18 世纪 50 年代，它似乎就是最新的科学。在《论法的精神》中，孟德斯鸠曾经把法律和制度的不同追溯至气候和地形的不同，② 在《关于诗与画的反思性批判》中，杜博斯也用自己的气候理论解释艺术天才的差异问题。③ 在所有气候因素中，杜博斯特别强调空气质量的影响，这种观点再次出现在温克尔曼关于"天堂般环境的影响"这一说法中。尽管今天看来这种气候理论显得不成熟和夸张，但其暗含的动机却是可以被我们完全接受的：它尝试在一种自然主义的基础上解释文化、伦理和种族的不同，把它们视为对不同的环境状况的反应。

无论如何，环境论观点对于温克尔曼解决古今之争问题是至关重要的。当我们把这种观点视为对丰特内尔（Fontenelle）——现代人的坚定支持者——的著名评论的回应时，它究竟扮演何种角色就变得很清楚了。在他的《漫谈古人与今人》（*Digression sur les anciens et les modernes*，1688）中，丰特内尔相信自己拥有一种坚不可摧的观点，可以用来反对所谓的古人优越论：树木在古代世界里没有它们在今天这个世界里大！④ 这个笑话背后藏着

181

---

① Jean Baptiste Du Bos, *Réflextion critiques sur la poësie et sur la peinture*（Paris: Pissot, 1750），I, 52–7.

② *Esprit des lois*, XIV, ch.2, 10.

③ See *Réflextion critiques*, II. 249–328, section xiv–xix.

④ Fontenelle, *Œuvres Complètes*, ed. G.–B. Depping, 3vols.（Geneva: Slatkine Reprints, 1968），II, 353.

一个严肃的立场（还有一种暧昧不清的推理）。丰特内尔指出，如果古人优于今人，那么他们应该拥有更大的脑袋；但是如果他们拥有更大的脑袋，他们那个世界里的树也应该更大，因为人是自然的造物和他所处环境的产品。但是，由于自然环境没有变化，人们也必须具有同样的能力。换句话说，自然主义的方法显示我们的人类天性是一样的，于是现代人不可能比古人笨。温克尔曼对丰特内尔的反应如下，即树虽如此，但整个自然世界并非总是如此。虽然人性不变，但某些环境相较于其他环境更适合于它的全面发展。居住于一种更好的气候中，生活于一种更好的政治制度中，古人把他们的自然力量发展到了极致，而我们现代人的发育成长总是受到阻碍。丰特内尔幼稚而又错误地假设道，因为我们的本性相同，所以这种本性就会在所有的政治和气候环境中发展到完全相同的水平。

六、美学理论

温克尔曼应用于艺术的完全历史性的方法，会让我们以为他对提供一种一般的美学理论不感兴趣。但是，只要对《古代艺术史》瞥上一眼，就会发现这种印象的错误。该书的核心之处，是它论述希腊艺术的第四章，该章的大部分内容致力于处理一般意义上的美的问题。确实，在前言中，温克尔曼宣称该书的整个目的就是去确定美的本质。他解释道，如果不清楚美的本质，艺术史家甚至难以发现他要考察的对象，更不要说去理解或欣赏这些对象了。

但是，温克尔曼的一般美学理论不能仅仅根据他的《古代艺术史》来理解；还有必要参考其他一些谈论美学理论问题的短论。在这些短论中，有两篇1759年为《美学与自由艺术藏书》（*Bibliothek der schönen Wissenschaften und der freyen Künste*）而写的短篇论文《论艺术作品中的优雅》（"Von der Grazie in Werken der Kunst"）和《关于艺术作品欣赏的回忆》

("Erinnerung über die Betrachtung der Werke der Kunst")，还有两篇更靠后的作品《论对艺术美的感受力》(*Abhandlung von der Fähigkeit der Empfindung des Schönen in der Kunst*，1763）和《一则寓言尝试》(*Versuch einer Allegorie*，1766）。①

在《古代艺术史》第四章第二部分，温克尔曼为美的本性提供了一种最为一般性的解释。他从警告我们所有美学理论的局限性开始论述。他写道，美是自然最大的秘密之一，我们可以感受到美的效果，但无法解释或定义美的本质（139）。给出一种消极而非积极的美的解释是容易的，因为比起说美是什么，说美不是什么要简单得多（148）。完全不同于沃尔夫，温克尔曼否认数学方法对美学的适用性。他坚持认为，我们根本不可能提供一种像数学一样准确的美的理论（139）。根据数学方法，我们开始于一般原则，然后从中推论出特殊的结论。现在我们必须满足于通过经验中的特别例子来考察美，并从中得出一般结论（148）。由于最高层次的美只存在于上帝那里，我们不可能获得一个清晰而明确的美的概念，因为所有的概念都是有条件的和相对的，而神性美是无条件的和绝对的（149）。

尽管对美学理论态度谨慎，温克尔曼关于美的本性还是给出了一些非常普遍化——即使没有数学般的准确性——的声明。这些声明显示了他与理性主义传统的关联。他说道，那些有智慧的人们——可能指的是鲍姆加登——已经发现，美的本性存在于造物与它的目的的一致中，存在于它的各部分与整体的一致中（149）。和鲍姆加登一样，温克尔曼也把这种一致等同于完善（149）。他把美比作"从火焰中升腾出来的精神"，这种精神尝试根据神圣知性

---

① 见 "Von der Grazie in Werken der Kunst"，*Bebliothek der schönen Wissenschaften und der freyen Künste* I（1759），13–23，Rehm, pp. 157–68；"Erinnerung über die Betrachtung der Werke der Kunst"，*Bibliothek der schönen Wissenschaften und der freyen Künste* I（1759），1–13，Rehm, pp.149–62；*Abhandlung von der Fähigkeit der Empfindung des Schönen in der Kunst, und dem Unterrichte in derselben*（Dresden: Walther, 1763），Rehm, pp.211–33；*Versuch einer Allegorie*（Dresden: Walther, 1766）。所有引文出自的著作都是雷姆（Rehm）版的。

中存在的原型形象来创造某种东西。他接着补充道，这些原型形象是简单而连续的，它们在它们的各个部分之间创造着和谐。然后，忠实于理性主义口号的温克尔曼宣称，美存在于多样性的统一中，存在于复杂的单纯中（149）。

　　尽管怀疑关于美的数学规定，温克尔曼还是小心不让他对数学的怀疑主义态度走得太远。因为正是在数学的帮助下，他回应了一种更为极端的怀疑主义，这种怀疑主义质疑的正是普遍美的存在。温克尔曼太清楚自己不能简单假设这种美的存在，太清楚有许多怀疑论者等在那里反驳它。虽然没有点名道姓，他还是提及一种相对主义的观点，即不可能存在一种普遍的美，因为每个民族都有自己的美的标准，而后者建立在这个民族独特的种族特征之上（146）。比如，一些怀疑论者可能会说，中国人和日本人的斜眼和希腊人的直眼或平眼一样美。但是，温克尔曼赋予希腊人所有美的事物中的标准地位，他不允许任何美的存在偏离希腊人的标准，甚至是种族原型。他主张，一个种族的特征越远离形式的单纯和匀称，这个种族的成员就越缺乏美。他尝试通过一种数学的类比证明这一观点。人脸的形式类似于圆形中的一个十字；但是如果从一个斜眼的角划出一条线，它可能会从一个奇怪的角度横切十字，从而减损形式的单纯与匀称（146）。尽管温克尔曼的论证令人怀疑——他随意地假设单纯与匀称只有一种非常朴素的形式——但它至少有趣地揭示了他相信存在一种普遍美的原因。如果美建立于某些比例法则之上，而且如果这些法则是数学式的，那么美就像数学本身那样是普遍的。

　　后来，温克尔曼详细描述了这种类比背后的一般原则。他引用了毕达哥拉斯的名言，即每一种东西都是根据数量构成的，坚称人体根据某些一般的比例法则构造而成，而艺术家必须根据这些法则来再造人体美（168，173）。这些比例法则建基于柏拉图的原则，即最好的联盟是一个东西和另一个东西被第三个东西结合起来（168）。应用于人体，这个原则就意味着整个人体，还有它的各个部分，都可以被分为三个相互平等的部分（168—9）。于是，整体之中，整体的各个部分之中都会存在一种完美的对称。最终，正是这个

183

毕达哥拉斯—柏拉图原则支持了温克尔曼对美的普遍性地位的信仰。正是这种美，让他远离了他自己应用于艺术史的方法论的相对主义。

当我们进一步考虑温克尔曼对第四章第二部分的晦涩阐释中所包含的观点时，他的理论的理性主义特征就变得更加明显了。在他阐述自己的一般原则的过程中，温克尔曼作出了一个惊人之举：他尝试让崇高服从于美。① 鲍姆加登从未感受到崇高的挑战，而且一直理所当然地认为美学就是关于美的科学。对温克尔曼来说也是如此，只有美才是美学的合适对象。但是现在，门德尔松已经把伯克引入了德国，他可能已经至少有了一些来自崇高的挑战的想法。② 不同于伯克，温克尔曼认为崇高不是一种与美并行或相互独立的伙伴，而只是美的一种形式。他认为，所有的美都凭借统一性和单纯而成为崇高，因为崇高之物无非就是伟大之物，而后者是单纯的完成与显现(149)。他坚持认为，如果让崇高之物从属于一个概念，如果我们从一个单一的视角把握崇高之物，崇高之物并不会因此而失去它的伟大性。被我们片面观察的事物，或者不能被我们从一个视角一次性把握的事物，都会失去一些伟大性，因此也会失去一些崇高性。当一座宏伟的宫殿被过分美化时，它就会显得有些小；而当一座小房子被简单建造时，它就会变得崇高（180）。这是一种聪明而简易的论证，密集的语句中没有任何浮夸炫耀的成分；但它所暗示的东西非常丰富。在这种论证中，崇高之物被缩小了规模，缩小成可爱的理性主义的比例：崇高之物无疑是伟大的，但这种伟大只是因为它能够还原成一个概念，还原成美本身的一些参数而成其为伟大。

①　这一重要的语段被波茨（Potts）忽视了，他关于温克尔曼对希腊雕塑的态度的分析，建立在这一假设之上，即和伯克相比，温克尔曼赋予崇高和美同等地位，但又把它们分派给不同的性别。参见 *Flesh and the Ideal*, pp.113–44, esp. 132。

②　尽管没有证据说明温克尔曼知道伯克，但极有可能的是，温克尔曼读过门德尔松关于伯克 *A Inquiry* 的评论，后者出现于 1758 年的 *Bibliothek der schönen Wissenschaften*（Band III, Stück 2）中。温克尔曼是门德尔松的倾慕者，参见 Winckelmann to Marpurg, April, 13, 1765, *Briefe*, III, 95; and to L. Usteri, September, 14, 1763, *Briefe*, II, 344。

迄今为止，温克尔曼的美学似乎完全是理性主义的。温克尔曼坚守着理性主义美学的一些基本原则——美存在于完善之中，美存在于数学比例中，美存在于多样性的统一中——甚至为了给它们作辩护而迎接来自崇高的挑战。但是有必要指出的是，这只是温克尔曼美学的一个方面。尽管温克尔曼的美学是理性主义的，但他从未放弃美的感性一面，放弃美的不可还原的经验层面。美的所有理性层面至多是个必要条件，但它们并不能充分或完全地解释美。如果美曾经被理性所理解，那么它还必须被感官所把握。① 正是在这里，温克尔曼显示出自己是鲍姆加登的真正学生，后者高度肯定感性在审美经验中的**独特**地位。

在其早期著作，尤其是《古希腊绘画雕塑沉思录》中，温克尔曼美学的理性主义方面表现得最为明显。而其经验主义方面更多出现在他的后期著作，尤其是 1763 年的《论艺术中美感的作用》里。但是，这并不是说他的美学的经验主义方面只是后来才发展出来的；这一方面已经暗含于他早期的一些著作，主要是 1759 年的短篇论文《关于艺术作品欣赏的回忆》和《论艺术作品中的优雅》中。

185

当温克尔曼认为美并不完全服从于有规律的法则和比例时，他的美学就会显示出更多的经验主义特征。在《论艺术作品中的优雅》中，温克尔曼宣称，如果我们没有把握美的感受能力，即使我们能够把美还原为一个准则，也没有什么意义。他接着补充道，美的线条不是直的，而是椭圆形的（152）。类似的观点重现在《古代艺术史》中，在那里温克尔曼宣称，美的身体的形式由曲线构成，它们不断变化着它们的中心，因而是椭圆形的线（151—2）。在《论艺术中美感的作用》里，这一理论的经验主义层面表现得更加明显，在那里温克尔曼指出，我们根据情绪或感受来感知美，而情绪或感受建基于感觉。在此温克尔曼借用了哈奇森（Hutcheson）的内感官理论的一些术语，

---

① 　见 *Geschichte*："美通过感官被感受到，但通过知性被认识和构想。"（147）

对情绪进行了比较详细的解释。我们对美的事物的感受，来自我们的内感官的能力，后者能够再现和形成赋予我们外感官的印象（218）。内感官就像第二面镜子，我们能够从中发现被我们的外感官感受到的东西的外形或本质特征（218）。

在其短论《论艺术作品中的优雅》中，温克尔曼把美的理性和感性层面融合进他的优雅概念（*Grazie*）里。他把优雅定义为能够让我们理性地快乐的东西（157）。尽管理性的法律和规则提供了这种快乐的基础，但优雅并非仅仅遵循法律和规则，因为它的令人快乐的感受或情绪本身具有独特的品质，后者不可能被还原为分析。于是，在优雅与美之间，温克尔曼作出了区分，这类似于天上的和地上的维纳斯的区分：天上的维纳斯是纯粹理性的，不可能被感官所把握；而地上的维纳斯是纯粹理性的美对感官的显现。①

温克尔曼在其 1759 年论文中引入的优雅概念，很快就在他的《古代艺术史》给希腊艺术分期时扮演起重要角色来。在那里，温克尔曼让优雅成为最高阶段的希腊艺术——他称这一阶段的希腊艺术为美的风格——的典型特征（219）。在这一阶段，希腊艺术避免了它旧有风格中的尖锐、生硬的外形特征，开始出现更多流动而弯曲的线条，而后者更能愉悦感官。不同于旧有风格严格的理性主义，美的风格在组合它的轮廓线时似乎并不受这些线条的限制。温克尔曼用一种政治化的比喻解释这种分类背后的观念：就像国家开始于严格的法律，但又逐步放宽这些法律，以解释各种各样的具体情况，艺术也必须开始于严格的法则，但最终又会放松这些法则，以让它的外形更忠诚于自然（221）。

186

---

① See Winckelmann to Wilhelm von Stosch, October 28, 1757, *Briefe*, I, 312. 这种区分变得更加复杂和令人困惑，因为温克尔曼还把它们的区别解释为两种形式的优雅与美之间的区别。他在一种特别的意义上用优雅表示一种美的形式，而在一种更加一般的意义上把优雅等同于美。参见 *Geschichte*, p.222。

　　除了理性主义和经验主义，温克尔曼美学理论还有另外一面。这就是其历史性层面，也可能是其最具创新性和影响力的层面。温克尔曼相信，我们认识美，不只是通过感官感知一个客体，以及根据理性沉思一个客体。因为对艺术作品的理解与欣赏还包含其他东西：也就是还包含解释，把作品置于其特殊的文化语境中，把它看成一个民族特殊价值与信仰的表现。这意味着美不仅仅包含令人愉悦的感性或理性品质，还包含富于表现力的品质。我们衡量一件作品的表现力品质，就是看这些品质如何充分体现文化的独特价值和信仰。温克尔曼美学的这一方面，最为明显地体现在他论贝尔维德勒的躯干（Belvedere Torso）的著名文章里。[①] 这里，温克尔曼的对象只是一个残迹，一个男性身体的躯干部分，他猜测来自赫拉克勒斯的雕像。正如这尊雕像所呈现给我们的那样，它看上去似乎是畸形的，就像"一株被砍掉所有枝丫的橡树的主干"。但是，尽管缺乏令人愉悦的感性品质，温克尔曼仍然发现它是美的。对他来说，让这件作品显得如此美妙的东西，是他所想象的作品里的身体所能表达的东西；这段躯干的每一部分都体现着古代英雄的行为，比如说，那双肩承载着神圣的天体，那胸腔曾经压碎过巨人安泰俄斯（170）。温克尔曼宣称，我们必须不仅要运用我们的感官和理智，还要运用我们的想象力来理解艺术作品，而想象力必须接受我们对文化本身的知识的引导。这里，完全是温克尔曼对希腊神话和文学的理解，而非仅仅是对象本身具有的感性品质，在决定着他对对象的解释与欣赏。

　　如果说温克尔曼理论中的历史性方面还没有得到充分发展的话，这一方面在他的整个方法中也是暗示性的。这种方法被赫尔德完全领会了，并最终在黑格尔那里得到发展和实践，正是在后者那里，美被视为一种文化身份的表现。但正是温克尔曼遗产的这一历史性层面，在该世纪快要结束时陷入了几近灭绝的危机。因为，康德的美学即将主宰 18 世纪的最后数十

---

① "Beschreibung des Torso im Belvedere zu Rom"，Rehm, pp.169–74. 也可参见关于这篇论文的各种概述（pp.267–86）。

年；这种美学把审美判断置于一种超越于历史领域之上和之外的先验领域。
187 尽管康德对包含于审美判断的正当理由中的经验主义精微之处有着深刻的
把握，但是他对审美判断的文化背景少有或没有理解。温克尔曼已经承认
了一些东西，而康德的建筑术决定了他不可能接纳这些东西：审美判断的
正当理由依赖于对它的解释，而这种解释最终必须建基于一种特别的文化
语境。

七、绘画与寓言

关于美学史，似乎有这样一个普遍真理，即思想家们的理论总是依赖
于某一种类型的艺术，并把这种艺术视为其他艺术的典范。如果说沃尔夫
的典范艺术是建筑，鲍姆加登的典范艺术是诗，那么温克尔曼的典范艺术
就是雕塑。在《沉思录》里，他把自己关于希腊艺术的核心特征的论述建
立于他对希腊雕塑的分析之上；在《古代艺术史》中，他把《贝尔维德勒
的阿波罗》视为希腊理想的极为显著的例证。温克尔曼对雕塑的关注有一
部分原因来自考古学：不同于古代雕塑还存在一些遗迹，最起码存在一些
可靠的复制品，顶级的古代绘画却没有留存任何东西下来。但选择雕塑也
反映了他的某种信念，即雕塑是比较重要的古代艺术。他在《古代艺术史》
中解释道，在古希腊，雕塑先于绘画而发展，并且在庙宇、剧场和体育场
里扮演着更为突出的角色。[①] 更为突出的是，在来自《沉思录》的一段令人
印象深刻的话里，温克尔曼坦承希腊人在绘画方面并没有达到他们在雕塑
方面所达到的卓越程度（54—5）。尽管具有亲希腊情结，温克尔曼还是承
认瓦萨里的观点，即现代绘画已经在视角和色彩的运用方面超越了古代绘
画；他承认希腊人和罗马人对构图法则的认识还不完善；他甚至致敬于现代

---

① See *Geschichte*, pp.137–8.

人对油料的运用，后者赋予现代绘画以力量、生命和精妙之处，这远远超过了古人所能达到的成就。

尽管极其看重雕塑，温克尔曼在其德累斯顿早期写作中还是同样关注了绘画。《古希腊雕塑绘画沉思录》一书的名字，就已经把希腊绘画的仿作与希腊雕塑相提并论了；而在《关于〈沉思录〉的解释》中，他拿出了更多的空间和精力来谈论绘画而不是雕塑。对绘画和雕塑一视同仁，很大程度上只是出于一种策略：温克尔曼只有让自己像现代人那样更看重绘画，才能够改革现代艺术。

初看上去，温克尔曼的模仿教义在绘画那里行不通。如果希腊绘画已经被现代人所超越，那么还有什么理由要模仿它？就算要模仿，但由于顶级的希腊绘画甚至它们可信的复制品都已经不存在，我们拿什么来模仿？温克尔曼在《沉思录》里欣然承认这一问题的存在。他指出，人们关于希腊雕塑所说的话同样适用于希腊绘画；但他痛惜时间的腐蚀和人为的破坏已经让人们难以准确谈论希腊绘画（53）。人们不可能把自己关于希腊绘画的判断建立在赫库兰尼姆的壁画之上，因为这些壁画糟糕的设计和构图说明它们并非出自大师之手（54）。但是，温克尔曼仍然向我们保证，我们有足够的理由相信有一些希腊绘画是高水平的。由于希腊雕塑家同时又是画家，所以完全可以假设他们能够在绘画方面达到和雕塑方面一样高的水平。

认为在绘画方面模仿古人是不可能的，这依赖于对温克尔曼的模仿意义的错误理解。如果模仿只是意味着复制古人的模特，那么在绘画方面模仿古人确实是不可能的。但是，由于模仿实际上意味着追随古人的**目标**与**方法**，那么我们就有可能在绘画和雕塑方面模仿古人。我们并不需要切实看到古代绘画的权威范例；我们所需要知道的，只是古代画家的目标和方法。温克尔曼相信，在这方面，我们可以从古代著作中得到我们所需要的一切证据，在那里，有很多关于古代画家的愿望的描述。

那么，什么是古代画家的目标与方法？在《沉思录》里，温克尔曼给出了一个清晰而直接的答案："绘画涉及不可见的事物；这些事物是绘画的最高目标；希腊人努力实现着这一目标，就像古人的著作所证明的那样。"（55）他进一步解释道，古希腊绘画的目的，就是通过可见的手段描绘不可见的事物（58，134）。这里，不可见之物意味着普遍性之物、观念之物或原型之物，后者必须被来自感官的形象所表达、映射或暗示。

温克尔曼对希腊绘画的解释，显示出一条他同样应用于希腊雕塑的一般原则。就像希腊雕塑一样，希腊绘画的方法不是去复制一个感官经验中的特别之物，而是根据心灵创造一个普遍的理想，然后用某种具体的感性形式把它表现出来。于是，古人在绘画方面的模仿和他们在雕塑方面的模仿是一样的：在特殊中创造普遍，而非仅仅重复特殊之物。不过，在谈及绘画时，温克尔曼把这一原则引向了更为特别的结论。由于绘画的目的是通过感性手段描述那感官无法把握之物，而由于寓言实际上是对感官无法把握之物的感性象征，所以绘画的目的就是寓言。于是在绘画中，古人的模仿意味着致力于一种特殊的作文方式：寓言。温克尔曼认为古希腊绘画本质上是寓言性的。他解释道，古希腊绘画有一种宗教目的，它服务于希腊神话的目标，而这些目标完全是寓言性的（138—9）。

就算希腊绘画是寓言性的，问题依然存在：我们为什么需要模仿它？为什么绘画就必须是寓言性的？温克尔曼的答案虽然从未明确过，但在《沉思录》和《解释》中处处都有表现。他的核心观点是，**所有的**绘画，只有当其成为寓言时，才能臻于完善——或者说，才能在审美方面完全满足我们。关于这一论点，温克尔曼提供了一大堆彼此交错的论证。第一，他攻击了那种与自己相对立的绘画理论，后者认为绘画的目的应该是对被感官把握到的实实在在的特殊之物的模仿。他指出，如果绘画的目的只是再造这些客体，那么它就还不如直接观察这些客体本身有趣；我们在绘画中也就真的没有什么东西可以思考（118）。第二，绘制与着色，视角与构图，都是绘画的技巧方面；它们赋予一幅画以身体；但是它们无法赋予这幅画以灵魂，以深刻的信息，而灵魂与信息，只能来自寓言（118）。第三，绘画只有诉诸理智才能提供持久的审美快乐。"所有的快乐……它们所持续的时间，它们让我们远离恶心与不适的程度，都决定于它们占领我们的理智的程度。"（118）但正是寓言的力量在调动着理智，刺激后者自然而然地辨认寓言背后的意义。于是，正如温克尔曼所言，如果画家要想确保他的画能够提供持久的满足，就应该"把画笔浸在理智中"，也就是说，应该赋予他的形象以深刻的寓言性意义。

贯穿在温克尔曼这些论证中的一个共同主题，就是画与诗是姐妹艺术，它们都服从于相同的限制（118）。他明确引用了西莫尼德斯的名言，即画是沉默的诗，诗是说话的画。[①] 温克尔曼主张，正是因为绘画与诗具有同样的目的与限制，所以绘画应该像悲剧和史诗那样努力描述普遍的真理。这一主题之所以值得重视，主要是因为莱辛曾经在《拉奥孔》中攻击过它，并且主张画与诗是两种非常不同的艺术，分别服从于不同的规则与限制。对有些人来说，仅仅这一点，就足以把温克尔曼的寓言性教义扔进思想史的垃圾箱了。[②]

但是，我们需要看到，即使我们接受了莱辛的论证，这些论证也不会伤害到温克尔曼。当温克尔曼诉诸西莫尼德斯的格言，他只是拿它来支持他的一般声明，即画与诗在暗示普遍真理方面是相似的。莱辛并没有反对这个一般声明；他的兴趣只是去揭示这一事实，即由于各自使用的媒介迥异，画与诗的主题也各不相同：绘画最合适的主题是身体，而诗歌最合适的主题是行为。尽管温克尔曼确实提议过画家的最高主题来自历史（118），但这一提议相对于他的主旨来说可谓无关紧要，而他的主旨就是，绘画也能体现普遍真理。于是，对于温克尔曼的一般论证来说，莱辛所有关于画与诗各有不同主

190

---

① See *Versuch einer Allegorie*, p.2.

② See Hermann Hettner, *Geschichte der deutschen Literatur im achtzehnten Jahrhundert*（Berlin: Aufbau Verlag, 1979），I, 629.

题的仔细推理，并没有什么重要关系。

不过，在大多数学者那里，温克尔曼的问题不在于他的论证，而在于他的结论。把绘画限制于寓言，似乎是一种太过狭隘的美学，这种美学似乎排除或至少贬低了其他类型的绘画，诸如肖像画、风景画或静物画等。更糟糕的是，温克尔曼的美学似乎限制画家只能表现古典主题，似乎画家的任务就是去复兴希腊、罗马的神话。

评价这些反对声音并不容易，因为温克尔曼关于自己教义的核心之处也是摇摆不定的。从某种程度上看，这确实是一种狭隘的美学。如果肖像画、风景画和静物画确实只是对自然的简单模仿，那么温克尔曼对它们的评价就确实很低；他认为，由于缺乏寓言性内容，这些绘画不能给观察者任何可以思索的东西（118）。至于古典主题的运用，他的古典偏爱也不是什么错误，因为他曾经在《解释》中强调指出，古代的象征应该是现代艺术家的首要研究对象和灵感的主要源泉（123）。尽管如此，他的寓言性计划也并非完全、绝对古典的。他并不认为现代艺术家应该完全局限于古代的形象；他也承认现代艺术家有权利创造他自己的形象（129）。他的涉及寓言的古典主义，只是强调寓言的形式而非寓言的内容：现代艺术家应该创造出他们自己的象征，只要它们具有古典的精神，即具有单纯性、清晰性和魅力。[1] 温克尔曼的宽泛视野在《沉思录》里表现得尤为明显，在那里他建议创造一部意象的百科全书，它并不局限于古典的形象，而是能够包含所有文化中的形象（57）。后来，他又在《一个寓言的尝试》中进一步实现这一计划，即提供了一个从古到今的寓言目录。温克尔曼充分认识到，古典寓言的全面复兴在他那个时代是不可能的，因为这个时代有着和古代完全不同的伦理和宗教。[2]他很清楚，许多古典象征的意义已经完全丧失了，或者说，它们只为少数不

191

---

[1]　See *Versuch einer Allegorie*, p.29–31.

[2]　See *Versuch einer Allegorie*, p.22.

避烦劳潜心研究它们的学者们所知。

八、爱若斯与狄俄尼索斯

在《偶像的黄昏》（*Götzen-Dämmerung*）中，尼采针对温克尔曼的希腊文化理解抛出了一个致命的判断。他宣称温克尔曼和歌德难以理解希腊文化的狂欢层面，他已经在《悲剧的诞生》中发现了这一层面的重要性。[①] 用尼采的话来说，温克尔曼和歌德只看到了希腊文化的一半：它的阿波罗维度；他们忽略了希腊文化的另一半：它的狄俄尼索斯维度。他们强调了由阿波罗代表的秩序、和谐和宁静原则，让它们成为希腊文化的主要价值；但在这样做时，他们削弱了潜藏在阿波罗之下的黑暗本能力量，希腊人对代表这种力量的神灵狄俄尼索斯抱有同等的敬意。由于研究者们总是从表面意义上接受这一判断，尼采的这一判断已经成为关于温克尔曼遗产的不刊之论。[②] 对许多人来说，温克尔曼的新古典主义已经被一种更广泛、更准确和更深刻的希腊文化解释完全替代了。

初看上去，尼采的评价似乎确实含有真理的成分。温克尔曼确实视希腊艺术为希腊文化的缩影，而且他也确实是以阿波罗式的术语看待这种艺术。似乎不再有其他的方式可以理解温克尔曼的著名观点了，这一观点就是，希 192 腊杰作的核心特征在于它们高贵的单纯和静穆的伟大；这些特征归根结底是典型阿波罗式的品质。这一观点似乎还在告诉我们，温克尔曼最喜欢的雕塑

---

① See Nietzsche, *Sämtliche Werke: Kritische Studienausgabe*, ed. G. Colli and M. Montinari, 15 vols.（Berlin: de Gruyter, 1980），VI, 159.

② 这里唯一值得注意的例外是波茨（Potts），后者曾经在他的 *Flesh and the Ideal* 中质疑尼采的判断，他主张，"一点也不亚于尼采，温克尔曼阿波罗式的古典宁静形象，来自一种极端境况。"（p.1）我们被告知，温克尔曼显示了"一种关于肉体与思想张力的准确意识，这种张力内在于一种可能完全、充分具体化的主体性形象中"。不幸的是，波茨并没有充分发展这一观点，而是任由读者决定温克尔曼从哪一种角度理解狄俄尼索斯式存在。

是《贝尔维德勒的阿波罗》，他称之为"古代艺术的上帝和神迹"①。在少有的几个地方，温克尔曼确实尝试着描述希腊人对生命的黑暗一面的反应，在他的描述里，希腊人似乎无视这一黑暗面。我们来看看这一段话：

> 希腊人赋予他们的作品某种坦率的天性，某种快乐的性格：缪斯不爱那可怕的精神。死亡的形象只出现在一个单块儿的古老石头里；但那骷髅依然会伴着长笛起舞，并且以参与集会的形式出现，而集会是用来鼓励享受生活的。②

对此，人们可能会添上这句话：温克尔曼的著作根本没有提及狄俄尼索斯。他确实谈论过酒神巴克斯，但只是为了批评那些表现巴克斯的特征或运动中的怪诞之处的雕塑。于是有人会问：温克尔曼曾经崇拜过狄俄尼索斯吗？

后来受到温克尔曼影响的德国思想家，会完全以阿波罗式的术语描述希腊文化，这一点也不令人奇怪。席勒、荷尔德林和弗里德里希·施莱格尔，把希腊文化解读为人类童年时代的产物，是一处异教徒版的天堂，那里人们完全生活在对自己、他人和自然完全无知的和谐状态。根据他们的解释，希腊文化成为卢梭自然状态的早期历史形式。那是一种原初的无知和单纯状态，在那里人们是善良的，他们只需遵循自己内在的心灵和天性。

然而，我们有必要把温克尔曼对希腊人的理解和后来这些人的解读区别开来。一旦我们更为准确地理解了温克尔曼用单纯和静穆表达的意思，这些后来人的解释的问题就表现出来了。他从未把这些品质理解为一种天真的善良本性的特征。他之所以把单纯与静穆解读进希腊雕塑，是因为他把它们视

---

① See the "Erster Enwurf" to the *Beschreibung des Apollo im Belvedere*, p.273.

② *Erläuterung*, p.122.

为希腊人的**节制**伦理的体现，这种伦理强调自我约束、适度和自我支配。如果拉奥孔没有拼命尖叫，那是因为他的美德赋予他面对命运时的镇静和尊严。温克尔曼太清楚单纯与静穆不是希腊人的天赋，而是他们通过文化和教育得来的品质。仅仅这一点就包含了对人生更加深刻而黑暗的一面的承认。因为获得美德，意味着人们已经和难以控制的冲动和欲望斗争过并且取得了胜利。温克尔曼用节制来描述希腊人的美德，描述这种在极端中发现平衡的力量；毋庸置疑，一个人如果对生活于极端之中意味着什么没有深刻的意识，他就不可能实现节制。正是出于这一原因，温克尔曼在描述希腊雕塑之美时，总是指出它们的镇定与静穆来自那暗流涌动的灵魂深处。[①]于是，温克尔曼或许会完全同意尼采的论断，即希腊人的肤浅来自他们的深刻。

但是，仅凭这一点还不足以扭转尼采批判的主要观点。它顶多显示，温克尔曼某种程度上承认了——尽管并不非常明确——生命的黑暗力量，尤其是那些来自本能、情感和欲望的必须接受美德控制和指引的力量的存在。尽管如此，他并没有为它们命名，或者赋予它们积极的价值；他也没有赋予狄俄尼索斯式存在和阿波罗式存在相同的和独立的地位。还有，在温克尔曼那里，也不存在只有在尼采那里才存在的狄俄尼索斯式的存在主义层面。温克尔曼似乎对来自西勒诺斯（Silenus）的可怕讯息毫无意识：生命根本就是无情而荒诞的，所以最好的事情，就是不要出生，或者在年轻时就死去。所以，我们仍然存有如下疑惑：归根结底，尼采也许是正确的？

一旦我们考虑了温克尔曼人格中的一个基本事实——同性恋，尼采批判中成问题的地方就会变得明显起来。一种被普遍接受的观点是，温克尔曼对希腊雕塑的解释，尤其是他对作为整体的希腊文化的理解，都受到他的同性恋生活的启发。[②]很明显，温克尔曼视裸体青年男子为美的典型。他对古希

---

① 　See *Gedancken*, p.43, *Geschichte*, p.152 and "Von der Grazie in Werken der Kunst"，p.159.

② 　歌德承认这一点，即使是用了比较谨慎的术语。参见 *Winckelmann und sein Jahrhundert*, in *Werke, XIX*, 182–3。

腊人有着本能的亲切和深刻的怜悯，因为他太清楚——即使他从未公开说明——他的性兴趣就是古希腊人的性兴趣。在把他的性倾向解读进希腊雕塑时，他同样认识到自己完美保持着希腊人的气质；因为希腊人在他们的雕塑里不仅庄重地展现同性恋，而且还厚颜无耻地歌颂同性恋。他坚称，对希腊雕塑的任何准确解释，都必须特别关注男性而非女性的美，因为大多数希腊雕塑都致力于表现男性形象。[①] 当我们考虑到所有这些事实，那么即使温克尔曼没有足够重视狄俄尼索斯，他也仿佛至少对他的近亲——爱若斯——表

194 示了敬意。

一旦考虑了温克尔曼对希腊同性恋的理解与怜悯，我们就有必要重新思考尼采的评价。这个问题比较复杂，因为赋予狄俄尼索斯式存在的意义太多太多。如果我们在一种非常宽泛的意义上理解所谓狄俄尼索斯式存在——那么它就包含各种形式的同性恋——那么温克尔曼就对狄俄尼索斯式存在有过非常准确的理解。确实，他对狄俄尼索斯式存在的理解甚至优于尼采的理解，因为他充分领会到——尼采并没有这样——希腊文化中同性爱欲的重要性。对于这种希腊人生活的基本价值，尼采似乎少有理解，也缺乏怜悯；而且，他的狄俄尼索斯式存在概念作为多产与繁殖的象征，完全偏到了异性恋的方向。但是，假如我们在狭窄的意义上使用这一概念，那么它就只涉及多产与繁殖，我们也就必须承认温克尔曼很少公平对待它。但是，一旦在这种狭窄的意义上使用狄俄尼索斯式存在，它就远离了希腊的爱欲理想。于是，我们就会碰到这个问题，即尼采本人究竟是否充分认识到希腊人性倾向的爱欲维度。

关于尼采的温克尔曼评价，还有另外一个基本问题：它把一个解释问题变成了一个简单的事实问题。不是宣称温克尔曼完全忽视了狄俄尼索斯式存在——好像它是希腊文化的一个基本事实——我们反而需要指出的是，温克

---

① See *Von der Fähigkeit der Empfindung des Schönen*, p.216.

尔曼完全否定了狄俄尼索斯式存在，至少在尼采赋予这个词的意义上如此。受康德和叔本华影响，尼采倾向于根据他们的自然、理性二元论来解读阿波罗式存在和狄俄尼索斯式存在。属于狄俄尼索斯式存在范围的，是感官欲望和情感，而这些欲望与情感是纯粹天赋的和自然的，它们远离于和先于理性领域而存在。但是，温克尔曼的柏拉图式遗产，从未在这种非理性主义的意义上解读过欲望与情感，仿佛它们只是盲目的自然力量。作为狄奥提玛而非狄俄尼索斯的学生，温克尔曼会坚持认为，所有的欲望都是一种爱的形式，所有的爱都因它的对象而拥有美，而美就是这些形式的感性表现。《斐德罗篇》和《会饮篇》中对欲望与情感的解释，倾向于把欲望与情感理智化，把它们视为返回形式领域的更深刻的精神驱力的显现。狄奥提玛教导我们，即使我们最为基本的性冲动，也来自这种对永恒的追求，来自返回永恒领域的欲望，而我们所有人都来自这个领域。现在，我们已经很容易理解温克尔曼为何从未承认狄俄尼索斯式存在了：它根本就不存在，至少在尼采的意义上不存在。狄俄尼索斯式存在，即使是以异性恋的形式出现，它也应该是爱欲的一种显现。

195

　　这样，在本章结尾部分，我们有必要指出，温克尔曼和尼采理解希腊文化的方法，来自完全相反的哲学视角。不同于尼采根据叔本华的唯意志论和二元论，温克尔曼根据柏拉图的理智主义和一元论来解读希腊文化。解决他们之间的争端，最终依赖于这些视角本身的价值。不管哪一种视角是对的，应当清楚的是我们不应该天真地宣称温克尔曼难以解释尼采发现的事实；因为这些所谓的"事实"本身的存在就是成问题的。温克尔曼对希腊文化的解释的价值和有效性，依然是个悬而未决的问题。

第七章

门德尔松对理性的辩护

一、启蒙运动的守护者

审美理性主义传统最为杰出的代表之一，是摩西·门德尔松（1729—1786）。在这个传统中，没有人能比他更深入地把握理性主义的形而上学和认识论，没有人具有比他更敏锐的审美感受性。在形而上学方面，门德尔松与沃尔夫、鲍姆加登可谓不分上下；但是在审美感受性方面，他远超这两位。在审美感受性方面，他与莱辛、温克尔曼平分秋色；但是作为形而上学家，他的能力又远超这两位。简言之，门德尔松兼具形而上学的深度和审美感受性，这让他显得独一无二，无与伦比。

在审美理性主义历史中，门德尔松扮演着一个关键角色。他的任务是针对那个时代新出现的非理性主义潮流而为审美理性主义辩护。在18世纪50年代和60年代，门德尔松必须回应针对启蒙和理性权威的不断增长的挑战。这些挑战来自数个方面：来自杜博斯和伯克的新经验主义美学，把审美经验仅仅视为类似于感受的东西；来自逐渐兴起的狂飙突进运动的天才崇拜，宣称艺术家的灵感超越一切规则；来自卢梭的文化悲观主义，坚持认为艺术与科学已经腐蚀了道德。门德尔松的使命，就是捍卫理性主义的遗产，反对上述所有潮流，这些潮流很大程度上已经限制了理性批判的力量。针对这些挑战，门德尔松坚持莱布尼茨、沃尔夫和鲍姆加登的完善美学，根据这种美学，所有的审美经验都是对理性结构的感性把握。

门德尔松视自己为非理性时代的理性主义价值捍卫者，这是毋庸置疑的。这是他早年时期为自己确定的文学形象。在最初为《新文学快报》（*Briefe, die neueste Litteratur betreffend*）写的一些文章里，他把自己描述为 莱布尼茨和沃尔夫哲学的捍卫者，以反对肤浅的新生一代。[1] 新生一代已经厌倦沃尔夫的学究式证明，对单子论极尽嘲讽之能事。对他们来说，沃尔夫就是 "一个老朽的空谈家（*ein alter Schwätzer*）"，而鲍姆加登就是 "一个阴郁的坏脾气（*ein dunkler Grillenfänger*）"。他们之所以有如此不敬，是因为受到柏林科学院的怂恿，这个机构的领导皮埃尔·莫佩尔蒂伊斯（Pierre Maupertuis），支持法、英两国的新经验主义反对莱布尼茨—沃尔夫哲学。这里我们需要看到的是，在让自己扮演这一角色时，门德尔松明确指出自己最后效忠的，不是莱布尼茨—沃尔夫教义本身，而是这些教义背后的基本理性价值。这些价值自己作出决定，完全根据自己的证据接受信仰，而且总是一再深入考察，以至于能够达到根本。门德尔松认为，即使是莱布尼茨—沃尔夫教义，也必须接受理性的检验，而他之所以支持它们，是因为相比于其他哲学，这些教义更接近于通过这种检验。他说过自己很高兴能够在反对莱布尼茨—沃尔夫哲学的声音中成长，因为这些声音让自己能够质疑这些教义，而这些教义只有在遭遇他最初的反对后才能被接纳。终其一生，门

197

---

[1] See *Literaturbriefe* 20–2, March 1, 1759, in *Moses Mendelssohn, Gesammelte Schriften, Jubiläumsausgabe*, 23 vols., ed. Fritz Bamberger et al.（Stuttgart-Bad Cannstatt: Frommann, 1929），V/1, 11–17. 所有涉及门德尔松著作的引用，都来自目前这一标准版本。

德尔松都把自己视为"启蒙运动的守护者"[①]，积极捍卫那些理性价值，和一切反对它们的声音作斗争。正因为如此，在 18 世纪 80 年代与雅克比（F. H. Jacobi）展开的"泛神论论争"中，门德尔松才会把捍卫理性价值作为自己的使命。[②]

人们通常认为，门德尔松的美学思想只是其副产品，而他的主业是形而上学。这种看法的一个有力证据，就来自门德尔松本人。他曾经和莱辛开玩笑说，莱辛和尼克莱正在引诱他离开自己的初恋"形而上学女士（*Madame Metaphysik*）"，把他变成一个"才子（*Belesprit*）"。[③] 他现在不再探寻形而上学的深度，转而为尼克莱写文学评论，甚至想过——这是在毁灭思想！——要为自己写诗。从 1755 年到 1763 年，门德尔松致力于美学有七年之久，之后就又完全投入他老情人的怀抱了。但是，认为门德尔松早年的美学兴趣只是一时冲动、一次消遣或一场短途旅行，那就犯了严重错误。因为，他有一些要转向艺术并大力关注艺术的重要哲学理由：他发现，现在对理性权威的最严重的挑战，不再来自宗教，而是来自艺术。如果他忽视了美学，那么他绝对不可能发起一场针对不断增强的非理性力量的有效运动。这样的话，那就像站在前面的城墙上保卫一座城池，而这种城池的后墙已经被突破。

尽管门德尔松视自己为美学方面理性的捍卫者，而美学史中关于他的画像却与他的自我定位有出入。关于门德尔松在美学史中的地位，人们一般认为他根本上是一个位于沃尔夫的旧理性主义和伯克、杜博斯、康德的新主观

198

---

① 这是亚历山大·阿尔特曼（Alexander Altmann）在其权威著作中使用的非常贴切的短语。参见 *Moses Mendelssohn: A Biographical Study*（University Al: University of Alabama Press, 1973）。

② 关于在泛神论论辩期间门德尔松为理性所作的辩护，参见我的 *The Fate of Reason*（Cambridge, Mass.: Harvard University Press, 1987），pp.92–108。对此还有一种稍微不同的解释，参见 Allan Arkush, *Moses Mendelssohn and the Enlightenment*（Albany: Suny, 1994），69–98，133–66。

③ See Mendelssohn to Lessing, August 2, 1756, in Lessing, *Werke und Briefe*, ed. Wilfried Barner et al.（Frankfurt: Deutscher Klassiker Verlag, 1987），XI/1, 100.

主义之间的过渡性角色。① 我们经常被告知，门德尔松在其后期著作中开始放弃完善美学，而倾向于一种更主观主义的美学，后者建立在心理学而非形而上学的基础上。尽管他最初的美学著作视完善为客体的品质，但他后期的著作却把完善视为主体对客体的感知的品质。对门德尔松的这种解释，通常还伴随另一种解释，即把他视为一个原康德思想家（proto-Kantian thinker）。据说，门德尔松对美学史的重要贡献，是他预示了康德三分理论和艺术自律概念的出现。

然而，我们将要在下面的部分指出，这种解释是完全站不住脚的。这种解释要我们相信，面对攻击启蒙的非理性力量，门德尔松最终妥协或者缴械投降了。但是，没有什么比这种解释更与他的基本承诺格格不入了。门德尔松不仅没有尝试顺应这些非理性力量，反而调动自己所有的智慧和精力来抵抗它们。在最厉害的非理性主义武器面前，他都没有退缩，不管这些武器是天才的声明，是崇高现象还是悲剧性快乐问题。这种解释除了面对上述困难，还存在可怕的证据缺失问题。门德尔松从未有过所谓主观主义转向，让所有的审美特征都仅仅变为主体的品质；他也从未描述过一种三分理论，而这种理论破坏了他最初的理性主义承诺。还有，这种解释所使用的术语——一种存在于美学形而上学和心理学方法之间的两难——完全犯了时代错误。当把门德尔松置于他的历史语境中时，他们的解释就毫无意义了，因为正如每个沃尔夫的学生都知道的那样，心理学和本体论都是美学的基础。最后还必须提及的是：康德对门德尔松的解释是可耻的偏见在作怪，更不要说这种

199

---

① 例如，参见 Hermann Hettner, *Geschichte der deutschen Literatur im achtzehnten Jahrhundert*（Berlin: Aufbau, 1979），I, 489–90; Friedrich Braitmaier, *Geschichte der poetischen Theorie und Kritik* vol. II.（Frauenfeld: Huber, 1889），pp.73, 148–9; L. W. Beck, *Early German Philosophy*（Cambridge, Mass.: Harvard University Press, 1969），pp.326, 328–9; and Kai Hammermeister, *The German Aesthetic Tradition*（Cambridge: Cambridge University Press, 2002），pp.18–19。这种观点出现在弗里茨·拜姆伯格（Fritz Bamberger）写给 *Jubiläumsausgabe* 第 1 卷的序言（pp.xxxix–xlviii）里，似乎获得了官方的认可。

解释也犯了时代错误。把康德作为门德尔松美学贡献的衡量标准，只是在回避问题的实质。

本章走向门德尔松的道路，完全不同于上述解释。我们不仅不会认为门德尔松思想发展进程中存在一处根本性的断裂，反而认为这一进程是连续的，是不断发展的，其中永远不变的价值是他对理性的忠诚。而且，我们也不会把门德尔松视为一个过渡性角色，而是尝试着根据他自己的话语来判断他，在他自己的理想里或者根据他自己的理想来评价他。根据这种新方法，门德尔松的地位不仅不会降低，反而会提升。至少，门德尔松对启蒙运动的辩护，是思想方面最高境界的英雄主义行动。

二、关于感性的分析

门德尔松论美学的主要著作，是他的《关于感性的书信》（*Briefe über die Empfindungen*，1755），以及后来建立在对这本书修订和评论之上的《对〈关于感性的书信〉的随想或补充》（*Rhapsodie oder Zusätze zu den Briefen über die Empfindungen*，1761）。[1] 正如其标题所显示的那样，这些著作是关于感受（feeling）、感觉（sensation）或情绪（sentiment）的分析。[2] 门德尔松之所以选择这一话题，部分是因为快乐的本性问题已经成为关于趣味的争论的主阵地。他希望自己通过关注这一核心概念来解决一些突出问题。

不过，只把《书信》和《随想》看成关于美学的著作，似乎有点太狭隘了。门德尔松的关注要更深更广：好的生活的本性。他想要回答的是一个经典的

---

[1] 在 *Briefe* 的第一版和第二版之间，存在非常重要的不同。我们将会采用第二版的阐述，但也会密切关注所有不同于第一版的地方。

[2] 翻译"*Empfindung*"是很困难的，因为缺乏准确的英语等价词汇。"Sentiment"这个词很成问题，因为它暗示着某种非认知性的、纯粹的感受状态，而门德尔松的目的是确保它的认识地位以反对经验主义者。值得注意的是，沃尔夫和鲍姆加登用"*Empfindung*"来翻译拉丁文语词"*sensatio*"。出于这一原因，我还是保留了旧有的术语"sensation"。

伦理学问题：何谓至善？生活中的何种价值能够让我们值得活下去？尽管这个问题在早期现代世界已经失去部分重要性——洛克和霍布斯（Hobbes）把它视为经院主义的残余而拒绝回答——它还一直是沃尔夫学派伦理学的核心问题。门德尔松在《书信》中并没有明确提及该问题；但他却在后来的评论和《随想》中直接而明确地提到了它。① 确实，这个问题主宰了两个文本，并且成为书中大多数话题背后的统一主题。门德尔松分析感性的另外一个原因，是为了解决一个古典的争端，即斯多葛派和伊壁鸠鲁派关于快乐在至善中的地位的论辩。

一旦我们考虑到另外一个令人难以理解的事实，这两本书不仅仅是狭义的美学论著，就变得非常明显了：《书信》的第五封信，几乎占了整本书的三分之一，致力于思考的却是自杀问题。这样一个话题似乎与美学毫无干系，而且正是出于这一原因，有学者曾经质疑过门德尔松文本的统一性问题。但是，只要我们考虑到门德尔松更为广泛的关注，这个话题的相关性就立刻变得明显了。自杀现象提出生活值得不值得过的问题，而至善就存在于那些让生活值得过下去的价值中；如果我们拥有这些价值，我们就有理由活下去而不是去自杀。门德尔松之所以在《书信》中关注自杀问题，是因为自杀现象以一种极具戏剧性和个体性的方式提出了生命与生存本身的价值这个普遍问题。

门德尔松写作《书信》和《随想》的目的，是针对新生的、不断增长的反对意见，尤其是拉·美特利（La Mettrie）、霍尔巴赫（Holbach）、莫佩尔蒂伊斯、伯克和杜博斯的经验主义伦理学和美学，捍卫理性主义的伦理学和美学。门德尔松在他们的伦理学和美学中发现了向理性权威发起的挑战，他

---

① See remark（g）of *Über die Empfindungen.* 在那里，门德尔松指出，特奥克勒斯（Theocles）和欧弗拉诺尔（Euphranor）关于快乐问题的争论，是伊壁鸠鲁派和斯多葛派的分界线（I，312）。也可参见 *Rhapsodie*，在那里，门德尔松讨论了伊壁鸠鲁派和斯多葛派的幸福概念（I，402）。

的目标就是捍卫权威，应对挑战。这种对立的传统，有三个关于快乐的命题，它们全都限制理性在好的生活中的作用。第一，快乐根本上是简单而不可分析的。第二，快乐主要是身体性的或感性的，是神经的一种状态或意向。第三，好的生活存在于感性快乐中，而不在于独特的人类行为的完善中，更不在于宗教或哲学的沉思中。这些命题的直接后果，就是审美和道德经验是非认识性的，它们只存在于与判断无关的感受中；于是，这种经验逃脱了理性的反思与批判。

尽管门德尔松没有如此明确地表述过这些命题，但它们确实出现在《书信》和《随想》中，门德尔松也确实拿出了大量空间和精力来驳斥这些命题。我们可以根据门德尔松对这些命题的反应来理解两本书的结构。某种程度上，书中两个主要角色特奥克勒斯和欧弗拉诺尔的书信往来，反映的正是这两种观点的交锋。①

第一个命题由欧弗拉诺尔在前两封信中提出，他有时候反映的是新法国经验主义哲学。欧弗拉诺尔警告他的朋友特奥克勒斯——门德尔松的代言人——在追求好的生活时让理性走得太远是危险的，因为理性可能是不幸的根源。欧弗拉诺尔认为，幸福来自快乐，而快乐存在于不可还原和不可定义的感觉或感受中。理性一旦开始分析这些感觉或感受，就会破坏它们的独特品质（238）。我们一旦开始思想，就会停止感受；留给我们的只是"一堆枯燥的真理"而非"甜蜜的欢悦"（241）。在此，欧弗拉诺尔为"难以描述之物"作了辩护。他指出，如果我们把美分析成明确的再现，它就不再是美的。尽管欧弗拉诺尔认可迈耶的美的定义——"对完善的模糊再现"——但他强调

① 把特奥克勒斯和欧弗拉诺尔之间的书信往来理解为经验主义和理性主义之争，这是一种误读。欧弗拉诺尔并非经验主义者的纯粹代言人。尽管他在第一封信里（238）提及法国的哲学家，但很明显的是，他并没有完全认可他们的观点；尽管他后来承认自己受杜博斯影响，但又很快承认他的错误。从一开始，欧弗拉诺尔就引用了迈耶的美的概念，这使得他的美学观点更接近于理性主义而非经验主义。

的却无疑是其中的形容词，是审美经验的模糊元素（240）。欧弗拉诺尔也允许理性在好的生活中扮演某种角色——它强调节制，帮助我们选择最好的快乐——但他坚持认为，理性应该保持一个礼貌的距离。正如他所言：理性可以让丈夫喜欢他的新娘；但是之后它应该小心站到一边，任由他寻找自己的快乐。总结自己的立场，欧弗拉诺尔宣称："仅仅只有理性是不可能让人幸福的——除非他是纯粹理性的。我们还需要感受、享受和幸福。"（241）

尽管特奥克勒斯承认快乐某种程度上是不可还原和不可分析的，但他坚持认为理性可以提升和增强审美经验。他写道，对美的感受，不仅完全排除明确的概念，还完全排除抽象的概念（242）。如果我们把美完全分析成概念，我们就必须连续地思考它的每一部分，也就不能在一瞬间从整体上把握它。但是，如果美只是一个抽象的概念，我们就看不到多样性，看不到各个有区别的部分，而对美来说，差异、多样性与统一、和谐性同等重要。特奥克勒斯解释道，所有的美都包含多样性的统一，而彻底的抽象会遮蔽多样性，就像彻底的差异会破坏统一性。到目前为止，特奥克勒斯似乎很难对欧弗拉诺尔提出什么异议，而且两个人似乎都把美规定为对完善的模糊再现。但是，特奥克勒斯强调了审美经验的理智一面，而后者的重要性被欧弗拉诺尔淡化甚至回避了。特奥克勒斯认为，我们越分析多样性的各个不同部分，我们对整体的欣赏就越深入。分析不会破坏而会提升审美意识，因为它可以让我们对部分有清楚的认识，而这只会增加和强化我们对整体的经验。特奥克勒斯表明，直觉不应该反对分析，而应该来自分析。通过对整体的直觉，部分失去了它们的一些鲜明度，但留下了一些可以解释整体、带给我们快乐的更多生动性的踪迹。于是，特奥克勒斯的建议发出了和欧弗拉诺尔不一样的声音。我们被告知，我们不仅是要"感受和享受"，而是要"选择、感受、反思和享受（*wähle, empfinde, überdenke und geniesse*）"（246）。

特奥克勒斯承认审美经验中应该存在某种模糊元素，认为对整体的感知遮蔽了部分的差异，这意味着门德尔松对"难以描述之物"的认可。这是门

202

德尔松在《书信》中对非理性主义的一种让步。当然，如果我们考虑到莱布尼茨已经作过这种认可，那么它就不是那种特别大的让步。尽管如此，它仍然是一种重要的承认，因为它认识到在涉及审美经验时理性的力量是有限的。在这一点上，门德尔松和迈耶、鲍姆加登一道反对沃尔夫与高特谢德。虽然他认同沃尔夫和高特谢德的观点，即审美经验可以通过理性知识而得到增强，但他拒绝他们从这一观点出发得出的结论：审美经验是完全理性的。我们是有限的感性造物，我们有我们自己特别的品质，它们本身就值得培养，这是门德尔松经常承认并强调的一个观点。①

至于经验主义的第二个命题——快乐完全是身体性的和感性的——门德尔松可就不那么愿意承认了。在《书信》和《随想》中，门德尔松一直在为沃尔夫的快乐定义——对完善的直觉——作辩护。这意味着快乐不仅是一种感受或感觉——这是其纯粹身体性的方面——也是一种认识形式，也暗含一种判断行为。门德尔松指出，只要我们从某物那里获得快乐，我们就意识到它是并且把它判断为完善的。这意味着快乐的感受要么是真的要么是假的，因此也从属于理性的评价。

门德尔松的这种快乐分析，以及他对一般理性的信仰，都建基于他的意志理论，根据这种理论，意志指的是渴求完美或善的欲望（260，402）。门德尔松认为，只要我们意愿某种东西，我们必然出于某种原因而意愿；因为意志和其他所有东西一样，都从属于充足理由律。意志的充足理由，在于它相信它的选择就是最好的选择；一种不相信自己在选择最好的东西的意志，只会挫败和摧毁自身。这种观点和经验主义传统的差异，是根本性的或完全相冲突的。不同于经验主义传统认为某物之所以好或让人高兴是因为我们意欲它，门德尔松认为我们之所以意欲某个东西并从那里获得快乐，是因为我们认为它是好的。对门德尔松来说，我们是理性的存在，我们意欲某些我们

① 比如，参见 *Rhapsodie*, I, 393。

认为是好的东西，并从中获得快乐，而且我们也会根据我们是改动还是确定对它们的价值的信仰，来改变这些欲望和感受。

门德尔松认为，经验主义的快乐观有一个根本缺陷，那就是它忽视了理智快乐的存在。他指出，假设所有的快乐都是感性的，这是一个错误，因为事实是，有些快乐仅仅来自理性的运用和知识的获得（254，277）。如果好的生活存在于心灵的安宁或平静（*Gemütsruhe*）中，那么沉思性的生活就完全有理由宣称是人类最好的生活（254）。门德尔松认为，有必要区分理智的快乐和审美的快乐。不同于理智的快乐可以完全独立于感官，审美的快乐却依赖于感官，因为它存在于对完善的模糊感知中，而这里的模糊正来自感官。毋庸置疑，所有的快乐都存在于对完善的感知中，但这种感知既可以是完全理智的，也可以是部分感性的。然后，我们还必须进一步区分美与完善。完善，这天堂的维纳斯，存在于和谐与多样性的统一之中。美，这地上的维纳斯，存在于对完善的**感性**感知中，存在于完善呈现给感官的方式中（251）。如果地上的维纳斯相关于作为有限感性存在的我们的无能为力，或我们的局限性，那么天上的维纳斯只来自我们积极的理智力量。

在第八封信中，欧弗拉诺尔给出了一些有力的反例，来反对特奥克勒斯对快乐的理智主义分析。欧弗拉诺尔尽管现在已经承认理性并非所有快乐的搅局者，但仍然觉得自己很难相信所有快乐的根源都来自对完善的感知。欧弗拉诺尔说道，对于纯粹身体性的快乐来说，这种理论似乎是完全错误的。比如说，当我们意欲性或酒的时候，我们并没有在对象中感知到什么完善。他质问道，在这些情况下，哪里还存在对比例、和谐或适度的感知（267）？不是说我们之所以能够在这些事物中获得快乐，是因为我们认为它们是完善的，而是说因为我们能从它们那里发现快乐，才认为它们是完善的。（267）

特奥克勒斯通过一些生理学的猜测来回应这些反例。他坚持认为，即使是绝对身体性的快乐——一种上等葡萄酒的味道或火带来的温暖——也都来

204

自对适当功能的下意识感知，来自各条神经的和谐互动（277）。这意味着，即使是感官的快乐，也是"对身体的完善的一种模糊而生动的再现"（278）。由于在系统的自然中，所有的东西都既是原因又是结果，快乐也同时是运行良好的身体的原因和结果（284—5）。特奥克勒斯认为，对每一种感官来说，都存在一种特别的神经间的和谐（281）。即使是嗅觉和味觉，也有它们独特的美的形式，尽管我们不能明确感知到它们。特奥克勒斯猜测道，我们在音乐中发现的——对一种潜在结构的快乐而下意识的感知——很可能适用于所有的感官。

既然我们现在已经看到了门德尔松对经验主义前两个命题的反应，那么他对第三个命题——至善只存在于快乐中——的态度也就显而易见了。在《随想》的一些语段中，门德尔松明确宣称要讨论新的"纯粹的伊壁鸠鲁主义"那些"衡量快乐的虚假概念"（404）。尽管门德尔松没有称名道姓，但他提到过《道德哲学尝试》（*Essai de philosophie morale*）的作者，而此人只能是皮埃尔·路易·莫佩尔蒂伊斯，柏林科学院的领导。在这本书中，莫佩尔蒂伊斯设想用一种微积分来准确衡量快乐和至善本身的程度。他根据强度单位和持续时间来衡量快乐和痛苦，并且把幸福理解为快乐单元的总和大于痛苦单元的总和。这样，如果有人想要确定他的生活是否值得过下去，他只需要从快乐单元中扣除痛苦单元的数量就行了。如果结果小于零，并且未来也不存在改进的可能，自杀就成了一个选项，而且是不可避免的选项。

门德尔松认为，这种理论是如此肤浅，以至于根本不值得一驳(401)。[①]但是，他也确实顺便指出了这种理论的两个基本错误。第一，它假设感觉是纯粹的快乐或不快乐问题。门德尔松认为我们的大多数感觉都是混合的，它

---

① 事实上，在 *Briefe* 中，门德尔松为了拒绝使用莫佩尔蒂伊斯的自杀理论而颇费了一番脑筋。他首先在第 9 封信中提及这一理论（273），然后在第 14 封信中（292—3）和所有评论中最长的一个评论中（318—24），明确地批判了它。关于莫佩尔蒂伊斯有关自杀问题的小册子的重要性，参见 Altmann, *Mendelssohn*, pp.62, 63–4。

们的快乐和不快乐方面往往密不可分地纠缠在一起（394—5）。① 第二，它假设每一种不快乐都会减少幸福的总量。这忽视了一个事实，即人们有时候不仅愿意受苦，还愿意培育像愤怒和悲伤这样的痛苦情绪（397）。

关于经验主义的至善理论，门德尔松后来在《随想》中给出了总体回应。在那里，他特别提及一种理论，即至善，所有人类行为的终极目标，存在于快乐的感觉中（404）。他承认，经验主义者认为每一种善的行为都与快乐相关，而快乐是道德行为的重要诱因，这些看法都是正确的。但是，这种理论的主要问题在于，它认为快乐是原初性的（primitive），是没有办法充分解析的。门德尔松指出，他们如果去考察快乐的本性，就会发现快乐是对完善的一种模糊感知。快乐不可能是基础，因为还必然存在我们意欲一般性快乐的原因，或者是我们更喜欢这种快乐而不是其他快乐的原因。意志的选择必然有其原因，而这个原因必然是它认为这一选择优于其他选择。门德尔松宣称，《书信》中对快乐的分析已经说明，伊壁鸠鲁主义者颠倒了真正的优先秩序：我们之所以意欲快乐，是因为我们认为它是好的东西；而不是我们之所以意欲好的东西，是因为我们认为它是令人愉快的。这对人们的至善观（the view of the highest good）来说是至关重要的，因为完善是快乐的基础而不是相反，完善而非快乐才应该是至善（405）。

尽管门德尔松拒绝经验主义的至善理论，但需要指出的是，他并不赞成与之相对立的斯多葛派的理论。门德尔松的一些评论可能会让人作出这样的假设，因为他曾经说过，对至善的更具反思性的解释，可能会导致斯多葛派的观点，即至善存在于与自然的相适应中（404）。但是，门德尔松并没有接受这个古老的学派关于快乐的立场，后者建议我们唾弃快乐，并且向我们保

---

① 强调混合的感觉的重要性，是 Briefe 第一版和 Rhapsodie 之间出现的主要变化之一。在第一版中，他宣称同情是一种独特的感觉，因为它是快乐和不快的混合物（I, 110）。通过对伯克的阅读，他认识到混合性感觉在审美经验中无处不在。见 Rhapsodie, I, 400。Briefe 第二版因此删去了赋予同情独特地位的语段。

证，即使我们遭遇痛苦，也可以是幸福的。门德尔松自己的至善观，既不是斯多葛式的，也不是伊壁鸠鲁式的，而是尝试公平对待这场古老辩论的双方。门德尔松赞成沃尔夫的至善准则："朝向最高程度的完善的不受妨碍的进步。"①这样一种理论意味着，快乐在至善中占有一个必要的位置，因为根据它关于快乐的一般理论，一旦我们感知到完善，我们就会在一种事物中获得快乐。②和沃尔夫一样，门德尔松认为快乐虽不是我们的行为的终极原因，也仍然是美德和自我完善的重要动机或诱因。

三、西勒诺斯的狂笑

在 18 世纪 50 年代，门德尔松经常思考悲剧的本性。他在《书信》中开始关注这个问题；而从 1756 年 8 月到 1757 年 3 月，他和尼克莱、莱辛就此问题展开了有趣而认真的书信往来。继此之后，他又断断续续对悲剧问题思考了有数年之久，并且在《随想》（1761）中提出了一种新的理论。在与尼克莱和莱辛通信之后和之间，门德尔松关于悲剧的思想是非常混乱的，经历了不断的修订与反复。

悲剧对门德尔松为什么如此重要？首先，他必须直面悲剧性快乐这个经典问题：我们在沉思可怕的事件时会获得快乐，而当这些事件发生在我们身上时，我们会恐怖、消沉或发怒。这种现象不仅本身就是个谜，对门德尔松来说还具有特殊的意义，因为它似乎完全否定了沃尔夫的快乐理论，而他曾经在《书信》中煞费苦心地为后者作过辩护。根据这种理论，审美快乐来自

---

① See Wolff, *Vernünftige Gedancken von der Menschen Thun und Lassen, zu Beförderung ihrer Glückseligkeit*, in Wolff, *Gesammelte Werke*, ed. Hans Werner Arndt, I/4, 32; §44. Cf. *Philosophia practica universalis*, §374; II/10, 293："哲学上的幸福或人的至善，不是不断地向着更高完善前进的障碍。"

② 见 Wolff, *Philosophia practica universalis*, §393; II/10, 305："人的至善始终同真正的快乐联系在一起。"

对完善的感性把握；但悲剧恰好是完善的对立面；悲剧实际上是一种邪恶，因为它发生于有德之人遭遇不该遭遇的不幸之时。如果是这样，我们为什么还能从悲剧中获得快乐？沃尔夫的理论还没有准备好回答这个理论。

隐藏在悲剧性快乐这个难题背后的，是一个更加严重的危险：非理性主义。由于完善是理性的形式或结构，那么我们在悲剧的不完善中所获得的快乐，似乎显示出我们并非完全理性的存在物。确实，它意味着我们之所以从事物中获得享受，只是因为这些事物是混乱的、破坏性的、暴怒的，甚至是疯狂的。完善美学完全效忠于阿波罗；但狄俄尼索斯是否也配得上这一荣誉？不管怎样，门德尔松必须想方设法以一种不和他对阿波罗式存在的效忠相龃龉的方式重新解释悲剧性快乐。

207

最后但并非不重要的问题是，悲剧提出了经典的邪恶问题。悲剧这一事实本身——好人有时候会遭遇不幸——严重困扰着门德尔松的一生。这一事实似乎证明了他对天意的宗教信仰是虚假的，似乎否定了他的莱布尼茨—沃尔夫教义，即这个世界是所有可能世界中最好的一个。如果上帝无所不知、无所不能，如果他选择的是所有可能世界中最好的一个，那么悲剧为什么还会存在？假设悲剧是一个残酷的事实，这会导致一种和莱布尼茨—沃尔夫乐观主义完全对立的世界观：悲观主义，或者如尼采后来所说的"希腊人的悲剧世界观"。这种世界观的本质，可以由狄俄尼索斯的同伴西勒诺斯来代表，他曾狂笑着宣称："最好不要出生，最好不要活着，最好成为虚无。"① 门德尔松深受这一世界观困扰，是一个不争的事实，尽管他并没有为这种世界观命名。这也是他很早就关注自杀问题的原因。通过他在《书信》中关于自杀的长篇谈论，我们可以看到门德尔松在与存在本身的价值问题作斗争。可以公正地说，西勒诺斯的阴暗话语向门德尔松提出的问题，一点也不亚于向尼采提出的问题。

---

① Nietzsche, *Die Geburt der Tragödie*, in *Sämtliche Werke, Kritische Studienausgabe*, ed. Giorgio Colli and Mazzino Montinari, 15 vols.（Berlin: de Gruyter, 1980），I, 35.

门德尔松如何应对这些难题？我们在这里不可能解释他对所有这些问题的回应。我们无法考虑他对自杀问题的思考，也无法关注他在《清晨》（*Morgenstunden*）和《上帝这件事》（*Die Sache Gottes*）中为乐观主义世界观所作的辩护。这些主题需要在形而上学的危险领域长期探索。由于关注点主要是门德尔松的美学，我们必须局限于他对悲剧性快乐的解释。这里，我们只需要弄清楚他关于悲剧性快乐的谈论如何深嵌于这些宽泛的形而上学问题之中就行了。

门德尔松初次应对悲剧性快乐问题，是在他 1755 年出版的《书信》中。在第八封信里，欧弗拉诺尔提及帕莱蒙（Palemon）曾经体验过的一种快乐，那是他在一幅描绘暴风雨中沉没轮船的油画前获得的快乐。尽管甲板上的人已经濒临死亡——这很难说是一种完善——帕莱蒙仍然享受着那幅画，甚至称赞它是美的（74）。欧弗拉诺尔指出，帕莱蒙快乐的根源，不仅仅是画家在模仿自然方面表现出来的技巧，因为如果技巧依旧，而主题不再是那么悲剧性的，那么他从画中得到的享受就会变少。欧弗拉诺尔还补充道，当我们在舞台上看到一出悲剧时，相同的情形也会发生，因为即使它可以让我们泪流满面，我们也仍然会从这种悲伤中获得快乐。

为了应对这些困难，帕莱蒙强调悲剧性快乐中怜悯（*Mitleid*）的重要角
208 色。他宣称，怜悯是唯一一种能够愉悦我们的不快乐的感觉（110）。它根本上存在于对遭遇不幸的人的爱之中。这种爱是悲剧中快乐的源泉；爱以人们的完善为基础，而当不幸的来临是不应该的时候，这种完善就会放射出更为耀眼的光芒。不幸危害着我们所爱的人的生命或福祉，这一事实会让他或她对我们来说变得更加亲切。由于我们担心自己会失去所爱，我们的快乐就很有刺激性。帕莱蒙让我们相信，这可以解释悲剧性快乐既痛苦又甜蜜的本性。他说道，我们的快乐中有一些就是这样的，它们之中有些许苦涩，但正是这些苦涩让它们品味到所有的甜蜜。帕莱蒙承认，我们能否在怜悯中得到快乐，取决于悲剧性事件是真的还是虚构的。如果悲剧性事件是真实的，

我们会变得如此恐惧或痛苦，以至于我们完全不可能感到快乐；但是，如果它们是虚构的，我们就会感到快乐，因为我们并没有遭受这种恐惧或痛苦（111）。

这种理论对门德尔松来说极具战略性价值，因为它看上去是在保护快乐与完善的关联。悲剧性快乐似乎是一种理性的快乐，它建基于对遭遇不幸者的美德的爱。尽管如此，门德尔松并没有长久坚持这一理论。《书信》首版出现于 1755 年夏天；但是到了 1756 年的 11 月，门德尔松就已经在与莱辛的通信中提出了一种全新的悲剧理论。在强调怜悯在悲剧性快乐中的重要性时，门德尔松追随的是莱辛，后者视怜悯为悲剧的独特情感。但在 1756 年 11 月的信中，门德尔松却针对莱辛提出，钦佩（admiration）而非怜悯，才是悲剧的独特情感。这种新理论的根本在于，悲剧中的快乐来自对英雄的道德品质的赞美。英雄与不幸的斗争揭示了伦理德性，后者使他超越于物理世界的所有力量之上。这样一种发现打动了我们，而这正是我们在悲剧中获得快乐的根源。门德尔松在解释塞涅卡（Seneca）的思想时写道，对众神来说，看到那些准备除了美德之外牺牲一切的人们和他们的命运作斗争，是一出令人愉悦的戏剧。[①] 关于悲剧的基本格言，现在变成了"只有勇敢的人才配得上和不幸的命运抗争（*vir fortis cum mala fortuna compositus*）"。莱辛断然拒绝了这种新理论；但它并非没有欣赏者，青年弗里德里希·席勒就是其中一位。[②]

那么，门德尔松为何会拒绝莱辛的理论？为什么他现在让钦佩而非怜悯

208

[①] See Mendelssohn, "Ueber das Erhabene und Naïve", *Jubiläumsausgabe*, I, 196. 这一引用来自 Seneca, *De providentia*, II. 8. 门德尔松已经在 1757 年 1 月致莱辛的信中描述过这一观点。参见 Lessing, *Werke und Briefe*, 11/1, 161。

[②] See Schiller's "Ueber den Grund des Vergnügens an tragischen Gegenständen", in *Schillers Werke, Nationalausgabe*, ed. Benno von Wiese et al., XX (Weimar: Böhlausnachfolger, 1962), pp.133–47. 关于席勒与门德尔松的关系，见我的 *Schiller as Philosopher* (Oxford: Oxford University Press, 2005), pp.253–7。

作为主导性的悲剧情感？门德尔松的著作和这一时期的通信中有一些线索可寻。1756 年 1 月，当莱辛问门德尔松，没有怜悯，宽宏大量能否让人掉泪时，门德尔松回复到，他很怀疑其可能性。① 他似乎仍然准备承认怜悯在悲剧中不可或缺的角色。在 1756 年夏天，门德尔松常与尼克莱相见，和他讨论所有的哲学问题，尤其是美学问题。② 并非偶然的是，尼克莱其间正在写作自己的悲剧理论，后者最终以《论悲剧》（*Abhandlung vom Trauerspiele*）为名发表于 1757 年。值得指出的是，在这本书中，和莱辛相比，尼克莱让钦佩在悲剧中担任了更重要的角色。他指出，悲剧的主要目的是唤起情感，而悲剧只要通过激起钦佩或恐惧、怜悯就能做到这一点。③ 然而，我们无法弄清楚尼克莱对钦佩的强调，究竟是门德尔松自己思想的原因还是结果。人们通常认为，门德尔松影响了尼克莱，后者曾经向莱辛愉快地承认自己受惠于门德尔松。④ 除了这些线索，就没有多少其他证据了，我们能有的就只是猜测与假设了。

不管受了多少外部影响，门德尔松有足够深刻的哲学理由偏向新的钦佩理论而非旧的怜悯理论。新理论提供了一种可以用于为沃尔夫快乐解释辩护的更好策略。因为相较于怜悯与完善，钦佩与完善之间的关联要更紧密一些。在《书信》中门德尔松曾经指出，怜悯中的快乐来自爱，而爱建基于遭受不幸的人们的完善。但这不是必然的状况：也有可能在不完善甚至邪恶的人遭遇更严重的不幸时，对他们表示怜悯。不过，我们尽管会怜悯他们，但绝不会钦佩他们。钦佩要求它的对象是完善的，而怜悯却不必如此。于是，在 11 月 23 日致莱辛的信里，门德尔松开始阐述他的理论，开始强调钦佩与完善之间的紧密关联。

---

① See Mendelssohn to Lessing, January 21, 1756, *Lessing, Werke und Briefe*, 11/1, 89.

② See Nicolai to Lessing, August 31, 1756, *Lessing, Werke und Briefe*, 11/1, 104.

③ See Nicolai, *Abhandlung von Trauerspiele*, in *Bibliothek der schönen Wissenschaften und der freyen Künste* 1（1757），38.

④ See Nicolai to Lessing, August 31, 1756, *Lessing, Werke und Briefe*, 11/1, 104.

当我们在某个人那里发现一些好的品质，它们超越了我们对这个人乃至所有人性的判断时，我们就会有一种快乐的感受，我们称之为钦佩。由于所有的钦佩都以好的品质为基础，这种感受本身，与怜悯无关……必然会在观众心里引起快乐的感受。①

210

现在，悲剧性快乐看上去在完善中抛下了一个更加稳固的锚。

钦佩理论的另外一个引人注意之处，是它让悲剧在道德提升过程中扮演着更为重要的角色。在《关于感性的书信》中，门德尔松还完全没有看到这一引人注意之处，还一度区分过舞台道德和现实生活的道德。诗人有权利描写舞台上的邪恶角色，因为戏剧的目的是唤醒情感，而不管这种情感是什么样的（94）。但在1755年的最后几个月，门德尔松却完全专注于卢梭的艺术与科学批判，后者让他在关于所有艺术的道德价值方面处于守势。尽管门德尔松仍然不主张诗人的主要意图是促进道德，②但卢梭已经让他确信艺术本身不是目的；它们的价值现在必须根据是否有助于促进人类完善来衡量。③这里，钦佩似乎非常适合这一新角色，因为它为观众提供了一个道德模范。门德尔松最初主张，这样一种钦佩对观众具有一种积极的道德影响，因为它能唤起模仿英雄令人钦佩的品质的欲望。④但是，莱辛很快就让他相信，事情不会这么简单：我们可能会钦佩艾迪生的加图，但不会打算模仿他。⑤尽管如此，门德尔松并不打算从他的基本立场退缩，这个立场就是，钦佩可以

---

① See Mendelssohn to Lessing, November 23, 1756, *Lessing, Werke und Briefe*, 11/1, 125.

② See Mendelssohn to Lessing, January, 1757, *Lessing, Werke und Briefe*, 11/1, 162.

③ 根据两份早期未发表的手稿 *Briefe über Kunst, Jubiläumsausgabe*（II, 166）和 "Verwandschaft des Schönen und Guten"（*Jub*. II, 179–85），这一点是非常清楚的。

④ See Mendelssohn to Lessing, November 23, 1756, *Lessing, Werke und Briefe*, 11/1, 125.

⑤ Lessing to Mendelssohn, November 28, 1756, *Lessing, Werke und Briefe*, 11/1, 130. Cf. Mendelssohn to Lessing, first half of December 1756, ibid. 11/1, 139.

给悲剧一种充分的道德辩护。

通观门德尔松关于悲剧的思考的所有变化，我们发现其中仍然存在一种连续不变的主题：他对沃尔夫快乐理论的忠诚。门德尔松总想要保持快乐与完善的关联，不管这种关联是通过怜悯理论还是钦佩理论来实现。如果上述解释是正确的，那么从怜悯理论向钦佩理论转变的根本动机，应该是门德尔松保持快乐与完善，从而保持美与道德的关联的欲望。这证明了门德尔松对阿波罗式存在的持久忠诚，证明了他坚信理性在悲剧性快乐中的存在。

211

四、重新思考

《书信》于 1755 年出版后，门德尔松仍然继续思考着书中所讨论的问题。对于他在该书中捍卫的古典理性主义立场，现在有了新的挑战。其中最大的挑战，来自埃德蒙·伯克的《关于我们崇高与美观念之根源的哲学探讨》，该书初版于 1757 年，门德尔松曾经于 1758 年在《美艺术与科学藏书》上发表过对该书的评论。[①] 伯克让他确信，还有很多比怜悯更具混合性的情感，而混合性感觉的本性，要比他最初猜想的还要复杂，审美快乐的主要根源之一，就是崇高，就是让人恐怖的或悲剧性的对象。[②] 另外一个挑战来自莱辛的评论，后者曾经于 1757 年 2 月 2 日写信给他："我的朋友，我们不是都主张所有的激情要么都是强烈的欲求，要么都是强烈的厌恶？还有，带着强烈的欲求或厌恶，我们能够更深程度地意识到我们的实在，而且这种意识不可能是其他，就是令人快乐的意识？因此，所有的激情，甚至那最不让人

---

① "Enquiry into the Origin of our Ideas of the Sublime and Beautiful", *Jubiläumsausgabe*, IV, 216–36. 门德尔松评论的是伯克著作最初的英文版。

② 门德尔松自己承认，伯克在他于 *Rhapsodie* 中修正自己的理论时扮演了某种角色。See *Jubiläumsausgabe*, I, 400–1.

快乐的激情，仍然可以作为激情而让人快乐。"①这样，伯克理论和莱辛评论的直接效果就是，快乐不再是那么简单的事情了，不再只是被感知到的完善了，我们有时候可以在不完善中获得快乐，不管这种快乐来自崇高，还是仅仅来自宣泄我们自己的怒气。当然，门德尔松也在《书信》中处理过这种现象；但是现在，他认识到这种现象比他最初的分析所允许的要复杂和丰富得多。为了能够解释这种现象，现在必须得重新考察他的整个理论了。

修正理论的任务，开始于他的《对关于感性的书信的随想或补充》，后者最先出现于他 1761 年初版的《哲学文集》（*Philosophische Schriften*）中。然而，《随想》曾经被理解为不仅仅是对《书信》的原初立场的修正，而是实际上的改弦更张。②我们被告知，门德尔松不再把完善美学作为起点，他把这种美学重新解释得已经失去了最初的意义。传统的完善美学被一种情感 212 主义理论所替代——我们就是这样被告知的——以至于被门德尔松修正过的美学已经变成伯克美学的相似物，康德美学的雏形，变成一种更加主观主义的美学。这种看法是否真切，只能靠考察文本自身来确定。

没有前言或导论，《随想》的第一句话就直奔问题的核心。门德尔松说道，在《书信》中，他曾经把一种再现当作微不足道的快乐定义来接受，这种再现，我们有，总聊胜于无；并且把另一种再现当作微不足道的不快乐定义来接受，这种再现，我们无，总聊胜于有（383）。但是现在，他认为这一表述中存在"一处小小的笔误（*eine kleine Unrichtigkeit*）"，它必须被改正，以免导致错误的推论。根据这一定义，我们必然不会喜欢任何一种不令人愉快的再现；但当我们考察自身时，我们会发现，我们所反对的，不是拥有这

---

① Lessing, *Werke und Briefe*, XI/1, 166. 门德尔松在他的"Anmerkungen über das englische Buch: On the Sublime and Beautiful"（*Jubiläumsausgabe*, III/1, 239）中承认了这一评论的重要性。

② 这是弗里茨·拜姆伯格（Fritz Bamberger）在他写给 *Jubiläumsausgabe* 第 1 卷的序言里的观点（I, xli–xliv）。

种再现，而是拥有再现的对象。我们反对我们看到的邪恶之事，并且希望它从未发生；不过，一旦邪恶之事发生，我们又感受到一种想看到它的强烈诱惑。比如说，我们想要看到里斯本大地震，尽管我们强烈谴责这场灾难；而在发生于"***"的战斗①结束后，我们很想去看看那场大屠杀，尽管我们愿意以自己的生命为代价来阻止它的发生。很明显，在这些情况中，我们的反对和厌恶被更多地引向事实或事情本身，而不是对它们的再现。这就有必要区分再现的两个方面了：它与对象或事情的关系——它是对象或事情的形象或副本；它与拥有它的主体的关系（384）。门德尔松提醒我们，一定要小心，不要混淆这两方面。

门德尔松在这里似乎已经放弃了他最初的理论，根据这种理论，快乐存在于对完善的感知中。毕竟，他现在允许我们从邪恶的事情那里，从灵魂反对的事情那里，从我们愿意不惜任何代价阻止或避免的东西那里获得快乐。这里，矛盾之处似乎并不那么严重。不过，更仔细的考察会显示，门德尔松确实只是修正了他的原初理论，以便让它更具解释力。于是，他至少两次明确重申他的一般原则，即对事物的完善的直觉唤起了快乐，而对事物不完善的直觉唤起了不快乐（385，404—5）。但是他现在发现，这一原则同样适用于再现的主体和对象（385）。我们也可以把在主体头脑中发生的事情当作一个对象来看，以至于它也有自己的完善或不完善，以至于我们可以在我们自身中的完善那里获得快乐，在我们自身中的不完善那里获得不快乐。门德尔松指出，这有助于解释我们从我们所反对的事物那里获得的快乐。在这些情况中，我们虽然否定对象的邪恶或不完善，但我们确实在我们自身中的完善那里——比如，在我们的能力的活跃中——获得了快乐。尽管现在门德尔松收回了他先前对杜博斯的批判，那也是一个他要充分利用的让步。他现在承认

---

① 这里门德尔松用了一个三星符号，这是 18 世纪的一个常见做法，用于表示不堪提起的事情。这可能指的是发生在 1759 年的库纳尔斯道夫战斗，在这场战斗中，弗里德里希二世几乎被俄国和奥地利打败。

杜博斯所言是正确的，即灵魂有时候就想被唤醒或刺激，即使是被某种不令人愉快的再现所唤醒或刺激（389）；但是，门德尔松的这种让步并不意味着他要完全放弃自己最初的观点；因为他现在已经发现一种根据完善美学来解释杜博斯所察现象的方法。门德尔松指出，当我们通过唤醒或刺激我们的功能而获得快乐时，这种快乐包含一种对这些功能的完善的高层次意识，因为这些功能的活动的增强，就是这些功能的现实性的增强。这是莱辛最初写给门德尔松的评论的立场，现在被他组合进更加宽泛的完善理论中来，这种理论可以同时适用于主体和客体。

以区分再现的主体与客体为基础，门德尔松现在开始认为他的理论可以解释所有具有混合性的再现。他说道，自己在《书信》中对这些再现的理解还不全面，而现在他可以在一个更好的立场上来解释它们了（400—1）。当我们看到不完善的、邪恶的或有缺陷的事物时，它们会唤起一种混合性的感觉，后者由存在于客体中的不快乐和存在于对客体的再现之中的快乐组成（386）。我们会反对那再现的对象，宁愿它根本就不存在；但仅仅是看到它这一事实本身就会激发我们的功能，而我们会在功能的运转中获得快乐。一种再现作为一个整体，究竟是令人愉快的还是令人不快的，决定于两方面——它与主体相关的一面和与客体相关的一面——中哪一方面占据支配地位。门德尔松解释道，拥有一种混合性的感觉至关重要，这样我们就可以区分感觉的主体和客体。这能解释任何身体性疼痛中为什么都不可能有快乐存在，因为在其中我们无法区分再现的主体和客体；我们就是疼痛的客体，我们完全反对它（387）。

尽管这是一种更加复杂的理论，但很清楚的是，它依然坚持完善美学的基本原则：所有的快乐都来自对完善的感知。最初的理论和经过修正的理论之间的唯一差别在于，在混合性感觉中，修正过的理论把这一原则同时应用于主体和客体。然而，他从未打算宣称，这一原则**只**适用于主体，而这是他能够发展出一种像伯克或康德那样的主观主义理论的必要条件。于是，主观

214

主义解释存在的问题，就是它夸大了门德尔松理论中新的方面或层面，似乎后者就是整个理论；它犯了时代性错误，是一种历史主义，认为门德尔松如果能够进一步发展他美学中这一新的主观主义方向，就会更接近真理。但是，这种解释没有从门德尔松的理论自身出发。门德尔松之所以致力于完善美学，主要是因为这种美学可以为理性在美学领域找到一块安全的立足之处。

门德尔松远不会赞成——而且实际上是强烈地抗拒———种主观主义的理论，这在他论伯克《探讨》的一些未发表的文章中表现得非常明显。① 在这里，他谴责伯克忽视了沃尔夫心理学的原则，他认为这些原则可以解释他观察到的诸多现象；他也痛惜伯克忽视了笛卡尔的完善概念，后者是沃尔夫理论的起点。出于这些原因，伯克在《探讨》第三部分针对比例与和谐理论作出的闹哄哄的辩论，根本就没有影响到门德尔松。② 来自第三部分第二节的所有例子，都只能证明比例并非总是美的直接原因；而来自第七节的所有例子，也都只能证明，感性把握本身是美的，或者灵魂可以通过反思把每一种完善带入美的事物中。

除了快乐问题，门德尔松还在另一重要方面重新思考了他在《书信》中的观点。他论及意志理论，对于他所致力于其中的理性和启蒙事业来说，这一理论极其重要。在《书信》中（260），门德尔松只是非常简单地推出了这一理论，并没有修饰或辩护。但是他非常清楚，这一理论会面临严峻的挑战。他尝试在《随想》最后一部分回应这些挑战。

正如门德尔松在《书信》中对他的理论的解释那样，如果我们全部的生

---

① See "Anmerkungen über das englische Buch: On the Sublime and Beautiful", *Jubiläumsausgabe*, III/1, 235–53, "Zu lessings Anmerkungen über Burkes Enquiry", *Jubiläumsausgabe* III/1, 254–8, and "Über die Mischung der Schönheiten", *Jubiläumsausgabe* III/1, 259–67.

② 比照门德尔松在其书评中所作的评论，即这本书的这一部分"至少是非常透彻的"（IV, 224），和他在"Anmerkungen"中给出的评价（*Jubiläumsausgabe* III, 238, 244, 245）。

命仅仅只是在意欲和再现，那么在生命的每时每刻，我们都会被一种三段论所占据：（1）我们都追求好的事物；（2）这个对象是好的；因此（3）我们应该追求这一对象。门德尔松告诉我们，人们之间的不同，可能只是小前提的不同，因为我们都追求好的事物，我们的不同只在于我们认为哪个对象才是好的（260）。在《随想》中，门德尔松认识到，这种看法太过简单了，它似乎让道德方面的邪恶变成了一个纯粹理智方面的争议问题。他尝试为第一个前提作辩护，后者面对人性邪恶似乎显得有些天真。换句话说，他被迫去思考意志的软弱这个古典难题，也就是说，我们为什么看上去知道什么是好事，但还要去做恶事。 215

门德尔松之所以支持大前提，是因为他接受柏拉图的意志理论，后者近来又被沃尔夫重新肯定。① 根据这种理论，意志本质上意欲做好事或最少邪恶的事。意志因此由理智或理性来决定，或者说它是我们关于善恶的知识的功能，因为我们**必须**意欲我们认为在当下环境中是好的东西，或者最少邪恶的东西。于是，一旦我们**知道**那是恶的东西，我们就不可能去意欲它；如果人们有时候也确实想去做邪恶之事，那也只是因为他对好事抱有错误的看法。这种观点的迷人之处，对于像沃尔夫或门德尔松这样的启蒙思想家来说再也清楚不过了：它赋予理性以强力和权威，而理性能够引导和控制欲望的能力。我们因此运用理性教育民众。

在《随想》中，门德尔松根据这种意志理论来处理一些基本问题。存在两个紧密相关的问题：第一，我们似乎总是知道什么是好事，但仍然渴望去做恶事；第二，我们似乎即使知道什么是好事，并且仍然渴望去做好事，但我们还会去做一些邪恶之事。理论必须弥合两处缝隙：一处存在于知道好事与意欲好事之间，另一处存在于知道好事与践行好事之间。通过重述色诺芬（Xenophon）关于爱若斯贝斯和塞勒斯的经典故事（409—12），门德尔松同

---

① Wolff, *Vernünfftige Gedancken von den Menschen Thun und Lassen*, §§6–7; I/4, 7–8.

时说明了这两个问题。爱若斯贝斯是柏拉图理论的信徒；而塞勒斯通过让爱若斯贝斯看守美丽的敌方公主潘西娅来检验他信守的原则。果不其然，爱若斯贝斯不可救药地爱上了潘西娅，并且放弃了他最初的理论；他现在支持一种新的观点，即灵魂中存在两种敌对的原则，一种意欲善，而另一种意欲恶。门德尔松要做的，就是去解释爱若斯贝斯的经验——他为什么会在意志和行动两方面都违背自己的原则——而又避免得出他的结论。

门德尔松对爱若斯贝斯经验的分析，开始于一些重要的让步。尽管他认为爱若斯贝斯的想法是错误的，即灵魂中有一种向恶的意志，但他也承认"我们的理性不可能总是主宰一切"，承认"那实践的意志和决定，并不绝对依赖于知性的判断"，尤其是承认"灵魂中必然存在某种东西，它在有些情况下比理性还要有力"（412）。为了解释灵魂中的这种东西究竟为何物，它为什么有时候会阻止我们按照理性的命令意欲或行动，门德尔松发明了一种理论，以衡量作用于灵魂的各种诱因或动机（*Triebfedern*）的力量（414—5）。① 根据这种理论，有三种基本的变量可以拿来衡量一种诱因的效力。第一个是完善本身的程度：完善的程度越高，完善给予的快乐就越多，它作用于意志的力量就越强。第二个是我们对完善的认识程度：我们的知识越清晰和确定，它作用于意志的力量越强大。第三个是诱因作用于意志的速度：它起作用的速度越快，它越容易动摇意志。总而言之，一种诱因的效力，与善的量，与我们关于善的知识的量，与知识行动的速度成正比（415）。

详细讲解了自己的理论后，门德尔松开始解释爱若斯贝斯那样的经验。他认为，这种理论可以解释灵魂为什么并非总是根据它对善的清晰而明确的知识来行动（415）。第二个因素可能会被第一个和第三个因素遮蔽。尽管我们会对某种善有清晰而明确的知识（第二个因素），但情况可能是，我们对一种更好的善拥有抽象或模糊的知识（第一个因素），或者，风俗和习惯的

---

① 门德尔松首次表述这一理论，是他 1756 年 12 月写给莱辛和尼克莱的一个短小片段。See "Von der Herrschaft über die Neigungen", *Jubiläumsausgabe* II, 147–56.

力量是那样迅速地起作用，以至于我们没有时间仔细考虑所有的选项及其后果（第三个因素）。在这些情况中，我们可能不会根据我们对善的清晰而明确的知识来行动。门德尔松承认，我们的感官总是根据作用于灵魂的、比理性更强的力量和生气来行动。感性知识之所以比理性知识更有力，是因为这种知识留下的印象数量之大，它们在心灵面前的呈现持续之久，以及它们把善再现给我们的速度之快，都是后一种知识无法超越的(416)。某种程度上，这种观点也会让休谟肯定，因为他也承认，风俗与习惯的力量是如此之大，以至于我们总是和理性对着干。通过风俗和实践，我们获得一些技能，在那里我们很难再对我们正在做什么保持意识（417—18）。

尽管针对理性作用于灵魂的力量，门德尔松作出了一些重要的让步，但他并没有放弃自己的核心原则：意志是求善的欲望。他允许理性并不总是决定意志行动的最为重要的力量；它可以被感觉和风俗的力量遮蔽。但是，感觉和风俗并不能赋予意志根据邪恶之事意欲和行动的力量；它们所能做到的，只是可能让一个人继续根据对何物为善抱有的一种**错误**或**模糊**观点来行动。尽管我们是习惯和感觉的产物，但我们仍然追随它们，这是因为我们糊里糊涂地认为它们是善的。人性中存在彻底的恶的可能性，在那里意志会选择去作恶，甚至在它知道那是邪恶的时候，这种观点后来将被康德所发展，而门德尔松对此持续坚决地反对。

尽管有所让步，门德尔松从未放弃对理性的信仰——他相信理性可以引导意志和人类行动，而且他从未放弃对人性的乐观主义理解——他相信人们仍然渴望做善事。他保持这两种信仰的原因，在于他坚信教育的力量。门德尔松从根本上把启蒙理解为教育，它意味着我们具有创造习惯、培育感觉并使它们符合理性原则的能力。① 于是，尽管人们现在更多地被感觉和风俗所引导，但教育能够让理性控制感觉和风俗。这样，对门德尔松来说，人的本

① 参见其 1784 年的论文 "Über die Frage: was heiβt aufklären?", *Jubiläumsausgabe*, VI/1, 113–19。

性和行为的合理性，最终不再是一种天真的理论或建构原则，它相关于人们如何实际行动，而是一种复杂的实践或管理原则，它相关于我们如何教育民众。

正是由于涉及教育，门德尔松在《随想》结尾写道，艺术特别有用。它们是有效的教育手段，因为在单纯理性本身对民众少有影响时，艺术能够激发和鼓励人们根据理性原则行动。艺术（*schöne Wissenschaften*）的重要价值在于，通过它们我们获得了理性实践的知识。修辞学劝人们根据激情而行动；历史提供理性原则如何在日常生活中运用的各种实例（422）。诗歌、绘画和雕塑通过形象化的例子阐释道德原则，为道德原则的真理提供更加清晰而生动的证明（423）。在《随想》结尾，门德尔松明显预示了席勒后来在《美育书简》中给出的许多关于审美教育的观点。

五、驯服崇高

审美经验中存在着一个事实，那就是人们会在难以衡量、深不可测的对象那里获得快乐，当人们注视着无垠的沙漠、浩瀚的海洋、雄伟的群山和夜空中的繁星时，他们会感到愉悦无比。对这些客体的沉思，会唤起敬畏、钦佩和奇妙之感，这些感受通常被描述为"崇高"。

可是，完善美学在解释这些事实时会有困难。我们之所以从崇高那里获得快乐，是因为它是不可衡量和深不可测的；而完善从根本上说是可衡量的和可测度的，它是我们得以从整体上把握一个对象的结构。由鲍姆加登最初定义，后来又受到门德尔松支持的完善美学，宣称**所有的**审美快乐都存在于对这样一种结构的直觉中，存在于对这种结构模糊的感性再现中。由于完善美学根据这样的直觉或感性再现来定义美，它的审美经验范例局限于美的事物。对完善美学来说，这似乎显得非常糟糕。因为，没有什么美学理论能够这样有效，却无法解释像崇高这样不容置疑的日常经验。

218

人们通常认为，是门德尔松把崇高概念引入了德国美学。[①] 这种看法有一点重要的真理成分在内。当然，在门德尔松初次谈论崇高时，它早已不是什么全新的概念。它常被印证的出处，是朗基努斯的《论崇高》（*Peri Hypsous*），后者在文艺复兴时期被重新发现，并从此在欧洲广泛传播。崇高还挑战了新古典主义的原则，这一点也被大家认同。1674 年，布瓦洛出版了关于朗基努斯著作的翻译和评论之作《论朗基努斯》（*Réflexions sur Longin*），尝试根据新古典主义原则解释崇高。[②] 但是，崇高开始在德国成为话题，却要等到 18 世纪 40 年代的诗人战争。在这场争论中，这个概念和一切神秘、奇妙、令人惊讶之物相关联。尽管如此，这个概念也一直位于背景之中，从未成为被明确关注的主题；不管是高特谢德还是瑞士人，都没有详细分析过这一概念。只有门德尔松特意提出了崇高问题。在 1754 年 8 月 4 日写给莱辛的信中，门德尔松曾经抱怨过这个基本概念的意义缺乏清晰性。[③] 他说道，在这个问题上朗基努斯和布瓦洛没有帮助，因为他们的兴趣主要在于崇高的风格，而他们假设崇高这个概念的意义已经众所周知。和任何一个优秀的哲学家一样，门德尔松认识到越是明显和简单的东西，越是困难和复杂。 219

门德尔松开始关于崇高的写作，是在 1757 年的夏季，也就是在伯克的《探讨》出现于德国之前，在诗人战争平息很久之后。[④] 他的思考首先出现在论文《论美学中的崇高与天真》（"Betrachtungen über das Erhabene und das Naive in den schönen Wissenschaften"）中，后者发表于 1758 年的《美艺术与科学藏书》里。这篇文章的第二版被彻底地修改了一番，发表在 1761 年的《哲学文章》（*Philosophische Schriften*）上。

---

① 例如，参见 Hettner, *Geschichte*, I, 488; and Hammermeister, *Aesthetic Tradition*, p.17。

② 关于布瓦洛对待朗基努斯的态度，见 Heinrich von Stein, *Die Enstehung der neueren Ästhetik*（Stuttgart: Cotta, 1886, pp.3–9）。

③ Lessing, *Werke und Briefe*, XI, 224.

④ See Mendelssohn to Lessing, August 11, 1757, in *Lessing, Werke und Briefe*, XI, 234.

　　门德尔松思考崇高问题的动机，似乎是他与莱辛、尼克莱就悲剧性质问题展开的通信，通信从 1756 年 8 月一直持续到 1757 年 3 月，而这正是他构思文章《论美学中的崇高与天真》的时间。在写给莱辛的一些信件里，门德尔松就钦佩感（*Bewunderung*）对悲剧的重要性作了辩护，并且拒绝像莱辛想要做的那样，把悲剧感仅仅还原为怜悯。[①] 但是，他对这种感受的解释，他详细考察这种感受的需要，不可避免地导致关于崇高本性的问题的产生。毋庸置疑，这篇文章明显揭示了门德尔松早期思考悲剧问题的路径。他曾经拥有的关于悲剧的观点——悲剧的独特情感是钦佩——现在扩展到了崇高上面；这样，他在这篇文章里的核心论点就是：钦佩是崇高的独特情感（I, 194）。

　　当我们聚焦门德尔松早期关于审美快乐的解释时，就会发现崇高问题的特殊形式对他来说已经变得很明显了。在《书信》中，门德尔松指出，与美相关的快乐要求同时注意到统一性和多样性，而后两者是完善的基本内容（I, 50—1）。对统一的意识意味着我们应该能够把对象当作一个整体来把握。即使我们不能感知到对象的所有部分，即使我们不能解释为什么整体的每一部分都是必要的，我们仍然必须对对象的统一性有一个清晰的——即使是模糊的——感知。于是，门德尔松非常认可地引用了亚里士多德的格言，即所有的美都有明确的限制，而且美必须达到而非超越它的限制。[②] 崇高的问题在于，根据它的本性，崇高会超越美的限制。与崇高相关的快乐似乎正是来自我们**无法**把对象把握为一个整体；对象唤起了我们的钦佩之情，因为它无法衡量、深不可测、无限广大。

　　为什么不区分差异？为什么不承认存在两种不同的快乐形式，其中一种相关于美，一种相关于崇高？似乎只要我们把多样性的统一只是视为美的必

220

---

① See Mendelssohn to Lessing, first half of December, 1756, in *Lessing, Werke und Briefe*, XI, 137–40.

② *Metaphysics*, XIII, 3. 1087.

要条件，问题就会完全消失。但是，门德尔松的无限忠诚，决定了他不会给出这样一个轻易的解决方案。对他来说，所有的感性快乐都来自对完善的直觉，而完善就存在于多样性的统一中。他想让所有的感性快乐——崇高只是其中一种而已——都是对理性形式的模糊感知，这些理性形式，是纯粹理性快乐的感性类似物，而只要我们是纯粹理性的存在，我们就会拥有这种纯粹理性快乐。这种要求，部分来自他的心理学，后者认为灵魂中的每一种东西都是再现力量或思想力量的显现；不过更值得注意的是，这种要求也来自他的理性主义，后者期待所有的经验都尽可能地符合理性的规范和形式。如果崇高是一种完全独特的快乐，来自对这些规范和形式的超越与破坏，那么人类经验的一种普遍而影响深远的形式，将会超越理性领域。还有什么比这更严重的证据可以证明人类的非理性，证明理性的局限性吗？这样，18世纪50年代的门德尔松，再一次面临高特谢德18世纪40年代和瑞士人论战时已经遭遇的问题。

　　面对这种威胁，门德尔松的回应是驯服崇高，是根据他的完善美学来尽可能地归化崇高。崇高绝不是一种完全不同的非理性快乐，而是被归类为一种非凡的理性快乐，它只是在程度上不同于美的快乐。于是，门德尔松用一个崇高定义开始了他的文章《论美学中的崇高与天真》，而这个定义直接来自他的完善美学："现在，当一种事物能够因为它非凡的完善程度而唤起钦佩之情时，它的每一种品质都可以称为**崇高**。"（I，193）。他进一步解释道，由崇高唤起的钦佩之情，是"对完善的突如其来的直觉知识，我们并不期待对象在那种情况下具有这种完善，但它却胜过所有我们认为是完善的事物"。（194）门德尔松接着区分了崇高的两种基本形式：要么对象本身拥有值得钦佩的品质，要么艺术家对对象的表述而非对象本身拥有这样的品质（194—5）。他认为，有必要作出这种区分，因为艺术家有可能对某物进行崇高地描述，而该物本身本质上并不令人钦佩，比如，克洛普斯托克对一个无神论者的死亡的崇高描写（206—7）。

　　这里存在三个要点。第一也最明显的是，在用这些术语定义崇高时，门德尔松一直保留着完善概念。崇高并没有超越完善，而是一种具有非凡程度的完善，不管这种完善是对象本身的，还是对对象的描述的。第二，门德尔松承认，存在于我们经验中的某种东西超越了它的限度；于是他写道，崇高超越了我们正常的期待，或者超越了我们通常理解的完善。尽管如此，他还是把这些限度完全置于我们对对象的主观理解中，而对象本身也确实符合完善的规范和形式——不过确实达到了一种非凡的程度——因此，对象还是可以被理性所把握的，至少在原则上如此。第三，在**两种**形式的崇高里，门德尔松都认为快乐来自对完善的钦佩，于是审美快乐的原因和根源仍然是完善。这样，在所有这些方面，门德尔松依然忠实于他早期在《书信》中形成的美学。这种美学总的结论是，存在于崇高和美之间的区别，不是种类的区别，而是程度的区别。门德尔松正是用这样一个结论完成了他的论文："艺术中所有的美都预设了灵魂中某种力量的使用，这种美在一种更高的程度上唤起钦佩之情，就可以成为崇高。"（210）

　　这是一种聪明的理论，它似乎可以拯救完善美学。但它是否真的能够拯救，还是一个问题。门德尔松仍然没有触及这一关键的事实，即崇高的快乐似乎来自对限度的**超越**，来自我们**无法**领会对象的概念。早期快乐理论要求我们对对象的统一性有一种清晰的——即使是模糊的——感知，对它的结构有某种直觉，而对象的所有品质都必然来自这种结构。[①] 但是对崇高，似乎不存在类似的感知或直觉。无疑，门德尔松还有很多东西要思考。

六、应对伯克

　　门德尔松没有让我们失望。总是不满足、时刻准备重新思考的门德尔

---

① See *Briefe über den Empfindungen*, *Jubiläumsausgabe*, I, 50–1.

松，于 1758 年再次返回崇高主题。刺激他重新反思崇高问题的是伯克，后者尖锐地挑战着他的理性主义原则。在《探讨》中，伯克关于崇高给出了一个经验主义的解释，它和门德尔松在《论美学中的崇高与天真》中给出的解释可谓针锋相对。伯克把崇高从美中明确区分出来；他完全拒绝了完善概念的解释性价值；他完全根据我们对对象的情绪反应而非对象本身的任何属性来定义崇高和美。不同于门德尔松小心地区分钦佩（*Bewunderung*）和震惊（*Verwunderung*），并且主张只有钦佩才是崇高的特征，[①] 伯克认为属于崇高的独特情绪是震惊，它并不在对象那里预设任何完善或美德。他把震惊定义为"灵魂的一种状态，其中灵魂的所有情绪都被暂停，只剩下某种程度的恐惧"[②]。伯克极其明确地指出，恐惧是完全非理性的，因为恐惧是害怕的一种形式，而且"没有一种激情能像害怕那样有效地剥夺心灵的行动和推理能力"[③]。

222

　　这就是伯克向门德尔松发起的挑战，而后者在 18 世纪 50 年代末关于《探讨》不仅写了一篇全面的综述文章，还写了几篇评论。尽管他非常欣赏伯克的观察力，但认为伯克的哲学能力稍欠火候，更不要说伯克对完善的批评了。尽管伯克并没有说服门德尔松放弃完善理论，但他确实让门德尔松意识到崇高感比他当初假设的要复杂得多。受伯克影响，他现在开始相信崇高是一种混合性的情绪，同时包含了快乐与痛苦两种元素。在他的评论里，门德尔松被伯克的观点给搞糊涂了，后者认为崇高是一种"令人高兴的恐怖"。于是，他提出这样一个问题："那令人恐惧之物，那极其可怕的东西，怎么可以用崇高的形式让我们高兴？"[④] 是啊，这怎么可能！这就是门德尔松目前

---

① See Mendelssohn to Lessing, November 28, 1756, *Lessing, Werke und Briefe*, II/1, 129.

② Burke, *Enquiry*, Part Two, section I.

③ Burke, Part Two, section II。

④ "E. Burke, Enquiry into the Origin of the Sublime and Beautiful", *Jubiläumsausgabe*, IV, 229.

要思考的问题。

和伯克遭遇之后门德尔松对崇高的第一次解释，出现在《随想》的一些段落里（I，398—9）。他宣称，那不可衡量之物，那可以作为一个整体被我们沉思但又不能被领会的东西，唤起了一种兼具快乐与不快的混合性感觉（I，398）。当我们初次看到不可衡量之物时，它唤起的是一种恐惧感（Schauern）；而当我们继续沉思它时，它唤起的是一种眩晕感（Schwindel）。对巨大之物本身的沉思会赋予我们快乐，而我们的有限感，我们的无能于理解它，又唤起了不快。那不可衡量之物可能在强度上或广度上是巨大的，或者说可能在力量上或范围上是巨大的；但不管在何种情况下，快乐与不快的感受是一样的。门德尔松强调，这里需要就哪一种不可衡量的对象能够唤起崇高的快乐设置一个重要的条件。并非任何一种不可衡量之物都是崇高的；对象本身必须存在各种多样性或异质性，因为对持续不变的单一性或同质性的意识，会导致厌恶，从而让我们不再关注对象。这个条件是门德尔松重新植入和重新肯定完善概念的核心成分的路径，而这个核心成分就是多样性或异质性。

关键的问题依然存在：门德尔松打算怎样解释崇高的快乐？当他写道，我们在对象纯粹的不可衡量性中获得快乐时，他似乎接近于放弃了他最初的快乐理论。这似乎又与他早期的一个声明格格不入："整体绝不能侵犯明确的规模限度。我们的感觉必须不能迷失在过大或过小的东西中。面对规模过大的对象，心灵会漏掉多样性，而面对过于伟大的对象，心灵会失去多样性的统一。"① 现在，门德尔松似乎最终已经同意快乐来自对这些限度的**超越**。这一印象在第二版的《论美学中的崇高与天真》中得到了强化。这里，门德尔松不再使用完善话语——而这对第一版来说何其重要——并且强调快乐正是来自崇高的**不可衡量性**。于是，他写道，崇高"对于受过

---

① "Betrachtungen über die Quellen und die Verbindungen der schönen Künste und Wissenschaften", *Jubiläumsausgabe*, I, 172.

良好教育的心灵来说具有一些令人讨厌的东西，它们被用于秩序和对称"，因为感觉"难以把握它们的对象，难以把它关联进一个观念"（I，456）。当门德尔松根据一种"可以接受的恐惧（angenehmes Schauern）"来描述对不可衡量之物的感知时，我们可以清晰听见来自伯克"令人愉快的恐怖"的回声。那么，这是不是说，在伯克的影响下，门德尔松正在放弃他的完善美学？ ①

　　门德尔松的让步非常明显。然而直到最后，他都依然忠诚于完善美学；崇高并不是诱惑他离开完善美学的塞壬女妖。当他在《随想》中写道，我们之所以能够从不可衡量之物那里获得快乐，是因为它无限的巨大，这时他仍然预设了一个前提，即快乐的根源是一种程度非凡的完善，而无论如何不是完善的缺失。他解释道，我们之所以从不可衡量之物那里获得快乐，是因为它看上去包含了更多的实在，对门德尔松来说，这里的实在就是完善性。于是，忠实于最初理论的他让我们想起，"不管能不能被直觉地认识到，一种事物的肯定性特征，总是能够唤起快乐的感受。"（I，399）门德尔松似乎在想，我们对整体依然具有某种模糊的概念，尽管我们不能明确理解包含在这一整体中的每一种东西（398）。值得指出的是，在第二版的"基本原理（Hauptgrundsätze）"部分，门德尔松重申了他的原则，即整体必须被把握为一个单一的概念（I，434），而在第二版的《论美学中的崇高与天真》中，他 224 竟然再次引入完善概念，重申他的早期观点，即崇高就是在其完善程度上不可衡量的东西（I，458）。最后但并非不重要的是，门德尔松仍然坚称崇高和美只是程度的不同，而非种类的不同。正如他在后来的评论中所写的那样："崇高与美的边界消失在彼此之中，因为最高程度的美唤起的是钦佩之情。"②

---

① 这是拜姆伯格（Bamberger）的观点，他认为门德尔松后来对崇高问题的反思，足以证明后者放弃了完善美学。再次参见他写给 *Jubiläumsausgabe* 第 1 卷序言里的观点（pp.xxxviii–xxxix）。

② *Literaturbriefe* 147, February 26, 1761, *Jubiläumsausgabe*, V/1, 352.

无疑，门德尔松坚定不移地反对"正在侵入的狂热"①。这种狂热的美学版本，就是对崇高的极端非理性地位的信仰，这种信仰就像宗教狂对神圣的特殊直觉一样，必须被抵制。

七、遭遇让-雅克

门德尔松的文章，是论述从莱布尼茨到鲍姆加登的理性主义传统信仰的最重要的文章之一，这种信仰认为艺术与科学是人类进步不可或缺的东西。所有的理性主义者都相信，艺术与科学越发展，我们的生活就会越进步，我们自身就会越完善。启蒙事业认定艺术与科学能够教育民众，教育能够提升民众的趣味、态度和道德水平。理性主义传统对美学的兴趣，正是来自这种信仰：艺术无比重要，因为它们似乎能够促进道德、礼貌和趣味。

这种信仰在 18 世纪 50 年代早期被让-雅克·卢梭深深动摇了。在两篇著名的论文——《论科学与艺术》（"*Discours sur les sciences et les art*"，1750）和《论人类不平等的起源和基础》（"*Discours sur l'origine et les Fondemens de l'inégalité*"，1755）——中，卢梭为一种令人惊讶的、看上去自相矛盾的观点作辩护，这种观点就是，艺术与科学与其说能够促进道德，不如说会败坏道德。卢梭向法国启蒙思想家们发起的挑战，很快就被德国启蒙思想家们（*Aufklärer*）拾起来。在 1755 年夏季，莱辛和门德尔松经常就卢梭的挑衅性观点展开讨论。他们是如此着迷于卢梭，以至于莱辛建议——门德尔松也及时允诺——翻译卢梭的第二篇论文，再搞一些关于其核心观点的评论。门德尔松的翻译和评论出现于 1756 年；这些评论采取书信形式，冠以《与莱比锡的莱辛硕士先生的通信》（*Sendschreiben an den Herrn Magister*

① 这里使用的是他的生动短语。见 Mendelssohn, "Soll man der einreiβenden Schwärmerey durch Satyre oder durch äuβerliche Verbindung entgegenarbeiten?", *Jubiläumsausgabe*, VI/1, 137–43。

Lessing in Leipzig）的名字。① 这是一部重要的作品，是理性主义传统对卢梭 225
挑战的第一次也是最精妙的回应。

　　通信的开始，门德尔松首先承认他是带着无比的愤怒初次阅读卢梭的，
这种愤怒驱走了他从卢梭文章的独特风格中获得的快乐。他完全不能接受卢
梭的观点，即人类处于自然状态要比存在于社会中好得多，而且这样的社会
和国家会败坏人类。这样一种论点几乎破坏了门德尔松支持的所有东西：启
蒙的价值、教育与文化。他完全无法理解卢梭得出这一论点的推理过程。如
果按照卢梭所认为的那样，我们不能返回自然状态，就会悲惨而堕落地处于
社会和国家中，而这究竟意味着什么？卢梭似乎有一种故意作对的兴趣，要
去震惊他的读者，让他们关注自己和自己似是而非的话语，而且他也没有真
正全面地解释过这些话语。但是，门德尔松非常清楚，卢梭不能总被从表面
上来接受，他的小册子所产生的效果表现在多个方面。于是，门德尔松承
认，当他注意到该书的题词，即卢梭向日内瓦共和国表达的敬意时，他最初
的愤怒消失了。门德尔松认为，题词意味着一种常识对一种厌恶人类的诡辩
的胜利。它清楚地证明，卢梭并没有对社会价值和政治生活失去所有的感
受。因为，如果卢梭看到他所有的希望都充满于日内瓦共和国，他就不可能
如此故意诅咒社会和国家。门德尔松还看到，卢梭的关注点之一，是去揭示
现代社会和国家如何败坏人类。藏在卢梭关于社会和国家令人沮丧的悲观主
义后面的，可能是一种更为积极的教义，它出于改革当代欧洲社会和国家的
需要。对于卢梭文中的这种倾向，门德尔松深表赞同；于是，他于 1755 年
12 月 26 日这样写信给莱辛：

---

① *Jubiläumsausgabe*, II, 81–109. 门德尔松关于卢梭第二篇论文的翻译发表在 *Jubiläumsausgabe*（VI/2, 61–202）上。门德尔松还写过一篇论卢梭的文章发表在 *Der Chamäleon*（*Jubiläumsausgabe*, II, 133–43）上。不过，在这篇更通俗的文章里，他对待卢梭的态度有些夸张、感性化，充满了成见，他把卢梭描述成一个渴望消灭所有艺术与科学乃至整个公民社会的人。门德尔松尝试刺激读者对卢梭的兴趣，不仅仅是对他所翻译的作品里的卢梭的兴趣。

很少有地方我不能和卢梭产生共鸣；更令我烦恼的是，我发现我们的哲学政治（*Staatskunst*）要求每一种好像如此的东西都必须根据理性来确定。但愿卢梭没有因为文明人（*gesitteten Menschen*）而否认所有的道德！而我，非常支持这些道德。[①]

门德尔松反对卢梭更悲观主义一面的主要原因之一，是这种悲观主义破坏了他对生命本身的价值的信仰。卢梭承认，我们不可能重新返回自然状态，社会和政治生活也不可避免。但是，如果人类确实处于自然状态时情况要好一些的话，那么我们文明化的人类最好就不要出现。不知不觉中，卢梭居然证明了西勒诺斯的正确！难怪门德尔松觉得自己对此应该有所回应。他认同卢梭的指控，即文明社会创造了自然状态中根本就不存在的邪恶和新问题。文明人显示出自然人从未有过的身体虚弱和坏倾向（87）。尽管我们的能力的每一次发展都拓宽了我们的生存，但同时也强加了限制，以至于最终又出现了新的缺点和不足。门德尔松问道，难道这意味着我们不可能完善和促进自己？他的答案直率而又坚定："绝不（*Keineswegs*）！"只要我们培育了自己的能力，我们就能促进和完善自身，增加世界上善的总量，并且因此让我们的生命更值得活下去。尽管我们的存在和世界的创造带来了之前未曾有过的问题和邪恶，但上帝必然是出于一个原因而创造我们的，这个原因只能是，我们存在比我们不存在要更好一些（87—8）。

当然，最痛恨人类的人可能会否认人类具有完善自身的欲望，他可能会坚持认为人类更倾向于把彼此的生活搞得更惨。门德尔松注意到这种极端愤世嫉俗的立场——他指的是霍布斯和曼德维尔（Mandeville）——但他发现卢梭和他们不一样。他注意到卢梭的一个评论，即人的一个独特之处在于他

---

① Lessing, *Werke und Briefe*, XI, 81.

有自我完善的功能。① 这一观点很快就被拿来反对卢梭本人（88）。他质问道，如果人类具有完善自身的能力，那么他们为什么会把这种能力限制在自然状态中？为什么只把这种能力限制在身体的强壮和耐力上面？他们为什么会否认这种完善能力会拓展到理智能力方面，毕竟这种能力才更称得上是我们人类的独特之处？

门德尔松把卢梭所有错误的根源都追溯至他对自然法传统的错误理解上来。自然法传统的一个基本原则就是，自然法必须以自然状态为基础，而自然状态是人类进入其社会和政治义务之前的生存条件。门德尔松和卢梭都属于这一传统，也都接受其基本原则。但是，门德尔松认为卢梭误解了这一基本原则的目的和意义（92）。在第二篇论文中，卢梭有一个著名的观点，即之前所有的自然法理论的主要谬误在于，它们认为只有在社会中，自然人才是真正的人。② 于是，他剥除了自然人所有的道德特征，甚至社会性——趋向于社会的本性——本身，只给他留下自我保存的欲望和怜悯心。门德尔松认为，把社会契约建立在一个会远离所有形式的社会的人之上，这既没有必要，也是完全错误的。人的自然状态并非必然是原始的或以自我为中心的状态。抽去人性中的偶然和可变的特征，并不意味着剥夺人类那些只有在社会中才能发展出来的独特品质，而应该是把他们在现存习俗和契约中应该承担的独特义务暂时悬置或放在一边。对社会契约来说，重要的不是一个人作为自然状态中一个完全野蛮的人应该接受什么，而是一个人在他所有的人类独有能力——洞察力和推理能力——都发展出来时应该接受什么。

《通信》更为有趣的地方，不在于它针对卢梭展开的论辩，而在于门德尔松自己对人性的解释。在抱怨卢梭的人性观时，门德尔松告诉莱辛，关于社会性是人性本质的原因，他有自己的一套理论。他认为，卢梭的人性概念

---

① Rousseau, *Discours sur l'origine et les Fondemens de l'inégalité*, in *Œuvres complètes* (Paris: Galliard, 1964), III, 143.

② Rousseau, *Discours sur l'origine et les Fondemens de l'inégalité*, III, 132.

太过自我中心和个人主义，因而难以解释人类幸福为什么与社会、政治生活不可分离。卢梭确实承认过一种自然激情——怜悯，它至少有一部分是社会性的。门德尔松也认同卢梭对霍布斯的反驳，即怜悯是一种自然的人性倾向。尽管如此，门德尔松还是坚持认为，怜悯以灵魂更为根本的一方面为基础，这一方面就是灵魂最强的动力。何谓灵魂根本的动力？作为狄奥提玛忠实的学生，门德尔松告诉我们，那就是爱。就像《会饮篇》中的狄奥提玛一样，门德尔松认为所有的欲望都是爱的表现形式，而所有的爱都是对完善或卓越之物的欲望。① 门德尔松尝试根据沃尔夫众所周知的前提证明狄奥提玛的智慧（86）。他解释道，所有的人类欲望都能控制灵魂，只要它们能够代表善或完善；而由于快乐来自善或完善的获得，所以我们会带着对快乐的期待而趋向于善。于是，所有人都——即使是下意识地——趋向于完善的创造，不管这完善是在他们自身之中，还是在别人那里。怜悯只是爱的一种表现，因为当我们看到有德之人（一种完善）遭遇不幸（一种不完善）时，它就会出现。门德尔松继续说道，现在，这种爱的能力成为社会生活背后的主要力量。一个人之所以被另外一个人所吸引，是因为他从后者那里看到了完善，也因为他从自己和别人那里看到了完善得以发展的前景。社会生活的基础因此就是互爱（87）。于是，门德尔松得出了他的一般结论："真正的爱，考虑到它所有的表现程度，是所有美德的动机、手段和目的。"（91）

如果说门德尔松的人性理论是推测性的，那它也是策略性的，是可以被任何人用于人类生存的艺术和审美方面最有力的论证。就像狄奥提玛那样，门德尔松认为，对美的追寻是所有人类愿望的根本。由于爱是渴求完善的欲望，由于完善存在于和谐与秩序之中，又由于和谐与秩序是美的基础，所以爱天然地会被美所吸引。于是，谴责艺术，丢弃作为生命价值的美，就是去

---

① Plato, *Symposium* 205d. 在 *Sendschreiben* 中，门德尔松并没有明确提及狄奥提玛。但是，在对 *Briefe* 的评论中，门德尔松提到她关于爱的起源的格言，并且指出它与自己的快乐理论非常契合。参见 *Jubiläumsausgabe*, I, 311。

阻挠所有人类欲望与激情中最为根本的东西——爱本身。追随沃尔夫和莱布尼茨，门德尔松认为所有的快乐都有一种审美维度，它存在于对完善的直觉中。于是，只要我们从一个事物那里获得快乐，我们就会感觉到和确定——即使只是下意识地——事物的美。因此，我们不能驱逐艺术，不能把美从生活中根除，就像我们不能禁止所有的快乐本身那样。

但是，即使美是人类生活的根本，那它对道德有好的影响吗？直到门德尔松找到这个问题的答案之前，他对卢梭的回应还是不完整的。确实，这个问题在《通信》完成之后很久还在折磨着他；最终，他决定在一篇可能写于 1757 年某个时候的未发表短文——《论美与善的亲和性》（"Verwandschaft des Schönen und Guten"）①——中解决这个问题。这里，门德尔松再次提出卢梭的问题，即艺术与科学会败坏道德。门德尔松认为，这是不是一个真正的历史事实，我们很难给出一个明确的答案。导致道德方面的任何变化的原因是如此复杂，以至于我们不可能单单确定哪一种原因；何况，在社会生活中，原因与结果是如此互相关联，以至于我们很难说是艺术导致了奢侈还是奢侈导致了艺术的堕落（181）。门德尔松认为，正确的问题应该是，艺术对道德**可能会**产生什么样的效果；或者如他后来所表述的那样：美的知识真的会导致我们远离善？趣味的培育要付出道德的代价？（182）门德尔松主要关注的是在美与善之间建立关联，从而证明对趣味的合适培育，至少**能够**有助于道德。由于论文似乎是写给更广泛的读者，门德尔松还特别仔细地解释了理性主义立场的基础。他从对好的趣味的定义开始这篇文章：它是一种我们可以感受到美、真和善的感觉（*Empfindung*）（182）。这种感觉，至少在原则上，能够在感受和一般感觉（*bon-sens*）的层次上再生产出我们根据理性证明的东西，以至于在感觉知识和理性知识之间没有什么类的差别；相对于我们通过理性获得的直接但缓慢的知识，

229

---

① *Jubiläumsausgabe*, II, 179–85.

感觉不过是这种知识比较模糊但又迅捷的形式（183）。于是，感觉最终是可以被分析出它的构成元素的，而这些元素就是我们通过理性获得的概念；它们是和它们的理性基础相关的现象，就像颜色相关于光线的折射角度一样（184）。门德尔松简单提及哈奇森的相反观点：作为我们善与美知识基础的感觉的知识，不同于理性的知识。这一点很重要，因为哈奇森的观点接近卢梭，后者强调作为道德知识独立根源的感觉的有效性。不过，门德尔松这里并没有就哈奇森的理论给出自己的看法，这种理论应该已经使他进入了反对卢梭的中心。不过，我们知道，门德尔松曾经在别的地方拒绝过道德感觉这种观念，因为它从一开始就预设了某种需要进一步解释的东西。① 他的手稿还太过粗糙，以至于我们无法通过它来确定他如何希望用这种一般感觉理论来反对卢梭。但是，其总的倾向已经非常明显了。首先，通过沉思完善给予我们快乐，趣味把我们引向了善。这是狄奥提玛的教义，也是门德尔松需要的教义。其次，就其能够揭示我们道德感受的基础而言，理性的教化不仅不会削弱反而会强化道德生活。人们绝不应该相信卢梭所谓仅仅感觉就足以引导生活。

尽管门德尔松总体上反对卢梭，但这并不意味着他没有从卢梭那里学到任何东西。在《关于艺术的书信》（*Briefe über Kunst*）这部可能写于1757年的未发表著作里，② 我们可以看到有很多地方都显示，他对卢梭关于艺术与科学的危险的警告非常重视。门德尔松尽管从未这样认为艺术与科学会有害于道德与幸福，但也承认它们经常被滥用，而这种滥用正是堕落和不幸的根源。在这本书的第一部分，门德尔松重新提及卢梭的问题，即艺术与科学是否能够促进道德和助益幸福。他再次申明自己的早期立场，认为艺术与科学对人类幸福和人类独有的能力的完善至关重要。不过，他还警告我们，艺

---

① "Über die Quellen und die Verbindungen der schönen Künste und Wissenschaften", *Jubiläumsausgabe*, I, 169.

② *Jubiläumsausgabe*, II, 163–74.

术与科学只能被视为实现目的的手段，而不能被视为目的本身。我们必须学会把它们融入我们的生活，让它们成为我们追求至善的工具。如果我们把它们视作目的本身，拿出所有时间和精力去培育它们，那么我们就会受到阻碍，片面发展，过于专门化，被抑制和束缚，仅仅沦为我们应该成为的完整人性中的碎片。这里，门德尔松肯定了卢梭的一个观点，只不过是没有把它推到极端悖谬的地步。

八、关于天才的声明

18 世纪 50 年代后期文学界最为流行的主题之一，就是天才问题。这个概念让门德尔松着迷，成为他《文学书信》（*Literaturbriefe*）中几篇书信的主题。[1] 当门德尔松首次在第 92 封书信（1760 年 4 月 3 日）中谈论这个概念时，他指出这个概念在德国还是一个新东西。这个概念是进口货。艾迪生曾经在《旁观者》（*Spectator*）中谈到"伟大的天然才能"；沙夫茨伯里曾经在《写给作者的建议》（*Advice to an Author*）中偶尔提到几次天才问题；而杜博斯曾经在他 1719 年的《关于诗与画的反思性批判》中拿出了几个章节来讨论天才问题。[2] 由于这几位都是时髦人物，使用天才概念很快就成为一种趋势。尽管现在这个概念人人挂在嘴边，但门德尔松却认为哲学家对它的关注实在不够。如果沃尔夫对它稍多了解一点，他就会在自己的《心理学》中考察这个概念。[3] 尽管鲍姆加登在《形而上学》中定义过这个概念，却待

---

[1] *Literaturbriefe* 92–3, April 3 and 13, 1760, *Jubiläumsausgabe*, V/1, 166–73; and *Literaturbriefe* 208–10, January 7 and 14, 1762, *Jubiläumsausgabe*, V/1, 480–92.

[2] See Addison, *Spectator* no. 160, September 3, 1711; Shaftesbury, *Characteristicks*, I, 121–2, 162–3; and Du Bos, *Réflexions critiques sur la poësie et sur la peinture* (Paris: Pissot, 1770), II, 1–36.

[3] 沃尔夫把"Ingenium（才智）"定义为"观察事物之相似性的能力"（*Pyschologia empirica*, §476）。这使得这个概念几乎等同于他在别处定义的"wit（*Witz*）"（*Metaphysik*, §366）。

之以一如既往的简洁。① 而高特谢德只是嘲弄过这个概念，认为它是肮脏的外国货，不入德国人高贵的法眼。② 于是，门德尔松认为，他在分析这个概念时，实际上是站在一个相对较新的立场上。但他并非第一个这样做的人；他反思这个概念的机遇，由两篇近期发表的论文提供，它们的作者分别是苏尔泽和雷瑟维茨（F. G. Resewitz）。③

231

天才概念对门德尔松来说之所以重要，不仅仅是因为它再次威胁到了理性的权威。让门德尔松寝食难安的是这一声明，即天才的灵感能够给予一种知识，它超越了理性的能力。天才概念，正如门德尔松所总结的那样，驮着经验主义和形而上学的沉重包袱。它本质上是旧的信仰里灵感和预言概念的文学版本。人们曾经相信，古代诗人能够带着一种预言力量言说，还能被通过他们而言说的精神赋予灵感。他们将会通过葡萄酒和酒神节仪式获得灵感，在疯狂与陶醉中宣读他们的诗歌。尽管他们的诗歌是黑暗而神秘的，人们还是相信它们拥有深刻的真理。在启蒙时代，这样一种信仰似乎已经过时；但它又很快被狂飙突进运动于 18 世纪 60 年代早期恢复了。门德尔松再一次证明，在美学问题上他自己是非常超前的！

我们必须看到，由于后来对狂飙突进运动的完全反对，他并没有讨论天才概念的价值或有效性。他认为这个概念对美学来说是完全合法和有用的。一般来说，他还是能够愉快地临时接受杜博斯的定义："人们称天才为某人天生就有的才能，这种才能让他可以极容易又极好地做成某事，而换作他人，则虽然知道怎么做，可就是做不好，或者要付出极大的努力。"④ 从这一

---

① Baumgarten, *Metaphysica*, §649. 鲍姆加登使用过沃尔夫的术语"Ingenium"，但是在一种不同的意义上，它相当于"更高的精神或天赋"。

② LB 210, January 14, 1762, V/1, 487.

③ See J. G. Sulzer, "Analyse du Génie", *Historie de l'Academie* 13（1757）, 392–404; and F. G. Resewitz, "Versuch über das Genie", in *Sammlung vermischter Schriften zur Beförderung der schönen Wissenschaften und der freyen Künste*, II（1759）, 131–79.

④ Du Bos, *Réflexions*, II, 7.

意义上来说，门德尔松从不怀疑艺术与科学领域存在天才。他认为确实存在这样的事实，即有些作家具有其他大多数人不具备的特殊才能。但是，这种才能究竟是天赋还是来自教育，他并没有予以猜测。门德尔松还承认，有些极其罕见的天才，具有直觉或感受一般理性真理，以及道出深刻的道德与宗教真理的非凡能力。这确实是古代先知们的天赋之一，对于他们的洞见，门德尔松珍爱有加。最后，门德尔松甚至允许天才们突破规则，以表达最为深刻的洞见。他说道，像莎士比亚这样的人，他们是如此深深打动了我们，以至于我们竟然没有意识到他们已经完全打破了由贺拉斯和亚里士多德制定的每一条规则！① 如果只有突破规则才能产生如此效果，那么门德尔松完全支持规则的突破。那么，从这一明显的方面来看，门德尔松乐于支持狂飙突进派对高特谢德的批判。

然而门德尔松关心的，主要只是关于天才的非理性力量的声明。对于这样的说法，即天才能够洞见超理性的真理，而且这些洞见超越了所有的批评，他完全予以否认。虽然天才具有洞察我们大多数人无法看到的真理的能力，但这些真理并非超理性的；它们至少在原则上必然可以用一些论证性术语即概念、判断和推理来描述。诗歌天才通过自身的灵感和激情所看到的东西，只是对理性真理的**模糊**直觉，而这种直觉最终是哲学家们批判或证明的东西。这当然是标准的鲍姆加登式的教义。但是现在，门德尔松把它作为一件武器，来反对关于天才的新声明。比如说，我们可以非常有趣地看到门德尔松如何拒绝雷瑟维茨的观点，即存在一种独立于感官的直觉知识，它能够给予我们关于事物的明确知识。② 我们所有人，即使是那些天才们，都局限于一种对事物的**感性**直觉；而理智直觉是只有神灵才具备的能力和特权。门德尔松明确指出，雷瑟维茨没有认识到，所有人类知识根本上都是象征式的

232

---

① LB 60, October 11, 1759, V/1, 89–90; and LB 236, June 3, 1762, V/1, 530.

② LB 209, January 7, 1762, V/1, 487–8.

和话语式的，也就是说，我们需要用语言来区分事物。没有语言的帮助，我们所看到的只是一团混沌和模糊。尽管门德尔松愿意承认天才可能具有感受理性真理的能力，他仍然希望坚持这一观点，即天才们的知识并不能超越于批判和论证之上。他的立场非常肯定而明确：

> 我们必须看到每一种形式的知识的价值，我们绝不能赋予某种知识至高无上的地位。没有一般概念的帮助，这种知识仍然只是一种无法让人获益的有限洞见，它或许可以向我们显示某种东西天生就有的神性力量和理智，但它绝不能给我们关于全知全能的神性本身的直接知识。①

门德尔松遏制关于天才的声明的兴趣，以及他为了启蒙事业而肯定天才概念本身的尝试，最明显地表现在他对天才心理学的解释里。在天才必须具备的所有灵魂力量中，门德尔松最为看重的是理性本身。他得出这一结论，是受苏尔泽论文的激励。苏尔泽列举了天才应该具有的能力：智慧、判断和反思。苏尔泽用反思或镇定自若（*Besonnenheit, présence d'esprit*）意指天才具有的一种能力，即天才就是在激情燃烧或灵感附体的状态，也能够聚焦于其目标，并且找到实现这一目标的最好途径。门德尔松完全同意苏尔泽关于反思作用的定位；他唯一的缺点，就在于他对反思的强调还不够。反思并不仅仅意味着完善某人作品的能力，也不仅仅是天才的一个方面或一种影响效果。相反，门德尔松认为，它就是天才的核心。天才必须是他自己灵感的主人，这样，他就不会被灵感所淹没，而是能够证明和控制灵感，让它成为实现自己目的的工具。天才的特征就在于他具有把冲进灵魂的混乱印象组织和整理好的能力，具有赋予这些印象一个明确的整体和形式的能力。但是，门

233

---

① LB 209, January 7, 1762, V/1, 491.

德尔松相信，这种能力，是理性的独有功能。

在关于天才的充满激情和不由自主的写作之后，门德尔松忍不住还要反讽一番。他承认，苏尔泽的反思观念影响如此之深，以至于他竟然忘记自己究竟为谁而写作以及关于什么而写作了！很明显，天才观念是如此令人心潮澎湃，即使是对那些想把它归入理性范畴的人们来说也无法避免。

九、与哈曼的第一次冲突

对天才这个新概念予以最为坚定的支持的，莫过于哈曼，他曾经在自己1762 年的《袖珍美学》(*Aesthetica in nuce*) 里为此作过激情洋溢的辩护。[①]哈曼的目标是复兴对预言和灵感的古代信仰，后者相信诗人对神性真理具有超理性的洞见。他提出一个富有挑衅性的观点，即没有哪个哲学家能够发现或理解这些洞见，因为它们超越于理性批判之上。哈曼是一个需要认真应对的人物，因为他支持的是正在显露头角的狂飙突进派新生代作家，后者希望借助天才概念来为他们反抗规则正名。对门德尔松来说，哈曼由于对理性造成了如此大的挑战，已经成为不可忽视的威胁。于是，我们可以有趣地发现，在谈论天才问题的同一时间，门德尔松还在努力评论哈曼的晚期著作。这些评论也属于他关于天才概念的考察的一部分。[②]

正如历史事实所呈现的那样，门德尔松关于哈曼的第一篇评论出现于1760 年 6 月，就在他评论苏尔泽和雷瑟维茨几个月之后。在浏览莱比锡书展目录时，门德尔松被一个奇怪的书名给吸引住了：《苏格拉底言行录：献给长期的读者，由一位长期爱好者汇编，并附有一封不给任何一个人，但给

---

① J. G. Hamann, *Sämtliche Werke*, ed. J. Nadler, 6 vols. (Vienna: Herder, 1949–57), II, 195–217.

② See LB 113, January 7, 1762, V/1, 480–5; LB 254, September 9 and 16, 1762, Jub V/1, 558–66; and *Allgemeine deutsche Bibliothek*, "Sammelrezension zu Hamann", Jub. V/2, 212–21.

"我和你"的双重回函》（*Sokratische Denkwürdigkeiten für die lange Weile des Publikums, zusammen getragen von einem Liebhaber der langen Weile. Mit einer doppelten Zuschrift an Niemand und an Zween*）。[1] 这个小册子让他深深着迷。

234　这本书的风格颇像温克尔曼的书，有着类似的晦涩与抽象，也有着类似精妙的睿智，并且和古代精神很接近。门德尔松在其评论里赞扬了作者对苏格拉底的理解，尤其是他对苏格拉底的无知、分析性推理和助产术的把握。这样的赞扬非常引人注目，因为哈曼的主要目标之一，是揭示苏格拉底的推理与沃尔夫哲学方法的差异，而沃尔夫是如此相信论证的力量。但是，没有谁比门德尔松更明确肯定苏格拉底与理性主义方法的密切关联了！[2] 现在，门德尔松一枪未发，就承认了哈曼的观点。现在，对启蒙思想家们来说，苏格拉底好像是一个被遗忘的源泉。门德尔松很少肯定哈曼解读进苏格拉底天赋中的神秘主义。哈曼把苏格拉底的天赋视为一种神性的声音，视为超理性真理的来源。但令人奇怪的是，门德尔松并没有在他的第一个评论里和这个挑衅性的观点展开搏斗。他只是在一段引人注目的话里向哈曼提出质疑。他认为下面这句话是诡辩："被人们相信的东西不需要被证明，而一个命题可以被无可辩驳地证明，且没有出于这一原因而被相信。"[3] 门德尔松问道，如果我们相信的都不需要被证明，那么作者如何自称能够让我们相信他的信仰？

　　当门德尔松写第一篇评论时，他对哈曼更为广泛的计划和目标还不甚了解。他抱怨哈曼的抽象风格，但不知道他故意带有挑衅性地这样写作，以说明天才高度神秘性的呼唤。他对哈曼的无知完全可以理解，因为正如命运的安排，他于 1756 年在柏林认识哈曼，而这正发生在哈曼著名的伦敦之旅和他神秘的转变之前。[4] 当门德尔松遇见哈曼时，后者还是一个启蒙运动的拥

---

① Hamann, *Sämtliche Werke*, II, 57–82.

② See LB 11, January 25, 1759, I/1, 10.

③ Hamann, *Sokratische Denkwürdigkeiten*, in *Sämtliche Werke*, II, 73.

④ Altmann, *Mendelssohn*, pp.197–8.

护者，还在为一个道德周刊写政治经济学方面的文章。但是上述情况持续的
时间并不长，而门德尔松对此一无所知。当他于 1762 年写第二篇评论时，
他已经认识到哈曼早已蜕变为一个新生的造物，而某种意义深远的东西正濒
临危险。他公开承认自己在第一篇评论里没有充分了解哈曼那本小册子的意
图。他认为，哈曼的抽象和神秘风格，与其说是为了引导，不如说是为了娱
乐读者。但是，在阅读了哈曼的更多著作后，他开始发现，抽象、神秘和堆
砌典故，正是哈曼风格特征的本质，也是对启蒙运动的控诉的组成部分。既
然门德尔松已经醒悟，那么现在就是对这场诉讼给出裁决的时候了；而且，
再也没有比这一裁决更具毁灭性的了。他写道，哈曼可能是我们时代最优秀
的作家之一；但是，由于被成为一名原创性作家——换句话说，就是成为一
个天才——的欲望所诱惑，他又是我们时代最糟糕的作家之一。门德尔松认
为，散文作家的两大美德，就是清晰和简明。他虽然没有明说，但已经暗
示道，哈曼的风格与此完全对立：抽象与冗长。如果一部作品是抽象的，它
会使读者灰心丧气；如果一部作品是冗长的，它会使读者厌倦。门德尔松认
为，哈曼的风格更像是在与这些危险调情。他尝试用一种预言家的说话方式
和密教的用典方式来考验和挫败读者。确实，书中也有一些零零碎碎的洞见
存在；但是要找到它们实在是太难了。这就像来一场艰辛的阿尔卑斯之旅，
可你只在那里看到了一次简单的篝火表演。

235

认为门德尔松对清晰和简明的要求是自找麻烦，是对哈曼风格的目的
的完全误解，这样想也很有诱惑力。门德尔松似乎是在要求哈曼用清晰而
明确的术语解释事情，而哈曼本来的目的却是要去暗示那些无法解释和证
明的东西。他的抽象风格的目的，就是要我们注意到这些抽象之物，就是
去指出或暗示出那些最终只能通过感官的直觉揭示的东西。这样，在门德
尔松的哈曼解释里，启蒙派和狂飙突进派好像迎面相撞，他们之间的对立
好像很难轻易解决。也许如此吧！但是，门德尔松并不这样认为。在最后
的评论里，他引出一些天才的拥护者，他们是那样酷爱隐喻，其中一个就

给出了自己的隐喻。门德尔松问他们：一本故意写得很抽象，让人难以读懂，最后又一无所获的书，不就像一台没有底座的轿子吗？作者并没有把我们带向全新而有趣的地方，而是让我们在原地打转。这种情况下，我们自己走路，岂不是更好？①

十、阿波拉特和富尔伯特的短暂争吵

在 1755 年与卢梭第一次密集交锋之后，门德尔松一直还在寻找再次谈论卢梭的机会。当《新爱洛依丝》(*Julie, ou la nouvelle Héloïse*) 于 1761 年出版时，他破例允许《文学书信》不再遵循其长期坚持的原则，即不讨论外国文学，并且写下了最长的一篇评论。② 他尽管通常都不赞同卢梭，但也总是发现卢梭的著作充满挑衅性。于是，门德尔松一直期待着与这位法国最重要的哲学家再来一次刺激的遭遇。

然而这一次，他完全失望了。门德尔松发现自己几乎不可能强迫自己读完这部六卷本的长篇小说。结果，卢梭与其说是一个小说家，不如说是一个哲学家。这本书里唯一有价值的地方，是一些讨论一般哲学问题的章节；而其余的地方，坦率地说，都无聊至极。卢梭没有虚构的天赋，缺乏创造力或想象力。他的故事情节很不自然，矫揉造作。他不是在围绕故事写素材，而是围绕素材写故事，而这些素材的大部分似乎之前都已经被单独写过了(383)。卢梭的人物也是苍白而俗套的，就像光秃秃的柱子，上面挂着哲学反思的旗帜。由于这些角色太过哲学化而习惯于分析自己的激情，他们很难令人相信。尽管女主角被假设死于一场高烧，但是很难相信的是，就在她正不舒服时，她还能陷入漫长而明智的哲学反思中。

---

① Jub V/2, 220.

② LB 166–71, *Jubiläumsausgabe*, I, 366–89.

对门德尔松来说，小说最糟糕的一面，是卢梭充满激情的语言（*Affektensprache*）。就像许多现代读者一样，他发现卢梭的语言放纵不羁、矫揉造作、自命不凡。他指出，卢梭在谈论激情时，就像从未感受过这些激情一样。小说中的主要人物朱莉和圣普乐，用一种非常一般、极其冷静的术语描述着他们的感受，仿佛他们只是哲学家而非恋爱中的人。仿佛为了弥补直接性和自然性的缺乏，卢梭不停地使用夸张法和惊叹词，这让所有的故事都显得是强加的和不可信的。他们的激情表白是如此漫长，以至于人们懒得读完。门德尔松坦白道："我相信，最不能令人容忍的是，被怜悯的人变成了喋喋不休的话篓子。"（380）在他为小说而写的第二份辩解性的前言里，卢梭尝试为他的主人公的长篇专题演讲辩护，认为激情喋喋不休地表白自己，这说明它处于无序而反复的激流中。[①] 门德尔松不敢苟同。他宣称，真正的缱绻柔情"太过羞涩，绝不会夸夸其谈地表白自己"。激情不仅不会混乱地表达自己，反而本身就有一种秩序，当然，它不是概念的学术秩序，而是只能被人们下意识地注意到的不可理解的结构。门德尔松坚称"无序只是表面"，以至于"在这种表面的无序之下，仍然存在一种更高的秩序，而情感自身能够感知到这种秩序"。卢梭的激情语言是如此造作、冗长而抽象，以至于门德尔松怀疑它能否实现其最终目的：打动读者。从他自己的角度来看，他承认这种语言让自己的心都"凉"（*eiskalt*）了。（373）

门德尔松的评论出现不久，哈曼——卢梭的另外一个欣赏者——也阅读了《新爱洛依丝》。尽管有门德尔松的评论，而且可能正是因为这一评论，哈曼作出的反应完全相反。在 1761 年读完这部小说后，哈曼写信给朋友林德纳（J. G. Lindner），说自己"带着耐心和满足"阅读了这位"穿着长裙子

237

---

① 见 *La Nouvelle Heloïse*："一位真正热烈的爱人的书信总是婉转漫言、长而无度、杂芜且叠叠复复。"（*Œuvres complètes*, II, 15）

的哲学家（*Philosophen im Reifrock*）"①。他相信，任何想要发现感性和激情生活的人，都应该熟悉这位作者。没有什么比他在卢梭小说里发现的"感性的狂热"和"激情的敏感"更能让他快乐的了。当然，卢梭的大作也有缺点；但真正的问题在于他是如何形成这些缺点，以及这些缺点是否值得欣赏。每一个优秀作者都应该清楚他的强项和弱项，并把它们置于正确的位置；而卢梭是能够做到这一点的少数几位作家中的一员，这些作家可以自豪地宣称：正因为我有弱点，所以我也很强壮。由于对批评自己小册子的门德尔松依旧耿耿于怀，哈曼忍不住利用这一机会来批判门德尔松的卢梭评论。9月初，《文学书信》上就及时出现了一篇反论——《阿波拉·菲尔比写给关于〈新爱洛依丝〉的五封信的作者》。②

　　尽管晦涩抽象，哈曼的小册子《苏格拉底言行录》还是就理性力量和文学批评等成功地提出了一些基本问题。对于门德尔松的基本预设来说，没有比这更具攻击性的挑战了。现在，就像他之前在那本小册子里批判康德那样，哈曼开始把门德尔松斥为启蒙运动的主角。基本的论点保持不变：生命的基本事实必须是活生生的，而且它们还不能被描述、被证明或被解释；它们可以被感觉和情感所接受，但是对理性来说却完全不可理解。在《苏格拉底言行录》中，哈曼曾把这个论点与死亡关联在一起，这种死亡经验是如此影响重大，以至于像伏尔泰这样的哲学家都会保持沉默。现在，他又把这个论点与爱关联起来。爱，就像死亡那样，也会把哲学家变成傻瓜。哲学家不可能理解爱，他们也不应该假设能够判断它，除非他们已经真心感受到它。圣普乐，卢梭的这位英雄，不应当为自己滔滔不绝而夸张

238

① Hamann to J. G. Lindner, August 21, 1761, in Johann Georg Hamann, *Briefwechsel*, ed. Walther Ziesemer and Arthur Henkel, 6 vols.（Wiesbaden: Insel, 1956），II, 104–6.

② See *Jubiläumsausgabe*, V/1, 441–8. 这篇反论的原名是"Abälardus Virbius an den Verfasser der fünf Briefe die neue Heloise betreffend"（Köngisberg: Kanter, 1761），它再次出版时作为 *Kreuzzüge des Philologen*（Köngisberg: Kanter, 1762）的第六部分出现。参见 Hamann, *Sämtliche Werke*, II, 157–65。

地表达哲学家们难以描述的东西而羞耻。哈曼暗示道，卢梭的语言之所以显得虚假造作，只是因为门德尔松用抽象而造作的标准衡量了它。他想要在只有无序、丰盈和自发性的地方找到秩序、简明和约束。门德尔松把这部小说（der Roman）当作戏剧来判断。但是，难道戏剧和小说之间不存在巨大差异吗？我们用于戏剧的可能性或逼真性标准，不应该被应用于小说，后者描述的是爱的经验，是一种日常经验。哈曼宣称，我们判断小说有时候应该根据古人应用于传奇故事的格言：难以置信却又事实如此（incredible sed verum）！如果门德尔松需要理解卢梭，他必须首先解冻他"冰封的心灵"，必须凝视那些神秘而黑暗的眼睛，必须自己坠入爱河。在最为著名的一段话里，哈曼亮明了自己的观点："世上所有的审美魔术，都不足以替代一种直接的感受，而且只有**到自我意识的地狱走一遭**，我们才能为自己的神圣化找到道路。"

哈曼的这篇反论是如此具有挑衅性，以至于最终演变为一种人身攻击。他忍不住暗示门德尔松的犹太信仰，并用这种信仰攻击他本人。不管门德尔松的匿名写作事实，他尖刻地质问道："这个把无用而可鄙的法令指派给我们自由公民的美学摩西究竟是谁？"就像正统的犹太律法，他的法令也在宣称"你不要碰这个，你不要挨那个，你不要动这个"。对哈曼来说，门德尔松是一个犹太人，这再合适不过了，因为在他看来，所有的哲学家都是犹太人，而根据标准的反犹太修辞，这些哲学家都是文字而非精神的创造者，是律法而非信仰的创造者。哲学家对待爱，就像犹太人对待基督教的天启：他们蔑视不为他们所理解的一切。在评判卢梭时，门德尔松把"割礼的重轭"强加于灵魂最深刻的激情之上。把这样一副重轭强加于卢梭是不公正的，就像要求一个以色列人渴望波美拉尼亚火腿一样！

门德尔松绝对不可能容忍这样一种人身攻击。他立刻写了一篇文章予以还击：《富尔伯特·库尔米对阿波拉特·菲尔比的回答》（"Fulberti Kulmii Antwort an Abälardum Virbium"），就发表在 1761 年 10 月 22 日同一期《文学通信》杂志上。① 门德尔松的文章是对哈曼风格的戏仿，以一种同样反讽、讥刺、神秘的风格写成。现在，该是哈曼尝尝他自己调制的药了。门德尔松没有回避哈曼的问题。他认为，用戏剧和本真性衡量卢梭的小说没有错误，因为卢梭自己宣称要写一种充满戏剧性的东西，并且要忠实于自然本身。哈曼为卢梭辩护的方法，是宣称他写的是"浪漫主义的真正自然"，那是一个自足的自然，完全独立于我们正常的真理标准。但是门德尔松却认为哈曼的短语纯粹是胡扯，并且把它置换为自己的话："真理的浪漫主义自然"。他认为我们据以判断卢梭小说的标准，就是用来判断一般真理的标准；我们有权利也有责任要求说服力、连贯性和秩序。哈曼要求我们跳过确信（faith），去相信（believe）某种更高或更特殊的真理，后者与可理解的秩序毫不相干。② 这种更高层次的浪漫主义真理，可能对像哈曼这样的天才来说是可以接受的，但对任何正常人来说都是不可理解的。"我要求关联、秩序和连贯性。并且瞧！我转而又被放逐进入一个魔幻世界，那里我不能想象任何事情，也不能相信任何事情，但是却被告知我应该更加相信那里的一切。"（450）门德尔松认为，他作为一个批评家的权利不可侵犯，不能取消，尽管哈曼希望他在面对某些神秘不可测的东西时能够暂停这些权利。他写道：

> 作为一个批评家，我有权利运用那强健的精神，去怀疑那（位作者的）神秘的艺术。审美魔术师必须让我心醉神迷，否则我还会保持怀疑。他或许还会唾沫飞溅地大声宣称：我看到了在地球上升起的精神！但是我必须亲自看到，否则我就会认为他疯掉了。

门德尔松用哈曼自己带刺的脏话回敬哈曼，说他也在制定法律，告诉人

---

① LB 192, *Jubiläumsausgabe*, V/1, 449–53.

② "belief"指承认某事为真，不管有或没有确凿证据；"faith"指认为有确凿证据或道理而完全相信。——译注

们应该看到什么和相信什么，因为他要求我们终止我们的批判功能，去接受某种貌似杰作的东西，即使说不清楚它为什么是或如何成为杰作。门德尔松认为，真正的教条主义者，就是那些要我们跳过确信去相信的人们。

阿波拉特·菲尔比和富尔伯特·库尔米之间的论争是一阵激烈而短暂的爆炸。它虽然产生了最为重要的问题，但并没有给出结果。双方都没有进一步探讨这些问题，也都没有尝试解决它们。富尔伯特要求阿波拉特从云端走下来，用正常人的方式说话。但那当然不是哈曼的风格。都是有教养的学术形式，就不会存在争执。难以置信的是，1762 年 3 月 2 日，门德尔松写信给哈曼，邀请他加入《文学通信》，并且建议停止彼此间的争执。[①] 不过，他也许早就知道这种姿态不会有结果，[②] 因为他所表达的可能只是尼克 240莱——《文学书信》的主编——的意思，后者想招募哈曼进入他们的杂志。尼克莱完全误解了哈曼：他需要一位合作者，以共同追求真理，这位合作者可以激发争论，并在各种势均力敌的观点中仔细考察；但是，哈曼想要成为的是天才，而非合作者。不出所料，哈曼于 3 月 21 日复信门德尔松，拒绝了邀请。[③] 不过他采纳了门德尔松的另一个建议，决定终止阿波拉特和富尔伯特的争论。于是，哈曼和门德尔松之间的另一场争论结束了，尽管日后他们还会再起争端。[④]

十一、三功能理论

门德尔松遗产中被哲学史和美学史特别强调的一个方面，是他对三功能

[①] Hamann, *Briefwechsel*, II, 134–5.

[②] See Mendelssohn to Abbt, February 22, 1762, *Jubiläumsausgabe*, XI, 294.

[③] Hamann, *Briefwechsel*, II, 142–3.

[④] 最令人震惊的，是他对门德尔松 *Jerusalem* 的攻击性评论，即 *Golgotha und Scheblimni! Von einem Prediger in der Wüsten*（1784）。

理论的发展，根据这种理论，心灵具有欲望、知识和趣味三种功能。人们常说，这是从沃尔夫的单一功能理论过渡到康德《判断力批判》三分理论的关键。这种解释的结果，就是把门德尔松也视为艺术自治理论最早的支持者之一。① 因为，如果趣味独立于知识与欲望，那么看上去趣味就应该有它自己**独特的**规则。

有必要指出的是，门德尔松到了他思想道路的末端才发展出这种三分理论来。它主要出现在他 1785 年的《清晨》中，在那里他区分了知识、欲望和认同的功能；它的雏形也出现在《读书笔记》（*Kollektaneenbücher*）中，尤其是 1776 年 6 月的一则名为《论认识能力、感受能力和欲求能力》（"Über das Erkenntnis-, das Empfindungs- und das Begehrungsvermögen"）的笔记中。② 即使我们暂时假设对这些后来出现的语段的解释是正确的，门德尔松也确实于其中运用了三功能理论，我们也必须留心这种理论后来才有的根源。我们不能把门德尔松后期思想中才有的东西当作他整个思想的典型标志；我们决不能假设他后期的观点某种程度上已经暗含在他早期的哲学中，正是这种哲学的逐渐发展导致了这些观点的产生。事实的真相是，在《清晨》之前他所有主要的著作里，门德尔松都坚守着单一功能理论。他的早期美学的一个典型特征，就是总把所有这些功能统一为一个整体。审美经验必然涉及认识功能，因为它是对完善的**感知**；他也必然涉及欲求功能，因为正如门德尔松准确表达过的那样，我们欲求拥有快乐而非不拥有快乐；确实，在《书信》中，欲求或意志的功能只是在程度而非种类上区分于快乐（I，258）。在《与莱比锡的莱辛硕士先生的通信》中，门德尔松对柏拉图的爱的教义的肯定，最

241

---

① See Hettner, *Geschichte*, I, 489–90; Beck, *Early German Philosophy*, pp.326, 328–9; and Hammermeister, *Aesthetic Tradition*, pp.18–19.

② See *Morgenstunden*, "Vorlesung VII", *Jubiläumsausgabe*, III/2, 59–66. and "Ueber das Erkenntnis-, das Empfindungs- und das Begehrungsvermögen", *Jubiläumsausgabe*, III/1, 276–7.

为明显而着重地强调了美与真、善的统———审美经验与欲望和知识的关联。我们应该从门德尔松对柏拉图传统的忠诚中——而不是从后来的任何三功能论的试验中——寻求他思想中最典型也最连贯的东西。

问题依然存在，即门德尔松是否突破了他早期的理性主义，而且在其后期写作中确实建议了一种三功能理论。对来自《读书笔记》和《清晨》的一些语段的详细考察，可以证明答案是完全否定的。问题是，这些语段经常根据康德后来的区分而被时代错乱地解读，似乎门德尔松已经聪明到足以在他晚年看见从柯尼斯堡升起的曙光。

来自《读书笔记》的语段显示，门德尔松仍然没有达到建议把三种功能完全分开的地步。证据充其量显示的是他支持一种两功能理论，但即使如此，这种提法也与他早期的观点不矛盾。在该书开篇，门德尔松就指出，在知识与欲求功能之间存在一种中间功能，即感受（*Empfindung*），通过这种功能我们从事物那里获得快乐，并且对事物赞美有加（III/1，276）。有一些思想或再现并不会唤起我们的欲求，也不与任何感受相关联。也有一些感受不会变成欲求，比如说，我们发现一幅画或一段音乐很美，但我们并不欲求得到它。于是，他区分了认识功能和感受功能，依据是前者尝试让再现符合对象，而后者尝试让对象符合我们的再现。不过，门德尔松并没有超越这些区分。他不仅没有区分感受和欲求功能，还似乎热衷于把它们关联起来。于是，他强调指出，感受功能（*Empfindunsvermögen*）存在于善之中；也就是说，由于我们具有感受功能，我们努力使事物和我们关于善、秩序和美的概念保持一致（276，227）。更仔细地考察文本，我们还会发现，认识与感受功能之间的区别并没有大到让门德尔松会放弃自己先前的感受理论。需要区别的是我们的理论立场和实践立场，其中前者旨在认识真理，后者旨在制造某物。这只涉及关注点的转变——不再关注早期的快乐理论——而不涉及教义本身的转变。因为门德尔松现在是从审美生产而非审美沉思的立场出发进行写作的，而审美沉思是他最初理论的焦点所在。他绝不会否定或质疑他最

242

初的理论，即审美沉思涉及对完善的感知。在一段话里，他确实提及不要混淆审美幻觉与真理，但这也不会削弱他原来的理论，即所有的审美快乐都涉及某种**被感知到的**或**被意图的**完善。

读《清晨》这本书，我们同样可以发现，对各种功能的区分尽管更加清晰，但远还没有达到康德的三分理论。正如在《读书笔记》中所说的那样，门德尔松首次宣称，在认识功能和欲求功能之间还有一个感受或认同功能，这种功能离欲求功能还有很长一段距离。他写道，我们带着快乐与认同而非欲求来沉思自然和艺术的美。他还补充道，美的典型特征似乎在于，我们是在宁静中沉思它，而非试图拥有它（61）。于是对美的感觉并非总是和欲望相关联，因此也不能被视为欲求功能的表现（62）。很明显，门德尔松想要通过区分认识和欲求功能，来解决早在《对关于感性的书信的随想或补充》那里就困扰他的一个问题：我们想要感知某物，即使我们并不想要它们真正发生（66）。

但是，门德尔松接下来要做的，不是作出这些区分，而是开始让它们变得难以区分。我们从某物那里得来的快乐或不快，只与知识的形式而非内容相关（62）；所有的知识都包含某种赞成或认同，因为相较于其他事物，有一些事物能够以一种更加令人愉悦的方式激发我们灵魂的力量（63）。于是，我们喜欢或欲求以这种令人愉悦的方式激发灵魂的事物，于是，欲求功能开始起作用，并与感受功能关联起来。更重要的是，门德尔松接着再次申明，认识和认同功能是"同一种灵魂力量的表现（*Aeußerungen einer und ebenderselben Kraft der Seele*）"，它们的区别只在于"它们所努力达到的目标（*in Absicht auf das Ziel ihres Bestrebens*）"（63—4）。不同于认识功能从事物那里开始，在我们这里结束，欲求功能是从我们这里开始，到事物那里结束。门德尔松解释道，灵魂的每一种力量，都涉及努力把某种东西变为现实，不管是心灵的现实还是心灵之外的现实（64）。认识能力关心的是前者：我们努力在我们内心实现真实的再现。认同能力关心的是后者：我们努力在我们之外的事物上实现我们的再现，或者根据我们认同的方式制造事物。认识功能想要围绕事物形成再现；欲求功能想要围绕我们的再现形成事物。这里，我们得到的是对理论立场与实践立场的早期区分的重现，而不是对原初理论的颠倒。

门德尔松的明确声明，即这种不同只是"同一种灵魂力量"的不同方向或视角，证明了他对单一功能理论的不变忠诚。他还持续支持沃尔夫的传统解释，即把这一功能解释为再现功能（*vis representativa*）。于是他写道，灵魂这种单一功能的不同方向，涉及努力实现再现：要么让再现成为现实，要么让再现符合现实（64）。不管哪一种情况，灵魂的基本努力关心的都是它的再现，不管是在实践中把它们变为真实的东西，还是在理论中让它们成为真实的东西。

于是我们最终发现，并不存在充分的证据，证明门德尔松在其后期写作中放弃了理性主义传统。所有的文本证据都在说明，门德尔松的美学思想极其连贯一致。这也正是我们希望从门德尔松形而上学思想中类推出来的结论，晚年时光中，他曾经在那里针对越来越受欢迎的康德主义而为理性主义遗产作辩护。从他在《文学书信》的早年时光看，门德尔松比较喜欢的人格，是成为理性主义基本价值不受欢迎的代言人，是成为针对他那个时代的所有肤浅时尚而为莱布尼茨—沃尔夫遗产作辩护的人。他终其一生，都在自己的美学和形而上学中保持着这一人格。正是这一人格，使他成为启蒙运动最后一位伟大的守护人。

第八章

莱辛与审美理性主义的变革

一、莱辛与理性主义传统

审美理性主义传统的最后一位思想家是戈特霍尔德·埃夫莱姆·莱辛（1729—1781）。他去世的那一年，可谓这一传统的不幸之年，因为就在那一年，康德出版了他的《纯粹理性批判》，后者标志着他对审美理性主义的致命攻击的开始。不像门德尔松，莱辛并没有承担为理性主义作辩护，从而反对其最后也是最厉害的敌人的难堪使命。我们只能猜测莱辛——这是一种不被允许的批评方式——关于康德的《判断力批判》会说些什么；但是假设他真的写了和往常一样敏锐的书评，那么康德将不会如此轻而易举地赢得胜利。至少，理性主义传统不会崩塌得如此迅速。

在理性主义传统中，莱辛占据一个独特的位置。他是这个传统中唯一兼具伟大美学家和伟大作家两重身份的思想家。这一传统中，再也没有其他人能够把对艺术的批判性反思和艺术实践如此完美地结合在一起。和莱辛在《艾米莉亚·迦罗蒂》（*Emilia Galotti*）或《明娜·冯·巴尔赫姆》（*Minna von Barnhelm*）中的惊人表现相比，高特谢德在《垂死的卡托》里装模作样的努力显得苍白无力。众所周知，莱辛非常谦虚地看待自己作为一名戏剧家的天赋。他拒绝认为自己是天才，承认自己从未根据灵感而写作，而只是从一套快要散架的管道系统中挤出少许创造性的果汁来。他把自己比作一个瘸子，只能靠批评的拐杖行走。① 但就是这个自认为步履艰难的人，改变了德国戏剧。他是"市民悲剧（bourgeois tragedy）"最重要的剧作家，这种悲剧把普通人而非皇室、贵族作为戏剧的主角。不管莱辛戏剧——它们中的大多数现在已经变得过时——的终极价值如何，它们仍然是非常有效的反例，可以证伪如下声明，即理性主义传统属于一群爱好空谈的寄生性知识分子，他们只是追随艺术，而无助于艺术的创造。

245

莱辛的戏剧作品，对他美学思想的形成影响重大，正是这种美学思想改变了理性主义传统的发展方向。他由于看到作家需要灵感，所以比他的前辈和同代人更加怀疑规则，更加欣赏天才。由于必须和诗歌这一媒介打交道，他对这种媒介的独特品质非常敏感，而这种敏感性让他最终写出了《拉奥孔》，并更加强调各种艺术之间的不同。最后，献身于市民悲剧，这让莱辛形成一种新的悲剧理论，从而全然突破了法国戏剧模式，而后者曾被高特谢德、鲍姆加登甚至门德尔松视为权威。莱辛尝试在其与尼克莱和门德尔松的早期通信中形成这种理论，这把对悲剧的反思带向了一个新高度，在德国传统中，这个高度之前没有过，之后也没有过。

莱辛在理性主义传统中的地位，可以通过比较他与最亲密的朋友摩西·门德尔松来发现。从 18 世纪 50 年代中期到 60 年代，莱辛通过与门德尔松的频繁对话、书信来往和合作来打造自己的美学理论。尽管他们观点各有不同，但他们都坚持基本的理性主义原则和新古典主义价值，并且共同组成了用于抵御不断壮大的狂飙突进派的阵线。两个人虽然很团结，但又在理

---

① See Lessing's *Hamburgische Drammaturgie*, Stücke 100–4, April 19, 1768, in Gotthold Ephraim Lessing, *Werke und Briefe*, ed. Wilfried Barner et al., 14 vols.（Frankfurt: Deutscher Klassiker Verlag, 1985–90），VI, 680–1. 后文这一版本将被简写为 DKA。

性主义传统中各自扮演着不同角色。如果说门德尔松是理性主义传统的守护者，那么莱辛就是这一传统的改革者。不同于门德尔松面对众多反对力量尽力捍卫这一传统，莱辛通过解除它对规则的教条式依赖，以及对法国模式的亦步亦趋，来从内部解放这一传统。他通过赋予天才更伟大的角色，帮助建立市民悲剧流派，以及扩展对不同门类艺术差异性的批判性考察，拓宽了理性主义传统的道路。

如果说在理性主义传统中，莱辛的主要同盟是门德尔松，那么他的主要对手就是高特谢德。他竭尽所能地与高特谢德作斗争，后者固守规则，并且主张德国戏剧以法国戏剧为模范。莱辛对高特谢德的一腔怒火，集中表现在《文学书信》17 卷开篇的著名语段里：

> 《美学与自由艺术藏书》的作者这样写道："没有人会否认德国戏剧的大部分改进应该归功于高特谢德教授先生。"我就属于这种人；而且我还要彻底否定这种看法。我倒希望高特谢德先生从来没有介入过戏剧问题。他所谓的改进不是可有可无的琐屑之事，就是真正的败坏。①

尽管非常鄙视高特谢德，莱辛还是从后者那里有所继承。在莱比锡的那些早期时光里，莱辛就受到高特谢德的影响，极其尊重地称呼他为一个不可或缺的老独裁者。② 莱辛与高特谢德的争端，最好被视为理性主义传统内的争端，而非攻击理性主义传统的争端。处于风口浪尖的，是这一传统的**趋势**

---

① DKA, IV, 499.

② 莱辛在其早年时光同意高特谢德的基本原理，这一点早已被赫尔曼·赫特纳（Hermann Hetter）证明。见其 *Geschichte der deutschen Literatur im achtzehnten Jahrhundert*（Berlin: Aufbau, 1979; 1st edn. Braunschweig: Vieweg, 1862–70, I, 688–91）。赫特纳正确地质疑了单策尔在解读莱辛早期作品时所犯的年代错误，后者视这些作品为莱辛成熟期作品的预演。

（不管是指向法国还是英国），或者是这一传统的**实施**（多久和何时实施它的规则），而不是这一传统的基本价值或原则。

理性主义传统中，莱辛还有另外一个对手，他隐藏在莱辛射向高特谢德的弹幕中。这个不那么公开却更加可怕的敌人，就是温克尔曼。[①] 莱辛无比尊重温克尔曼，和他拥有一样的新古典主义和理性主义价值。听到温克尔曼被谋杀的消息，他对尼克莱说道，他感到很高兴，因为他终于可以有时间过自己的生活了。[②] 但是，莱辛还是感受到了来自温克尔曼的挑战。《拉奥孔》的最后几部分，就是针对温克尔曼的古典学术展开的详细论辩。不过，除了学术问题，还有更多的东西被莱辛攻击。因为温克尔曼已经质疑了他把诗歌与戏剧视为最高艺术形式的信仰。他为这一信仰辩护的结果，恰好就是《拉奥孔》一书本身。没有温克尔曼的刺激，《拉奥孔》能否写就，还真是问题。

关于莱辛在理性主义传统中的地位的争论，许多年以来就没有中断过。[③] 主要问题在于他**如何**与这一传统相容，以及他究竟**是否**融入过这种传统。有些学者指出，莱辛是如此尖锐批判理性主义——不管是它的信仰还是它的艺术——以至于把他视为**绝对的**理性主义者就是一个错误。在他们看来，莱辛不仅仅是启蒙**内部**的批判者，而且是启蒙的**自我**批判者，他的自我批判主义强迫他超越了启蒙的范围。确实，有很多好的理由可以拿来质疑莱辛在审美理性主义传统中的位置。他怀疑这一传统对规则的信仰；他赋予天才创造和打破规则的权力；他还认为，激发情感而非理性洞见才是戏剧的目的。有时候，莱辛与沃尔夫或高特谢德之间的距离是如此之大，以至于人们会怀疑他们怎么可能属于同一种传统。

247

---

① 关于莱辛与温克尔曼之间关系的有益解读，参见 Walter Rehm, "Winckelmann und Lessing", in *Götterstille und Göttersprache*（Salzburg: Bergland, 1951），pp.183–201.

② Lessing to Nicolai, July 5, 1768, DKA 11/1, 526–7.

③ 关于这一争论的一个阶段的有益考察，参见 Karl Guthke, *Der Stand der Lessing-Forschung: Ein Bericht über die Literatur von 1932—1962*（Stuttgart: Metzler, 1965, pp.10–35）。

　　尽管莱辛确实是理性主义的批评者，但把他完全置于理性主义传统之外，这绝对是个错误。毕竟，如果说莱辛是一个自我批判的启蒙者，那么我们很难说他是一个狂热的狂飙突进派。如果对理性主义的批判是把他置于启蒙传统之外的充足理由，那么出于同样的理由，康德也不应该是启蒙运动者了。那种把莱辛置于启蒙传统之外的明显理由，最好被理解为——我将会予以证明——他在改革这一传统的理由。这是因为，莱辛最终怜悯并忠诚的对象，是理性主义传统的基本原则与价值。尽管莱辛反对艺术创作过程中过分依赖规则，但他不仅没有怀疑，反而极力捍卫规则的价值和批判的必要性。他写作《拉奥孔》的目的，就是把理性主义批判置于一个可靠的基础上，这样理性主义的规则就会针对各种不同的艺术产生细微的变化和差异。尽管莱辛强调戏剧的目的是唤起情感，但他仍然根据理性主义的术语解释情感；对莱辛进行非理性主义解释所面临的最大障碍就是：他一直忠诚于沃尔夫的心理学。莱辛从未动摇过他对理性主义传统的神圣三一律的信仰，对美、真、善统一这一基本原则的信仰。他强调指出，审美经验必须包含对真理的洞见，尽管这真理并不存在于理智话语的清晰而明确的观念中；他也一直坚持认为，戏剧应当服务于道德目标。莱辛通常被视为艺术自律的早期支持者；但是这种解释犯了时代错乱的错误。尽管莱辛痛恨宗教对艺术的干预，但他从未动摇过这一确信，即艺术应该有一个道德目的。

二、天才与规则

　　不像门德尔松只是在 18 世纪 50 年代中期才遭遇天才概念，莱辛在 18 世纪 40 年代后期就已经很熟悉这个概念了。确确实实，莱辛在自己的早期美学中给了天才一个核心位置。在他的早期诗歌《关于科学中的规则的诗》（"Gedicht über die Regeln in den Wissenschaften"）——首次出现于 1749 年 6 月的《施普雷河畔音乐评论》（*Der critische Musicus an der Spree*）里——中，莱辛引进了"大师（*Meister*）"或"模范精神（*Mustergeist*）"概念，后者的创造力为好诗设定了标准。① 这首早期诗歌本质上是对高特谢德和瑞士人沉闷的规则美学的反抗。这种固守规则的美学，受到无法抑制的诗性灵感的挑战，受到某种类似于"精神与火焰（*Feur und Geist*）"的东西的挑战。② 莱辛没有把诗歌建立在戒律清规的基础上，而是想要把它建立在天才基础上。对于诗歌的未来来说，所有的信仰和希望都寄托在模范精神上，这是一种天然的力量，不需要规则，还为其他人提供模范：

> Ein Geist, den die Natur zum Mustergeist beschloβ,
>
> Ist, was er ist, durch sich, wird ohne Regeln groβ.
>
> Er geht, so kühn er geht, auch ohne Weiser, sicher.
>
> Er schöpfet aus sich selbst. Er ist sich Schul und Bücher.③

　　在这首早期诗歌里，莱辛似乎走了极端，要拒绝所有的规则。大师精神发现规则毫无用处，发现用自己的作品支持规则，就像"用大象撑起整个世界"（I，34，2）。即使那些没有诗歌天赋的人，也被建议不要去学习规则，因为遵循这些规则只会让他们生产出一些毫无生气的东西；他们被警告，阿波罗奉送给那些根据创作指南写诗的人一个词——"笨蛋（*einen Stümper*）"

---

① 尽管莱辛在这首诗里并没有使用"Genie（天才）"一词，但他赋予他的"Meistergeist"的所有特征，后来都在 *Hamburgische Dramaturgie* 中赋予了"Genie"。在 *Literaturbrief* 19 中，他用"艺术大师（Meister der Kunst）"来作为"Genie"的同义词。参见 DKA IV，508，22 and 512，31。

② 这首早期诗歌的重要性，Karl Guthke 曾经在他的 *Literarisches Leben im achtzehnten Jahrhundert*（Bern: Francke, 1975, p.36）中强调过。

③ I，34，7–10. 按照字面翻译，就是："一种精神，自然决议让它成为模范精神 / 它就是它之所是，它通过它自身而伟大，并不需要规则 / 它运行着，它走得如此果断、坚定，并不需要指针 / 它从它自身而来，它自身就是教导和书本。"

（35，6）。莱辛对待规则的态度是，它们不仅是创作的障碍，还是欣赏的障碍。去分析一首诗，用规则去套一首诗，就是冲淡或限制我们的快乐，而这些快乐在它们最初的自然状态里时更令人享受。

> Ist das, was uns gefällt, denn lauter starker Wein,
>
> Den man erst wässern muß, wenn er soll heilsam sein?
>
> O nein! Denn gleich entfernt vom Geiz und vom Verschwenden,
>
> Floß, was du gabst, Natur, aus sparsam klugen Händen.
>
> Was einen Bauer reizt, macht keine Regel schlecht,
>
> Denn in ihm würkt dein Trieb noch unverfälscht echt.[①]

249

在反抗规则的独裁时，青年莱辛实际上是在反抗理性本身的权威。理性的领域被法律或规则主宰；而理性在尝试管理一切时走得太远。于是，他写道，"那沉思的理性（*die grübelnde Vernunft*）"侵入了每一处领域，可谓上穷碧落下黄泉，而那些地方，本来是上帝打算保留的空间（29，18，26，27）。理性最合适的活动范围是道德，是心灵深处，因为邪恶的冲动就潜伏其中；在那里，理性承担着根据原则约束冲动、引导行为的使命。但是，理性不满足于这个有限的领域，还希望冲破天际，主宰整个世界，而不仅仅是作为诗歌家园的感性领域。批评家就是这种专横跋扈的理性的缩影，他们妄图主宰我们感觉的魅力（30，10—14）。

鉴于莱辛诉诸天才，攻击规则，反对理性，他的早期诗歌无疑可以被视为对理性主义传统的突破。它一度被解释为一种新的感性主义美学的宣言，

---

① I, 32, 27–8, 32–3. 字面意义是："那让我们中意的东西，是纯酿的浓酒吗？/ 唯当它有益于健康，我们才浸沤它？/ 不！恰恰因为远离贪婪与浪费 / 你用勤劳而巧妙的双手，制造了木筏，那是给自然创造的礼物 / 那让一个农民激动之物，绝不会让世界变糟 / 因为你的欲念在他身上纯粹真实地生效。"

这一宣言主张用杰作替代规则，用情感而非理性来判断艺术。①

　　然而，从莱辛早期诗歌中得出这样的一般性结论，可能是一个错误。就算我们无法反驳这一事实，即这首诗来自青春期的反叛，我们也还必须严肃对待它，这不仅是因为它已经预示了未来莱辛的论点。相信天才，鄙视对规则的迂腐固守，敏锐意识到理性的局限性，这些都是成熟期莱辛美学的基本特征。尽管如此，认为莱辛在这首早期诗歌里已经突破了理性主义传统，并且开创了一种全新的感性主义美学，这些想法还是有些过分了。这样一种解读存在的问题是，在 18 世纪 40 年代末期和 50 年代早期，莱辛关于艺术中天才的作用和规则的地位的看法，还很不确定。尽管他质疑对规则的过分使用，但他也充分认识到并明确承认对规则本身的需要。他的这种承认，在诗中明显表现为他对新古典主义基础——"尺度、同一性、秩序（*Maβ, Gleichheit, Ordnung*）"（I，29，10）——的敬畏。更为明显的证据，出现在他于 1749 年 10 月为其《戏剧历史与接受文稿》（*Beyträge zur Historie und Aufnahme des Theaters*）所写的前言里，而这份前言，仅仅落后于那首诗几个月的时间。② 这里，莱辛肯定了规则在培养公众好的趣味方面的重要性。他勾勒了一个计划，以教育公众认识戏剧，支持新作家写出更好的剧本。这个计划的核心，就是教人们认识戏剧创作与表演的"戒律"和"规则"。很明显，这时的莱辛不仅没有疏远高特谢德的规划，反而还非常亲近它。所以，他才会欢迎高特谢德即将出版的《德意志剧院》（*Deutsche Schaubühne*）。完全不同于他在《文学书信》17 卷里发表的著名骂语，莱辛宣称没有人能够否定高特谢德教授对戏剧的贡献。③ 十年之后，莱辛才有信心宣称没有人能够否定自己对戏剧的贡献。

　　18 世纪 50 年代早期，莱辛继续思考着天才能力和规则在美学中的权威

250

---

① See Guthke, *Literarisches Leben*, pp.37–8.

② "Vorrede", *Beyträge zur Historie und Aufnahme des Theaters*, DKA I, 723–33.

③ Cf. DKA I, 729 and DKA IV, 499. 在这些有名的语句里，莱辛作了自我批评。

等问题。然而，关于天才与规则相对于彼此如何扮演合适的角色，他并没有给出答案。他总是犹豫不决，无法确定二者的确切位置。他关于规则表现出来的犹豫态度，明显表现在他于 1750 年为《戏剧历史与接受文稿》而写的《论普劳图斯》（*Abhandlung über Plautus*）中。这本书实际上是对普劳图斯喜剧《俘虏》（*Captivi*）的翻译与辩护，他认为这是最伟大的戏剧杰作。一个匿名批评者曾经指责，普劳图斯的这部作品并不符合戏剧的基本规则，对此，莱辛不得不用这样大胆的声明来予以驳斥。① 令人吃惊的是，在这份辩护里，莱辛从未质疑过三一律的合法性。和高特谢德一样，他也认为这些规律是每一部好戏都应该遵循的基本规则；他还尝试证明，比起这个批评者所要求的，普劳图斯对这些规则的遵守要更严格一些。当他不得不承认批评者的观点，即普劳图斯违背了地点的统一这一规则时，他指出这是一个明显的缺点（I, 872）。不过，莱辛尽管接受古典三一律，也还是坚持认为，我们在评价任何一部戏剧时，除了考虑它是否符合规律以外，还要考虑更多的东西。最美的喜剧，不是最具可能性的和最有规律的（*regelmäßig*），也不是台词惊人和观点有趣的；最美的喜剧，除了这些优点，还能实现这一类型的喜剧的根本目标（I, 877）。喜剧的目标，是提升观众的道德水平，是让邪恶者可恨，让有德者可爱；而正是在这一方面，普劳图斯值得我们尊重。莱辛对规则的怀疑与厌恶，出现在一段有趣的离题话里，在那里他指出，批评家没有为戏剧中的所有事情——比如说，演员们退出舞台的顺序——都设想出规则，这是幸运的。对于那些想要把诗中所有事情都建立在"形而上学基础"（I, 876）上的批评家们，他讽刺性地祝他们好运。

251

莱辛在 18 世纪 50 年代早期的评论，也反映了他对美学中规则地位的

---

① 在 *Beyträge zur Historie und Aufnahme des Theaters* 里，莱辛公开了他的批评。该书的作者身份一直没有定论；传统的猜测是它为莱辛本人所著，但有一条根据说明它由一个匿名作者完成。参见 J. G. Robertson, "Notes on Lessing's Beyträge zur Historie und Aufnahme des Theaters", *Modern Language Review* 8（1913），511–32 and 9（1914），213–22。

不确定看法。1751 年 6 月，当他在为《来自理智领域的最新消息》（*Das Neueste aus dem Reiche des Witzes*）评论巴托（Batteux）《还原至同一原则的美艺术》（*Les Beaux Arts réduits à un même principe*）时，莱辛肯定了巴托为所有艺术寻找单一基本原则的努力（II，125）。这样一种原则不仅可以简化各种令人困惑的特殊规则，还可以引导天才，后者经常受到这么多限制的束缚而不是受到启发。通过巴托的模仿原则，天才们可以理解那适用于所有特殊艺术规则的理性，而不再仅仅被情感引领。但是，莱辛很快就对这种普遍适用的万应灵丹失去了信仰。他在发表于 1753 年《柏林特报》（*Berlinische Privligierte Zeitung*）的一篇评论里指出，模仿原则虽然真实，但太过抽象，不那么适用于诗人（II，485—6）。当一个批评家强调这一原则时，他就像一个鞋匠，要求鞋应该符合穿它的人的尺寸。即使最愚钝的徒弟，也会发现这一原则太过抽象，没有用处。

　　还有其他一些评论，显示出莱辛对待天才本质问题同样摇摆不定。在为《柏林特报》写的一篇评论里，他关于诗歌中韵脚的价值提出了极富争议的问题（II，175—6）。他很高兴让天才们来解决这个问题。如果诗人的火焰可以猛烈到不会因为韵脚的困难而燃尽，那就让他实践这种艺术；但是如果他的灵感因韵脚影响而衰减，那就让他避免从事这种艺术。追随贺拉斯，莱辛指出有两种诗人。一种诗人，他们的灵感是如此强烈，以至于他们无法屈从于修改的努力；另一种诗人，他们的灵感虽然不那么强烈，但知道如何通过修改持续灵感。莱辛认为，很难说哪一种诗人更优秀；他们都很优秀，都不同于那些平庸的诗人，后者不知道怎样用韵脚完善他们的技巧，或者怎样不用韵脚而表达他们的灵感。对于第一种诗人，那些桀骜不驯的天才，莱辛的看法还不确定。他宣称他们是伟大的；但又似乎更喜欢那些服从自我批评和纪律的诗人，因为后者的"精确和持续有节奏的活力"不会创造那种"烈焰式的令人困惑的美"（176）。

　　只是到了 1756 年，当他和尼克莱、门德尔松关于悲剧展开通信往来

后，莱辛才对这些问题有了临时的解决办法。对悲剧目的的反思，让他对艺

术中天才的作用和规则的地位问题有了更加清晰的认识。于是，在他 1756
年为《雅各布·汤姆森先生悲剧全集》（*Des Herrn Jacob Thomson Sämtliche
Trauerspiele*）写的前言里，莱辛最终充满自信地"宣布我对规则的真正看
法"（III，757）。假如一部戏剧完全符合所有的规则：它遵循时间、地点、
行动的三一律；每个角色都有明确的特征；语言完美无瑕；对观众也产生了
道德效果。但是，他问我们，完成了这样一部杰作的戏剧家，还会称自己的
作品为悲剧吗？是的，会，莱辛说道，但是这就和一个雕出一尊石像的人吹
嘘自己创造了一个人一样。就如这尊石像一样，这部戏剧杰作也缺少某种
东西——灵魂。于是，莱辛宣称，他宁愿是《伦敦商人》（*The London Mer-
chant*）的作者也就是乔治·李洛（George Lillo），而非《垂死的卡托》的作
者也就是高特谢德，即使后者的结构（实际上不可能）完全符合规则。为什
么？他说道，这是因为和后一部作品比，前一部作品能让我们流下更多的眼
泪。这样，它就更符合真正的悲剧的使命，即在观众那里唤起怜悯和人性感
受。不过，莱辛仍然主张规则在戏剧中应该扮演一个关键角色：对于各部分
间的关系来说，对于拥有秩序和对称的整体来说，这些规则的存在是必要的
（757）。于是，他似乎在悲剧里赋予规则一种**形式**功能，也就是说，规则的
特殊使命是确保作品具有统一性与和谐性。但是，具有合适的形式，只是一
出好悲剧的必要条件，而非充分条件。除了符合规则，也就是有一个完美的
结构或形式，好悲剧还得有精神、灵魂或活力。什么可以赋予作品这样的品
质？当然是天才。天才能够进入人类心灵的深处。他掌握那揭示人类激情的
魔幻艺术，能够通过艺术显示这些激情在我们内心产生与发展的过程，并且
以此影响观众的激情。现在，莱辛为天才与规则设定了各自的范围：天才创
造活力、火焰和灵魂，规则确定结构、统一性或和谐性。但天才与规则哪一
个更重要？莱辛毫不犹豫地给出了他的偏好。他宁愿写一部作品，它具有内
在的活力，但比例可能不很恰当，而不是这样一部作品，它比例完美，但缺

乏活力（757—8）。这样，在天才与规则的古老争执里，莱辛似乎站在了天才一方。

莱辛对天才的支持，似乎也持续了一段时间。然而时间并不长，他并不满意这种解决方案。他 1756 年所站的，只是一种暂时的立场，但到了 18 世纪 60 年代，他就已经放弃了这一立场，尽管这种放弃是暗示性的而非明确性的。在《汉堡剧评》（*Hamburgische Dramaturgie*）里反思亚里士多德时，莱辛关于悲剧中规则的目的有了一个新的洞见，这一洞见扩展了规则的管辖范围，超越了他原来对这些规则的界限的估计。他现在能够看到，规则不仅涉及创作的形式维度，还涉及创作如何实现其根本目标。[①] 比如说，当亚里士多德写道诗人应该选择具有中庸美德的角色时，这是因为这有助于他实现悲剧的目的：在观众那里唤起恐惧和怜悯。如果这是悲剧规则的目的，那么规则就不仅具有**形式**功能，有助于创造戏剧的结构和统一性，还具有**工具**功能，有助于悲剧实现其目标。这一点意义重大，因为在 1756 年为普劳图斯辩护时，以及在为汤姆森写前言时，莱辛都只把工具功能赋予了天才。他认为，只有天才的直觉和想象力能够领会心灵的深度，知道如何影响观众的感受。现在，莱辛似乎认识到，天才的"魔幻艺术"其实并不那么魔幻或神秘。对于如何实现戏剧目的，如何制造怜悯，如何让观众掉眼泪，都有明确的规则可循。

只是在《汉堡剧评》第 96 节，莱辛才最终完全搞清楚上述问题，而这一部分写于 1768 年 4 月。在这里，针对狂飙突进派的出现，莱辛被迫给出了自己的明确立场。他现在面临的是与 18 世纪 50 年代相反的问题，那时候高特谢德的长长背影仍然笼罩着文坛，而那时候莱辛也必须为天才作辩护，反对僵化的规则美学，因为后者会以秩序和戒律的名义遏制所有的灵感；但是到了 18 世纪 60 年代，他必须为规则作辩护，以反对天才崇拜，后

①　例如，参见 *Hamburgische Drammaturgie*, Stück 77, January 26, 1768, DKA VI, 566–7; and Stück 80, February 5, 1768, DKA VI, 590–1。

者试图以灵感的名义抛弃一切秩序与戒律。狂飙突进派的青春叛逆，让他开始肯定规则的所有价值和意义。狂飙突进派会高呼："天才！天才！"他们会宣称："天才超越一切规则！"他们会坚持认为："规则压制天才！"对于这些刺耳的声明，莱辛的回应是：规则不可能压制天才，因为正是规则使天才的洞见成为可能。正是通过规则，天才用语言表达了他的情感。假如天才拒绝了规则，那么他就只能停留在模糊的直觉和感受阶段，无法提炼他最初还很粗糙的手稿，明晰他的洞见。当然，年轻时的莱辛本人也曾经反抗过规则的压制；但他也可以针对指控他虚伪的人为自己作辩护，那就是反对**狭隘的**规则，完全不同于想要抛弃**所有的**规则。在他与狂飙突进派争论的最激烈阶段，莱辛开始认识到，天才与规则、灵感与理性是互补的而非对立的。天才的灵感只是理性的直觉形式，而批评的规则只是天才的一种自我意识、自我批判形式。正如他给出的如下结论："能够正确推理的人也能够有所发现；而想要有所发现的人必须能够推理。"（VI，659）在对规则必要性的这种姗姗来迟的肯定中，我们可以清楚地发现，莱辛依然忠实于理性主义的传统。

254

三、天才的非理性？

毫不奇怪，莱辛的天才概念常被视为他的非理性主义的主要根源。[1] 天才由于超越于规则——它们构成理性领域——之上，由于受情感和直觉驱动，所以似乎本质上是一种非理性的力量。出于这一原因，有些学者认定莱辛与狂飙突进运动有密切关联，后者反对天才力量对规则的服从。[2]

---

[1] 见 Robert Heitner, "Rationalism and Irrationalism in Lessing", *Lessing Yearbook* 5（1973），82–106："天才是非理性的，它通过心灵和情感生产好的作品，但并不真正清楚这个过程究竟如何。"（94）"非理性，神秘的内在品质，是莱辛天才概念的核心。"（92）

[2] 比如，参见 Armand Nivelle, *Kunst - und Dichtungstheorien zwischen Aufklärung und Klassik*（Berlin: de Gruyter, 1960），pp.133–4。

这种解释除了貌似有理，还确实有文本依据。其中一些依据来自莱辛的心理学，后者认为天才更多的是一种情感功能而非理性功能。他在《汉堡剧评》里写道，天才的丰富性，并非表现为记忆丰富，精通规则，而是表现为在情感的深处创造的能力。[①] 在《拉奥孔》的一份手稿里，莱辛曾经怀疑他的规则对天才是否有用，因为"只有情感引导着他（天才）走进自己的作品"[②]。还有，莱辛曾经比较过天才与睿智，理性主义心理学曾经视睿智为天才的主要组成部分。[③] 不同于睿智只是表现为发现事物表面相似性的能力，天才表现为创造事物间必然关联的能力。[④] 在降低睿智在天才中的地位时，莱辛似乎在向理性主义心理学提出异议。

255

支持这种解释的更多证据，来自《汉堡剧评》（1767—8），这本书看上去总像在赋予天才非理性的力量。比如说，在第 48 节一段给人启发的话里，莱辛似乎让天才超越规则，因为他不仅赋予它制作规则的权力，还赋予它突破规则的权利。于是，他警告那些专断的批评家："哦，你们这些一般规则的拥趸啊！你们对艺术的理解何其可怜，你们拥有的天才何其少，只有天才才能生产出模范，以做你们的规则的基础，而且只要它愿意，它又总能超越你们的规则！"[⑤] 在另外一段来自第 17 节的话里，莱辛提醒批评家们，天才会让他们巧妙区分所有类型艺术的尝试变得无效："天才嘲笑所有批评的区分。"[⑥] 当莱辛在第 11 节宣称天才有能力让我们相信我们知道的是虚假的东西时，最为非理性主义的证据似乎出现了。"诗歌里不是有很多例子，可以

---

① Stück 34, August 25, 1767, DKA VI, 347.

② *Paralipomena* 3, DKA V/2, 218–19.

③ 见 Wolff, *Psychologia empirica*, §476："我们把观察事物的相似性的那种能力称作才智。"（Werke II/5, 367）。

④ Stück 30, August 11, 1767, DKA VI, 329.

⑤ Stück 48, October 13, 1767, DKA VI, 420.

⑥ Stück 17, May 22, 1767, DKA VI, 217.

证明天才在玩弄我们所有的哲学，可以证明天才知道如何使事物在我们的想象中变得恐怖，而对于冰冷的理性来说，这完全是荒谬可笑的？"① 莎士比亚的《哈姆雷特》就是这样一个例子。理性视信仰为虚无的幽灵；但莎士比亚仍然懂得如何让一个理性主义者的头发竖起来。

所有这些证据尽管都很有建设性，仍不足以确立非理性主义的事实。莱辛的心理学趋向，是拒绝非理性主义，而非促进非理性主义，因为它的基本原则都直接来自理性主义传统。尽管莱辛认为天才更多的是一种情感力量而非理性力量，但他仍然根据理性主义心理学——而非狂飙突进派追捧的经验主义心理学——的一般原则来解释情感。根据理性主义原则，情感并非灵魂区别于理性的一种功能，因为情感和理性都是再现能力，它们只是程度的不同，而非种类的不同。相较于理性是一种明确的再现能力，情感是一种模糊的再现能力。在 1755—1756 年间与尼克莱、门德尔松关于悲剧的通信中，莱辛曾经多次肯定这些原则，明确支持理性主义的情感概念，即对完善的感知。② 他再一次忠诚于理性主义心理学，指出情感和理想、记忆一样，是一种类理性（*analogon rationis*），它本能地或下意识地根据再现的一般法则起作用。

那么，如何看待莱辛拒绝把天才还原为睿智？莱辛在这里看上去不得不进入理性主义心理学的范畴，因为他毫无疑问在质疑天才理论。确实，这里出现了对沃尔夫和高特谢德心理学的突破；但反讽的是，正是通过这种突破，莱辛显示了他对理性主义传统的忠诚。因为就是在莱辛降低睿智在天才中的地位时，他又同时提升了理性的地位。于是，他强调指出，无论天才如何直觉地或下意识地根据计划写作，这种计划为他的创作带来内在的关联与统一性。③ 但

---

① Stück 11, June 5, 1767, DKA VI, 237.

② 见本章第四部分。

③ *Hamburgische Drammaturgie*, Stück 30, August 11, 329. Cf. Stück 34, August 25, 1767, VI, 350–1.

在沃尔夫的心理学里，这种创造多样性的统一的能力，在诸多事物中制造必要关联的能力，不是其他，就是理性本身。根据沃尔夫，理性不只是一种区分事物的分析性能力，把一种事物区别成各个部分的能力，还是在事物间或事物各个部分间建立必要关联的能力。① 莱辛在这里所做的，就是把沃尔夫的理性概念应用于天才本身。莱辛不仅没有视天才为一种非理性的力量，反而似乎把它视为一种**超理性的**力量，一种在推理或论证中起作用的、直觉形式的理智力量。这里，人们可以发现门德尔松的影响，后者曾经在《文学书信》中勾勒过类似的天才解释。②

莱辛天才概念背后的理性主义，最为明显地表现在他对待宗教狂热的态度中。一点也不亚于门德尔松，莱辛同样旗帜鲜明地反对后来由哈曼支持的观点，即天才拥有超越理性的洞见。由于情感和直觉都是再现的模糊形式，莱辛认为它们并没有为我们提供一种更高形式的知识，这种知识可以免于批判。于是，在《文学书信》里，莱辛否认我们可以通过"冲动的情感（*dem Taumel unsrer Empfindungen*）"③ 来认识真理。他认为，假设我们仅仅通过情感就可以认识到新的真理，这就是狂热（*Schwärmerei*）的实质。确立我们情感的有效性的唯一方法，就是让它服从于理性的无情训练。

来自《汉堡剧评》的所有证据也都不是决定性的。它们并不能证明莱辛视天才为一种**非理性**力量。因为莱辛从未宣称天才的创造是无规则性的，好像它是完全任意的，不符合任何规则似的。确实，天才具有制造和突破规则的能力；但这并不意味着他的创作就已经超越了任何规则。要看到这种推理存在的问题，首先需要问：天才可以制造或突破的是**哪些**规则？重要的是区分两种规则，或者两种关于规则的立场。有一种规则，被天才下意识地、自然而然地、本能地遵循着；还有一种规则，被批评家有意识地、人为地、故

---

① Wollf, *Deutsche Metaphysik*, §§368–70; I/2, 224–8.

② 见本书第七章第八部分。

③ *Briefe* 49, August 2, 1759, DKA IV, 609.

意地表述着。很明显，两种规则之间并不存在必然的一致性：有可能批评家

257 不准确地描述着被天才准确遵循的规则；也有可能批评家能够准确描述规则

但又滥用了规则。当描述或运用中出现这样的矛盾时，天才都有权利突破批

评家的规则。但是请注意，由天才制造或突破的规则，都是那些被批评家错

误描述或错误运用的规则，而不是那些被天才自然遵循的规则。

莱辛主张天才自然而不可避免地根据规则而创作，这一点是毫无疑问

的。在《汉堡剧评》第 96 节里，莱辛指出，天才除了遵循规则以外，别无

选择。正如我们已经看到的那样，莱辛在这里开始责难正在萌芽的狂飙突进

派的天才崇拜，后者相信天才有权利摒弃一切规则。他的回应是，这种信仰

是令人困惑的：天才只能根据规则来创造，即使他并没有意识到这一点。由

于规则为目的规划手段，而且能够达到目的的有效手段并不多见，所以艺术

家不得不遵循规则。正如莱辛所言，每一个天才都必然是一个批评家，尽管

每一个批评家并不必然是一个天才。[①] 他的意思是说，天才不可避免地根据

规则而创作，而且如果他确实达到了自己的目标，他理应意识到这些规则的

存在。

当然，就像任何一个狂飙突进派成员那样，莱辛本人会经常主张，天

才应该根据自发的情感和冲动——而非人为的规则与戒律——来工作。但

是颇具反讽意味的是，他坚称根据情感和冲动来创作，并不意味着要排除

规则，而是要确保服从规则。因为就像理性主义传统中的任何一个人一样，

而非狂飙突进运动中的任何一个人那样，莱辛相信，比起有意识地运用规

则，根据情感和冲动来创作，有时候可以更为可靠地符合规则。这是因为

冲动与情感都是**类理性**，都会不可避免地、自然而然地根据规则来行动，

即使我们没有意识到规则的存在，还因为一种声名狼藉的现象，即批评家

会规定一些虚假的规则，或错误地运用真正的规则，这使得比起由批评家

---

① 　Stück 96, April 1, 1768, DKA VI, 657.

仔细描述的规则，冲动与情感有时候能够更好地指引人们遵循规则。如果遵循了虚假的或被滥用的规则，艺术家的精力就会被误导或浪费。当然，对规则的自我意识也有优势，因为它能帮艺术家更确切、更有效地实现目标；但是这仍然假设了艺术家能够自我批判，能够认识到真正的规则，能够正确地运用规则。

莱辛认识到，批评家面临的最大困难之一，就是把藏在艺术家下意识创造行为后面的规则和程序带到自我意识中来。如果批评家错误地描述了这些规则，或者他过于狂热地运用了这些规则，那么这些规则就会阻碍艺术家的灵感变成有形的作品。这正是他在《拉奥孔》中提出的问题。由于批评家不能正确地区分主宰诗与画的规则，他们强迫诗人遵守绘画的规则，又让画家遵守诗歌的规则，以至于两类艺术家都没有实现他们的媒介的潜能。①

那么，批评家应该怎样认识规则？如何确保批评家的规则有助于天才而非妨碍天才？莱辛的回答很简单：批评家必须仔细观察天才的方法。天才的行为并非消除或替换规则的行为，而是研究规则的最可靠的途径。由于天才不像初学者或经验不足的人，他确定具有根据规则行事的本能，又由于他不允许自己被虚假的规则概念所误导，他的工作方法为规则的普遍化和推论提供了最可靠的基础。于是莱辛在《文学书信》第 19 卷中写道："像克洛普斯托克这样的诗人在他的作品中带来的变化与改进，不仅值得关注，更值得认真研究。人们可以从中发现最好的艺术规则；因为凡是艺术大师发现值得关注的东西，就是规则。"②

这就是莱辛对天才的信心，他把天才视为整个艺术形式的试金石。不管是法国的基督教悲剧还是市民悲剧，都不应该成为一种先天的或一般的原

---

① See especially the "Vorrede", DKA VI, 14–15.

② DKA IV, 508.

则。① 相反，问题在于天才能够创造什么，在于他的作品能否对观众产生正确影响。

如果天才被视为规则的基础，那么正确的美学方法，就是去确立后天的而非先天的规则，是追随而非引领艺术家灵感所发出的声音。这不仅可以确保艺术家的冲动和情感有机会表达自己，也可以确保批评家准确描述艺术家实际遵循的规则。在《汉堡剧评》中，莱辛以一种经验主义的归纳法表达了他的这一信仰："让我确信我不会搞错戏剧诗的本质的东西就是：我像亚里士多德那样完美地认识到了这种本质，后者从希腊舞台上演出的无数杰作里提取了这种本质。"②

对归纳（induction）的这种信心，并不意味着莱辛完全拒绝了作为更高原则的演绎（deduction）。尽管在《拉奥孔》的前言里，莱辛曾经嘲笑鲍姆加登从定义中推出结果的企图，但他仍然相信并践行这种从第一原则出发的演绎法。不过，莱辛还是坚持认为，归纳式的考察应该先于对一般原则的演绎。推理要想和它们的一般原则一样可靠，最终必须建立在归纳的基础上。

假如批评家最初应该经验主义地行事，那么他究竟如何确立真正的规则？如果既存在真正的规则，又存在虚假的规则，那么他该如何作出区分？关于这个重要问题，莱辛的观点似乎在数年内不断发展着。最初，他似乎认为真正的规则有助于诗人实现他写的那一类诗歌的主要目的，诗人也应该遵循这些规则。比如说，如果他是一个悲剧诗人，他的目的就是在观众那里唤起怜悯，那么真正的规则就是能够让诗人有效实现这一目标的规则。于是，在他与尼克莱和门德尔松的早期通信里，莱辛费劲艰辛地确定悲剧的合适目标。针对门德尔松，莱辛主张悲剧的目的是在观众中唤起

259

---

① Cf. Stück 2, May 5, 1767, DKA VI, 193 and Stück 14, June 16, 1767, VI, 252.

② Stück 101–4, April 19, 1768, DKA VI, 685–6.

怜悯，而非引起钦佩之情。悲剧诗人的成败决定于他能让观众流下多少眼泪。但是到了后来，莱辛似乎变得慷慨起来。因为，在《汉堡剧评》中，这不再是悲剧的目的，而只是诗人的目的。莱辛写道，批评家对门类的区分可能非常仔细，但是当天才有更高的目的时，他有权利混合这些门类；而这种情况下，批评家就应该把规则手册放在一边，看看这种混合有没有效果。于是，莱辛这样写道："如果你愿意，你可以叫它杂种（Zwitter）；只要它比起拉辛（Racine）的合法出身……更能愉悦我，吸引我，这就足够了。难道因为骡子既不是驴也不是马，它就不是最有用的拉货牲畜了？"① 但是，这并不是说莱辛给了天才一份**全权委托书**，让他可以为了实现自己作品的目的而想怎么着就怎么着。他仍然坚持认为，艺术的终极目的是去愉悦和引导观众，而实现这些目的的有效途径也就那么多。于是，在《拉奥孔》中，他明确指出，诗人与画家的目标，就是在读者与观众那里唤起快乐。②

四、莱辛伦理学中的理性主义与感性主义

认为莱辛不属于理性主义传统的最有力的证据，可能来自他的悲剧理论。在他与尼克莱、门德尔松关于悲剧的著名通信——从 1756 年 7 月持续到 1757 年 5 月——里，莱辛主张一种传统的亚里士多德式观点，即悲剧的主要目的是促进道德。不同于尼克莱强调悲剧的主要目的只是唤起情感，而不管其道德效果，③ 莱辛认为，情感的唤起只是实现道德目的的手段。他进一步指出，悲剧最好能够通过唤醒一种特殊的激情即怜悯（*Mitleid*）来达到

260

---

① Stück 49, October 13, 1767, DKA VI, 423.

② See *Laokoon* DKA V/2, 25, 99–100.

③ See Friedrich Nicolai,"Abhandlung vom Trauerspiele", *Bibliothek der schönen Wissenschaften und der freyen Künste* 1（1757）, 17–68.

它的道德目标。在莱辛看来，由悲剧唤起的其他情绪，如钦佩或恐惧等，都只是怜悯的插曲或一个方面。莱辛如此看重怜悯，是因为他视怜悯为"所有社会美德与善举"的基础。那些最容易产生怜悯之情的人是最道德的人，因为他们对他人的福祉最为敏感。于是，莱辛让怜悯成为他的伦理学的主要准则："最具怜悯心的人，就是最好的人（*Der mitleidigste Mensch ist der beste Mensch*）。"①

莱辛赋予怜悯的重要价值，被认为是他违背莱布尼茨和沃尔夫理性主义伦理学的证据，也是他忠诚于哈奇森和卢梭感性主义伦理学的证据。② 对于支持这种解释的人们来说，莱辛在与尼克莱、门德尔松通信期间，还翻译了卢梭的第一篇论文和哈奇森的《道德哲学体系》（*System of Moral Philosophy*），这并不令人感到意外。据说，莱辛开始受到卢梭和哈奇森的影响，是他们启发他强调情感在道德行为中的作用。③

我们该怎样看待这种解释？莱辛在他的道德观和美学观方面真的是一个十足的感性主义者？如果真是这样的话，我们完全有理由把莱辛排除在理性主义传统之外。但是，当进一步仔细考察这些资源，我们会发现，莱辛虽然确实与感性主义有密切关联，但他最忠诚的，还主要是理性主义传统。问题

---

① Lessing to Nicolai, November 1756, DKA XI/1, 120.

② 约亨·苏尔特-萨瑟（Jochen Schulte-Sasse）在他编辑的与莱辛相关的 *Briefwechsel über das Trauerspiel*（Munich: Winckler, 1972, p.203）中宣称，莱辛的心理学是"对理性主义形而上学的毁灭"。尤其是汉斯-尤尔根·西恩斯（Hans-Jürgen Schings），他在 *Der mitleidigste Mensch ist der beste Mensch: Poetik des Mitleids von Lessing bis Büchner*（Munich: Beck, 1980, pp.22–45）中，作为皮特·米歇尔森（Peter Michelsen）的批评者，更加明确地把莱辛置于非理性主义传统中。见 Michelsen, "Zu Lessings Ansichten über das Trauerspiel im Briefwechsel mit Mendelssohn und Nicolai", *Deutsche Vierteljahrschrift für Literaturwissenschaft und Geistesgeschichte* 40（1966），548–66。米歇尔森在这篇论文的 1990 年版的"后记"里回应了西恩斯。见 "Die Erregung des Mitleids durch die Tragödie" in *Der unruhige Bürger: Studien zur Lessing und zur Literatur des achtzehnten Jahrhunderts*（Würzburg: Königshausen & Neumann, 1990），pp.107–25。

③ See Schings, *Der mitleidigste Mensch*, pp.25–33.

的关键，在于确定莱辛在**哪些方面**是理性主义者，在**哪些方面**又是感性主义 261
者。我们在这里一定不要把莱辛置于非此即彼的范畴，不要用非黑即白的简
单术语描述他。①

为了评估这种解释，我们首先要对哈奇森的感性主义有个比较清晰的看
法。哈奇森感性主义伦理学的基本原则是：感性而非理性才是道德和审美价
值的基础。但是，这样一种原则是含糊不清的。感性可能是道德和审美判断
的**理由**（reasons），也可能是道德和审美活动的**原因**（causes）。换句话说，
它们可能是为道德行为**辩护**的必要条件，或者是**实行**道德行为的必要条件。
这些角色是有区别的：拥有一种感性，可能对合乎道德地行动或发展出一种
道德性格的人来说是必要的，但在为他们的行动和性格**辩护**时，却并不是必
要的。比如说，我打算成为一个乐善好施的人，打算去做善事，那么我就有
必要发展出一种同情不幸之人的感受；尽管如此，只是拥有这种感受，还不
足以辩护我对他人的善行。只是因为不能搞清楚这一区分，关于莱辛伦理学
和悲剧理论的研究已经出现了很多混乱。②

哈奇森的感性主义，最好被理解为一种特别的唯意志论（voluntarism），
也就是这样一种教义，即意志是道德价值的终极根源。根据唯意志论，某种
东西之所以是好的，是因为我们意愿它；我们不意愿某种东西，是因为它是
不好的。如果没有意愿，就根本没有价值，也没有什么道德或审美。于是，

---

① 关于莱辛对待理性主义与感性主义的立场，其他学者尝试站在一个中间立场上。见 Heit-
ner, "Rationalism and Irationalism in Lessing"。海特纳认为莱辛把他思想中的理性主义和非
理性主义两条线编织成一个整体。比照 H. B. Nisbet, "Lessing's Ethics", *Lessing Yearbook*
25（1993），1–40。尼斯百特坚持认为，莱辛伦理学是理性主义与感性主义的矛盾混合物。
我赞同海特纳而非尼斯百特，在莱辛的一般立场中看不到什么前后不一致的地方。

② 尼斯百特（Nisbet）就混淆了这种区分，他曾经论证莱辛的悲剧理论"不可能轻易就和沃
尔夫的伦理学无缝连接，在后者那里，激情被描述和批判为错误和混乱的根源"（"Less-
ing's Ethics"，p.4）。莱辛宣称悲剧能够引发激情**完成**道德使命，这和作为对这种道德使
命的明智认识的理性完全一致。尼斯百特对莱辛思想一致性的指控，依赖于对这种区分
的模糊化。

理性只能决定道德行为的手段，而绝不会决定道德行为的目的。^①哈奇森感
性主义的独特之处在于，它尝试把意志局限于人性中持续而普遍的感性，即
自卫本能或爱中。这样的感性或情感，是我们的欲望的基本表现或显现，并
因此充当道德价值的标准。

如果我们这样理解感性主义，并且如果我们能够牢牢记住这一基本
特征，那么我们就有理由认为，在理性主义与感性主义的争执中，莱辛持
一种中间立场。他是一个理性主义者，是因为他忠实的是理性主义的基本
原则，即理性而非感性才能够为道德和审美判断提供**辩护**。尽管如此，他
也是一个感性主义者，因为他主张感性是道德行为的必要**根源**，是道德品
质的必要元素。莱辛之所以会持这种中间立场，是因为他和18世纪中期
的大多数启蒙思想家一样，认为理性尽管可以提供用以辩护我们行为的原
则，但人们通常更多地根据他们的情感或倾向来行动。人们主要还是一
种情感存在，更多地根据情感而非理性来行事。启蒙的重要使命是教育
民众，于是，民众发展出了**道德**情感和倾向，并且对道德行为表示同情。
这样，如果说莱辛是理性主义者，那是因为他对道德和审美价值的**辩护**，
如果说莱辛是感性主义者，那是因为这些道德和审美价值在人类行为和
品质中得到了**实现**和**执行**。这样一种立场完全不矛盾，尽管它是折中主
义的。

根据莱辛对道德和审美判断的**辩护**而视其为理性主义者，这应该没有任
何问题。他对理性主义的忠诚，表现在《汉堡剧评》这段很有说服力的话
里："真正的批评家不是从他的趣味中获取规则，而是根据规则形成自己的

---

① 见 Hutcheson, *A System of Moral Philosophy*, Book I, chap. iv, sec. iv, in *Collected Works*
（Hildesheim: Olms, 1969），V, 58："显而易见，对于我们的感知或意志的终极决定来说，
理性只不过是一种实现这一决定的辅助力量。终极目标，由一些感觉，由意志的决心来
设定……理性只能用于决定手段；或者在两种已经被其他直接的力量先期设定的目标之间
作选择。"也参见 Hutcheson, *Illustrations of the Moral Sense*, ed. Bernard Peach（Cambridge,
Mass.: Harvard University Press, 1971），pp.121–3, 210–11。

趣味，而规则是事物的本性所需。"① 类似的理性主义基本观点出现在《论人类教育》（*Die Erziehung des Menschengeschlechts*）中，在那里莱辛写道，天启不可能揭示任何东西，这些东西只有通过理性本身才能得到确定（§4；X，75）。尽管比起纯粹的理性，天启能够更快、更稳固地教育我们，但它本身并非知识的直接根源；确实，能够为天启作辩护的，就在于它的戒律符合理性。同样有说服力的一点是，莱辛用一种沃尔夫伦理学的基本标准来衡量历史进步，那就是可臻完善性（perfectibility）。

莱辛至少持一种和感性主义者类似的观点，即情感在道德判断的**实行**中起着作用，这也是没有任何问题的。在他的戏剧中，他经常把道德决定与行为描述为来自自发的情感而非深思熟虑的理性。② 在《汉堡剧评》中莱辛宣称："所有的道德都必然来自内心的丰富……"③ 他在《论人类教育》中指出，人们之所以在他们的道德教育中需要宗教启示，是因为他的行动所依据的主要是情感和倾向而非理性（§§79—80；X，95）。正是由于人们的情感经常受到自我利益的引导，所以他们才会需要神性奖惩的宗教教义，以确保他们的行为符合道德。只有在世界历史最后的理想舞台上，人性教育接近完成之时，人类才能做到仅仅依据理性行动，才能仅仅因为事情本身是好的而去做它，而不是出于个人利益才去做它（§85；X，96）。

一些学者在莱辛关于激情在道德判断实行中扮演一定角色的主张中，完全没有看到莱辛有背离理性主义传统的倾向。④ 在他们看来，这不是莱辛忠诚于感性主义的证据，因为在这一方面，莱辛与高特谢德这个理性主义美学的主要代表之间，没有多少差别。他们指出，早在莱辛之前很

263

---

① *Hamburgische Dramaturgie*, Stück 19, DKA VI, 275.

② 这一点曾经被尼斯百特（"Lessing's Ethics"，p.8）和海特纳（"Rationalism and Irrationalism in Lessing"，pp.100–2）强调过。

③ *Hamburgische Dramaturgie*, "Drittes Stück"，DKA VI, 197.

④ See Michelsen, *Der unruhige Bürger*, pp.126–7.

久，高特谢德就已经发展出一套审美教育计划，其目的就是通过艺术训练人们的情感和欲望，使他们能够根据理性原则行事。这样一套计划假设情感与欲望是支配人类行为的基本力量。我们可以从这一立场出发走得更远一些，因为在这一方面莱辛和其他众多理性主义者之间没有差异。到了 18世纪 50 年代，审美教育理想已经成为理性主义传统的重要组成部分；类似的计划可以在鲍姆加登、迈耶和门德尔松那里发现，他们一点也不亚于高特谢德。

然而，整个问题其实还要更复杂一些，因为审美教育计划本身标志着对沃尔夫伦理学的有重要意义的发展，而后者是伦理理性主义的纯粹版本。如果我们把沃尔夫而非高特谢德视为理性主义的基准，那么莱辛确实离开了理性主义传统。那么，审美教育是如何超越沃尔夫的绝对理性主义的？在他《对人的行动与需求的理性思考》（*Vernunfftige Gedancken von dem menschlichen Thun und Lassen*）即所谓的《德意志伦理学》（*Deutsche Ethik*）中，沃尔夫曾经强调指出，感官、情绪和想象会在我们进行道德判断时欺骗我们，而且它们的混乱会导致我们偏离自然法则（§§180—4；I/4，109—13）。沃尔夫宣称，感官、情绪和想象的主宰，是人的奴隶身份的根源，只有那些能够超越这些主宰的人，才是自己的主人。沃尔夫不仅没有视激情为可以训练和教化，从而能够支持道德行为与品质的东西，反而更多视之为障碍物、绊脚石或危险的东西。于是，我们可以公正地说，沃尔夫并没有审美教育这样的概念。贯穿他的整个伦理学的，只有一条深深的斯多葛主义沟壑，后者强调发展理性以主宰和控制情感的重要性。

莱辛坚持情感在道德原则的实行中——如果不是在对道德原则的辩护中——所扮演的角色，我们从中可以看到他与感性主义立场的**密切关系**。但是，我们不能因此就说他完全受到了感性主义的实际**影响**。认为莱辛受到哈奇森或卢梭启发，在他的戏剧理论里强调怜悯的道德价值，这是令人怀

264

疑的。哈奇森从未在其道德哲学中强调过怜悯的角色重要性，① 也没有像后来的卢梭那样赋予怜悯如此重要的意义。尽管莱辛曾经在 1751 年——在他 1756 年 11 月写信给尼克莱之前——评论过卢梭的第一篇论文，但他在 1756 年曾经向门德尔松承认，他从未仔细阅读过而"只是粗略浏览过（*durchge-blättert*）"第二篇论文。② 但只是在第二篇论文中，卢梭才提出了他的怜悯理论。无论如何，莱辛的道德教育观点与卢梭不相干。在其早期评论中，莱辛反对卢梭的论点，即文化本身会败坏道德。③ 莱辛坚持认为，科学与艺术是促进还是败坏道德，完全依赖于我们如何使用它们。当后来莱辛主张悲剧是一种塑造感性的潜在力量时，他已经预设了这样一个观点，即艺术确实能够支持道德。

　　尽管在莱辛与感性主义传统之间只有一些关联而非实际影响，但比起莱辛的信仰，即至少在我们的道德发展的目前阶段，情感是道德责任实行的必要条件，这些关联确实没有走得更远。在所有其他方面，莱辛依然明确坚守着理性主义传统。最能说明这一点的，是他对理性主义情感理论的忠诚。不同于感性主义传统只是视情感为来自意志的激动状态，理性主义传统坚持认为，它们也是认知状态，尤其是对完善的模糊感知状态。根据沃尔夫的《形而上学》，情感（*Affekt*）存在于可认识的感官意欲与厌恶中（§439；I/2，212）。因此，沃尔夫承认意志在情感中的角色；但是不同于感性主义者，他让意志转而依赖于认识。欲望来自快乐，后者存在于对完善的感知中；而意志来自不快，而不快来自对不完善的感知（§404；I/2，247）。沃尔夫对怜

265

----

① 确实，在 *A System of Moral Philosophy*（Book I, chap. 3, sec. v）中，哈奇森主张所有种类的情感都**不是**来自同情或怜悯。对哈奇森来说，最为基本的道德激情是爱或仁慈，而它们在莱辛伦理学中似乎没有一席之地。

② See Lessing to Mendelssohn, January 21, 1756, DKA XI/1, 88. 这一点曾经被米歇尔森（*Der unruhige Bürger*, p.131）指出过。

③ "Das Neueste aus dem Reiche des Witzes", Monat April 1751, DKA II, 64–80.

悯的解释符合这些一般规则。怜悯建基于爱，爱来自快乐，而我们在他者的幸福与完善中得到这种快乐（§449；I/2，276—7）。如果我们所爱之人遭遇了不幸，我们就会有怜悯之情（*Witleid*）。当我们感到怜悯时，我们把别人的悲哀或痛苦当作自己的悲哀或痛苦；根据德语词源学，我们确实在和他们一起受苦，他们的不幸就好像发生在我们身上那样（§461；I/2，282—3）。但是为了能够感受到这种关于他们的怜悯之情，我们必须首先有爱他们的理由；而只有在对他们生命或品质的完善或卓越的感知中，我们才能找到爱他们的理由。如果某人是个十足的混蛋，没有什么完善的品质，他就不值得我们去爱，因此也不值得我们同情。

从莱辛与尼克莱、门德尔松的通信中，我们可以明显看出他赞成沃尔夫的理论。他在有些地方明确指出，怜悯涉及对遭遇不幸之人的完善的感知。比如说，他曾经写道："伟大的怜悯，不可能与怜悯对象的伟大完善无关……"① 确实，莱辛至少在两个地方明确指出，我们不可能对缺乏好品质的人产生怜悯之情。比如说，当乔治·李洛《伦敦商人》中的表兄被谋杀时，我们不会怜悯他，因为他没有什么好的品质。② 最后，莱辛根据严格的理性主义原则对怜悯进行了分类：令人同情的（*Rührung*），叫人落泪的（*Thränen*）和让人担心的（*Beklemmung*）。令人同情的怜悯，只是来自对某人的不幸和美德的抽象感知；叫人落泪的怜悯，来自一种清晰而模糊的感知；而让人担心的怜悯，来自一种清晰而明确的感知。③

在莱辛的通信中有一段令人吃惊的话，其中似乎显现出了莱辛对理性

---

① See Lessing to Menselssohn, December 18, 1756, DKA XI/1, 145. 比照莱辛1756年11月13日写给门德尔松的信（XI/1, 123）："所有伴随眼泪的惋惜，都是对失去的善的惋惜。"还有莱辛1756年11月28日写给门德尔松的信（XI/1, 129）："怜悯和惊愕一同出现，也就是说，它来自一种被最终和突然发现的美好品质。"

② See Lessing to Menselssohn, December 18, 1756, DKA XI/1, 152. Cf. Lessing to Menselssohn, November 28, 1756, DKA XI/1, 131.

③ Lessing to Nicolai, November 29, 1756, DKA XI/1, 134–6.

主义理论的拒绝。在 1756 年 12 月 18 日给门德尔松的信中，莱辛写道，诗人究竟是否欺骗了我的知性，让我对不值得怜悯的人产生了怜悯之情，这并不重要；诗人只要让我的心灵入了迷，就算实现了他的主要目标（XI/1，149）。这段话曾经被人们拿来证明莱辛就像一个真正的感性主义者那样，重视情感，胜过重视理性意识。[①] 但是这段话需要放在它的语境中。莱辛在这里说的是，悲剧应该教会我们如何怜悯，而不仅仅是对某个特殊的事或特殊的人感到怜悯。于是，在**某个特殊的事**那里，诗人是否欺骗了我，是否让我对这个那个并没有完善品质的特殊的人产生怜悯之情，这些都不重要；只要这能够发展出对某种好的东西产生怜悯这种**一般能力**。然而，这不是说这种性情一般来说或总是能够被引向不完善的对象。换句话说，莱辛允许这个要求我们对有好品质之人怜悯的规则存在例外；他不主张的规则是，我们应当培育对好人坏人一视同仁的怜悯之情。

266

五、《拉奥孔》：主题与归纳式论证

理性主义传统中的经典文本之一——它的声名与兴趣已经超越了这一传统——就是莱辛的《拉奥孔，或关于诗与画的界限》（*Laokoon, oder über die Grenzen der Malerei und Poesie*），它首次出版于 1766 年。就像该传统中的许多小册子一样，《拉奥孔》尝试建立一种稳固的批评基础；它也寻求批评家据以判断艺术作品的基本规则。在这方面，莱辛的著作与其他理性主义前辈们——高特谢德、博德默、布莱廷格、鲍姆加登和门德尔松——的努力没有什么差别。但是，在莱辛的文本中有一种新的东西出现了，它把讨论引向和引进了新的领域。它的核心问题不再是确定各种艺术的通用规则，而是各种艺术间的特殊差异。不同于前辈们尝试发现所有艺术背后

---

① Shings, *Der mitleidigste Mensch*, p.40.

的单一基本规则，莱辛想要确定的是这一基本规则如何在个别艺术里体现。莱辛承认模仿是所有艺术的唯一目的，但他还想知道模仿在不同艺术中的不同表现形式。

莱辛在《拉奥孔》中的基本观点是，每一种艺术都有独特的目的与媒介，而每一种艺术也只能根据这些独特的目的与媒介来判断。我们不要期待一种艺术做另一种艺术的工作，而是根据其目的与实现其目的的工具来判断每一种艺术。在其早期手稿里，莱辛曾经非常简洁地概括了这一论点：

> 我所主张的只是，一种艺术的目的，是只有这种艺术才能和它奇妙相称的目的，而不是那种其他艺术也能实现或实现得更好的目的。我发现普鲁塔克有一个比喻可以很好解释这一点。他说道："谁想要用钥匙劈木头，用斧头来开门，就不仅会破坏这两种工具，还会剥夺它们的用途。"（V/2, 318）①

267

不像高特谢德、博德默、布莱廷格和鲍姆加登，对莱辛来说，批评有一个非常不同的哲学任务。他同意前辈们的观点，即哲学家的任务是确定艺术的一般原则，而批评家的任务是把这些原则应用于特殊的例子。但是对莱辛来说，对一般原则的应用还强加给批评家一项任务，而这项任务，他并没有和哲学家共同承担。也就是说，批评家的工作是去观察一般原则应用于不同艺术时所呈现的不同意义。于是，在哲学家需要的是发现事物相似性的**睿智**（wit）的地方，批评家需要的是确定事物差异性的**敏锐**（acumen）。莱辛强调，敏锐是一种更为珍贵的能力。因为每五十位具有睿智的批评家中只有一

---

① see *Paralipomena* 20："一种美的艺术的恰当目标，只能是它在没有其他艺术的帮助下创造出来的东西。"（DKA V/2, 295）

位具有敏锐。①

《拉奥孔》不是一部关于所有不同艺术的一般美学，而只是一种探讨如何区别不同艺术的案例研究。于是，正如书名所暗示的那样，莱辛在《拉奥孔》中的目标，只是去确定两种自由艺术——诗与画——的不同，其中画（Malerei）需要被广义地理解为包括一切视觉艺术，如雕塑、陶器和绘画。但是，即使是在这种大小适度的任务里，莱辛也有适合他的工作要做。因为他的论点是相当具有争议性的。它完全不同于一种陈旧的古典传统，后者把诗与画视作相同的东西。根据西莫尼德斯的著名格言，画是"沉默的诗"，诗是"言说的画"。贺拉斯的名言"诗如画（Ut pictura poesis）"，正是在这种意义上被持续引用与理解。这种古典理论在 18 世纪并未消失，最近又被约瑟夫·斯彭思（Joseph Spence）在其《泡里麦提斯》（Polymetis，1747）中，以及康特·克利勒斯（Count Craylus）在其《从〈伊利亚特〉中找出的一些画面》（Tableu tirés de l'Iliade）（1757）里提及。这两本书恰好成为莱辛在《拉奥孔》中的主要攻击目标。但是，莱辛采取的是一种更为根深蒂固的观点，一种更接近终点的观点。因为没有谁比理性主义者更努力重建古典理论。这确实是博德默、布莱廷格和鲍姆加登的诗学本质；温克尔曼也诉诸这种理论以辩护关于视觉艺术与诗的比较的声明。尽管在《拉奥孔》中从未直言说明，但莱辛也确实有意或暗示性地批评了理性主义传统本身。

268

《拉奥孔》是最早攻击当代批评的滥用的，莱辛暂时称后者为"后批评（Afterkritik）"。他曾经指出，这种如此流行的批评所存在的问题，是批评者并不从每一种艺术自身出发，不根据每种艺术的特殊目的及其媒介的独特品

---

① 莱辛比较过"睿智的（witzige）"和"敏锐的（scharfsinnige）"（Kunstrichter）（165）。这里，他沿用的是沃尔夫在睿智（Witz）和敏锐（Scharfsinnigkeit）之间所作的区分，根据这一区分，睿智决定事物之间的类似之处，敏锐发现事物之间的差异之处。在 Steel 版和 McCormick 版的翻译中，这种区分都被模糊掉了。

质来判断它们。他们期待一种艺术符合另一种艺术的规则与目的；而这些规则会导致严重问题：某种艺术的潜能被不必要地限制，而它的局限性又被过分夸大。但是，莱辛明确指出，问题不仅是批评的问题，还是创造的问题；批评家和艺术家都会被关于艺术的错误理解所误导。于是，《拉奥孔》也批判了流行于当代诗与画中的主要趋势。其中之一就是描述性诗歌（*poetische Gemälde*）在哈勒（Haller）、布鲁克斯（Brockes）、克莱斯特（Kleist）和盖斯奈（Geßner）笔下的疯狂传播。另外一种，就是寓言性绘画在洛可可画家那里成为时尚。当莱辛提及这些趋势时，仿佛它们都患上了退化性疾病，他（分别）称它们为热衷于描绘的（*Schilderungssucht*）和用讽喻方式描绘的（*Allegoristerei*）。

从莱辛在《拉奥孔》序言中对自己意图的解释来看，他似乎是在为每一种艺术争取自律和完整的权利。他的主要立场似乎是他的一般论点，即每一种艺术都应该根据它自己而非其他艺术的目的和媒介来判断。这样一种论点看上去会支持一种所谓"艺术的天然平等原则"[1]，这种教义强调每一种艺术都是凭借自身而有效的，而且没有一种艺术比另一种更好。这一原则似乎就是莱辛本人这本小册子的核心精神所在，也被人们认为是莱辛对美学的主要贡献。[2] 但我们需要看到的是，尽管这一原则至少从广义上理解确实是莱辛论点的一种倾向，但它实际上与莱辛的实践和内在意图格格不入。莱辛不仅没有因为每一种艺术自身而尊重它们，反而谴责了像风景画、历史画和肖像画这些门类的艺术；他不仅没有仔细区分雕塑与绘画，还把它们混在一起，仿佛它们之间没有区别。莱辛的一般论点与他的具体表现之间的矛盾似乎完全让人无法理解，直至我们认识到这是莱辛有意为之的。[3] 莱辛的真实目标

---

[1] 这一短语出自 Hume, "Of the Standard of Taste", in *Essays, Moral, Political and Literary* (Indianapolis: Liberty Fund, 1985), p.231。

[2] 例如，参见 Hettner, *Geschichte* I, 736。

[3] 在本章第六、七部分，我们将会详细解释莱辛的原则与计划之间的矛盾之处。

不是支持一种天然平等原则，而是为了维护理性主义的美艺术等级制，后者根据各种艺术的理性内容和模仿力来为它们排序。这样一种等级制，把诗置于序列的顶端，更是把戏剧诗置于顶端的顶端，而把视觉艺术——被视觉表现占据，受手工实践拖累——置于序列的末尾。没有什么比这更能体现莱辛的理性主义偏好了。

269

忠实于其总目标，莱辛在《拉奥孔》全书中都在谈论诗与画各自的局限性与能力。然而，我们需要注意的是这些论证的准确意图和结构，它们经常被人误解。莱辛艺术分类这一论点的基础是，他主张每一种艺术都应该有其独特的主题，比如说，画应该再现静止的身体，而诗应该再现行动。初看上去，莱辛为这一论点展开的论证，似乎完全建立在各种艺术符号或媒介的技术品质之上，比如说，由于画的符号位于空间中，它就应该再现静止的身体；由于诗的符号位于时间中，它就应该再现行动。但是，进一步的考察会让我们发现，莱辛的论证从未**完全**建立在艺术符号或媒介的性质之上。他认识到画家具有描述行动的技能，诗人也具有描述身体的技能。所以，问题的关键绝不仅仅是媒介的物理特征或艺术家的技能。对莱辛来说，问题的关键在于，利用既有的技能与媒介性质，艺术家能否有效实现其艺术目标。于是，在第24章的开头，莱辛就对艺术家凭借技能所作的东西，与他必须在其美艺术中实现的东西，作了重要的区分（V/2，169）。他在早期的草稿中也说过类似的话："批评家不仅要关注艺术的能力，还要关注艺术的目的。"（V/2，268）于是，莱辛的论证不仅建立在媒介性质的基础上，还建立在艺术如何完美实现目标的基础上。美艺术的主要目标，是给观众创造快乐，这是莱辛没有任何论证或解释就确立的基本原则（25，225）。于是，问题就变成了如何完美使用媒介来创造这样的快乐。关于艺术门类的论证因此就成了形式上的前提：如果艺术家想要实现其艺术目标，如果他希望他的艺术效果在观众那里能够得到最大化，那么他就必须以某种方式使用媒介，必须选择特定的主题。

在前言部分，关于自己的方法论，莱辛只是提供了少许线索。他说道，他的方法将会是经验性和临时性的，而非系统与严密的。他没有从定义和严密的推论开始，而是故意根据他发现它们的顺序展示了自己的思想。由这些思想组成的，更像是一本文选（*Collectanea*），而非正式的书籍。莱辛嘲笑鲍姆加登那样的体系化野心，后者只不过是尽其可能地延伸了一些定义而已（15）。不过，我们一定要注意，对莱辛的这一声明我们不可太认真对待，好像它已经拒绝了理性主义的方法论原则。《拉奥孔》的第一份草稿，根据一种演绎法展开；而在正式出版的《拉奥孔》的第 16 章，莱辛仍然使用着这种方法。莱辛的方法不是纯粹的归纳法或演绎法，而是两种方法的混合。它开始于对艺术作品的观察，这些作品通常被视为杰作；然后，它追溯至更高的原则，来尝试解释这些观察。这里明显存在着与自然科学方法的类似之处，尽管我们不清楚莱辛是不是在有意模仿自然科学。①

遵循归纳法，莱辛的小册子以温克尔曼关于拉奥孔雕塑的著名描述作为开端。根据温克尔曼，拉奥孔呈现了所有希腊雕塑的共同特征，即"高贵的单纯和静穆的伟大"。② 莱辛具有和温克尔曼相同的新古典主义趣味，承认温克尔曼的描述非常准确：尽管非常痛苦，拉奥孔的脸没有表现出扭曲，而只是表现出镇静与克制（17—8）。和温克尔曼一样，莱辛也震惊地发现，拉奥孔只是在轻微呻吟，而非大声嚎叫。这之所以令人震惊，是因为看到被蛇缠绕濒临死亡的人，人们希望他们会尖叫起来。因此对于莱辛来说，至关重要的问题就是：拉奥孔为什么没有尖叫？

①　狄尔泰（Dilthey）宣称，莱辛的《拉奥孔》是"对德国思想不同领域的精神现象进行分析的首要例子"，并且认为，莱辛所用方法与自然科学方法的类似，并非偶然为之。参见其"Gotthold Ephraim Lessing"（in *Das Erlebnis und die Dichtung, Zweite Auflage,* Leipzig: Teubner, 1907），pp.37–8。关于这种解释，狄尔泰很少提供文本依据。

②　见本书第六章第四部分。

在考虑莱辛对这一事实的解释之前，人们可能会问这究竟是不是事实。这难道不是对一种事实的**解释**？莱辛和温克尔曼的共同起点，似乎违背了他们的新古典主义趣味，即反对艺术作品再现极端、过分的情感。莱辛非常聪明地写道："我们能从艺术作品中发现美的东西，靠的不是眼睛，而是从眼睛得来的想象力。"（V/2，61）这导致一个问题的产生，即别人的想象力是否在这一雕塑里看到了不同的东西。很明显，有些人就在拉奥孔的表情里看到了尖叫而非呻吟。[①] 于是，莱辛的论证似乎进入了循环：他不再把艺术作品当作趣味的基础，而是把趣味解读进了艺术作品。

不管温克尔曼的描述价值如何，莱辛都把它作为自己考察的起点。尽管他同意拉奥孔是在呻吟而非尖叫，莱辛还是质疑温克尔曼对这一明显事实的解释。温克尔曼从希腊人的**民族精神**（*ethos*）中寻找原因。他在《古希腊雕塑绘画沉思录》中写道，希腊雕塑家和哲学家拥有同样伟大的灵魂；而雕塑家赋予大理石的，也正是这种伟大的灵魂。"灵魂的伟大"来自自律、中庸、自制的伦理，这种伦理受到亚里士多德和斯多葛派的珍视。但是，莱辛却认为，这些不可能是希腊的**民族精神**。因为，如果阅读希腊诗人——尤其是荷马和索福克勒斯——的作品，我们会发现，他们乐于描述痛苦和不幸。索福克勒斯的英雄们在遭遇痛苦时会喊叫；荷马的勇士们在受伤时会嘶嚎。无论如何，莱辛都质疑温克尔曼关于希腊**民族精神**的解释。他认为，希腊人不像现代人或古代的野蛮人，他们并不怕表达自己的感受，他们认为这是他们的人性的重要组成部分（20—1）。

莱辛宣称，拉奥孔并不尖叫的真正原因，与希腊人的伦理学毫无关系，而与希腊人的美学密切相关。希腊美学严格限制视觉艺术，禁止它们描述丑陋或平庸的对象。他们的美学的最高法则就是美，这意味着，视觉艺术只能

271

[①] 　一些批评家就在拉奥孔雕像里发现了极度的痛苦。关于这些批评家的反应，见 Margaret Bieber, *Laocoon*（New York: Columbia, 1942, pp.15–17）。

再现具有令人愉悦的视觉形式的东西（22）。莱辛认为，正是这一法则，禁止希腊雕塑家描绘尖叫的拉奥孔。因为如果拉奥孔在尖叫，他的脸一定会扭曲，也一定会变得丑陋。痛苦的嘶嚎，莱辛说道，"会以一种令人恶心的方式损毁脸的形象"（29）。

美实际上是画的品质而非主题，用这一观点来反对莱辛的论证，应该很有意思。初看上去，莱辛的论证混淆了美丽的画和关于美丽对象的画。一旦我们承认这种区分，莱辛的解释就会土崩瓦解，因为这样的话，下述两种情况就**都**是可能的了：希腊人视美为视觉艺术的目标，以及希腊人允许对丑陋对象的描述。但是，莱辛完全意识到了这种区分，[①] 他早从鲍姆加登和门德尔松那里认识到了这些。尽管如此，他明确拒绝把这种区分应用于古希腊人。他仔细解释道，希腊人想要的，不仅仅是关于丑陋或平庸之人的美丽绘画；他们还需要关于美丽对象的美丽绘画（22，31）。莱辛认为，现代画家的典型特征在于，他不再坚持这一额外的要求，而尝试创造关于平庸对象甚至是丑陋对象的绘画。

对莱辛来说，对美丽主题的古典要求，更是相关于古典希腊趣味的历史事实。它还反映了所有视觉艺术的基本原则。他坚持认为，古希腊人主张模仿和模仿的主题都应该美，这是完全正确的。莱辛关于这个富有争议的观点的论证，只是在第2章中得到了某种模糊的表现，并且表现为下述形式：（1）艺术的目的是尽可能地愉悦观众；（2）相较于丑陋的对象，观众更容易从美丽的对象那里获得快乐；（3）因此，艺术的目的就是去模仿美丽的对象。与之相应，艺术家应该避免模仿丑陋的对象。莱辛并不否认，也可能存在关于丑陋对象的完美绘画，而且这些绘画由于其完美也会带给观众**一些**快乐。他只是在说，这样的画不可能**完全实现**艺术的目的，因为相较于以美丽对象为

---

① 在 *Paralipomena*（3，V/2，227–8）中，这一点表现尤为明显，莱辛在那里明确指出了这一区分。

272

主题的绘画，它们创造不出那么多的快乐。①

　　只是到了《拉奥孔》的第14章和第15章，这种论证的一些前提才被澄清，正是在那里，莱辛才开始解释丑陋为什么不应该是艺术的对象。他认为，不管是在现实中还是在模仿中，丑陋的完美形式都不会令人愉悦。我们不想在自然或绘画中看到一个瑟赛迪斯——荷马《伊利亚特》中的丑陋的反英雄（169—70）。我们不能仅仅通过对丑陋的模仿能力，就可以把形式的丑陋带进快乐的感觉。无论我们怎样被模仿的品质所愉悦，无论模仿如何接近它的对象，我们永远不会从丑陋的形式本身那里带到快乐。莱辛并不否认许多令人不快的感受也能给人快乐，至少通过模仿变得不再有伤害性。比如说，由悲剧唤起的恐惧与怜悯，之所以能够愉悦我们，仅仅是因为它们只是模仿。但是，他仍然否认这与形式的丑陋问题有关。他是那样渴望从视觉艺术中消除形式的丑陋，以至于他把它和恶心感（Ekel）关联在一起。门德尔松曾经写道，恶心感是绝不可能通过艺术传递出快乐的情感之一；但他只是把恶心感限定于嗅觉、味觉和触觉方面的感受。② 莱辛同意门德尔松，认为恶心感不可能通过艺术变得令人愉悦；但他还认为，这种感觉并不局限于嗅觉、味觉和触觉，还可以扩展至视觉。他举了一些令人惊讶的例子，比如完全没有　273
眉毛，唇裂，脸上的伤疤等（173—4）。

---

①　莱辛的论证并不意味着他要把一幅画的美和这幅画的主题的美等同起来，也不要求相信它们之间存在内在关联。我自己对莱辛论证的解释，尽量避免安东尼·萨维尔（Anthony Savile）在 *Aesthetic Reconstructions*（Aristotelian Society Series 8. Oxford: Blackwell, 1987, pp.4–18）中给出的解释所存在的明显问题。萨维尔宣称，莱辛致力于这种等同，因为他坚守模仿原则（10）。但是，莱辛究竟是否以这样一种不合格的形式坚守这一教义，从而推断模仿的**所有**品质都必须类似于被模仿对象的品质，这是很成问题的。在《汉堡剧评》第70节（*Hamburgische Dramaturgie*, DKA VI, 532, 534），莱辛指出，模仿带给人快乐，只是凭借一种抽象行为，只是因为创造了一种人工秩序，它与自然秩序没有如何相同之处。

②　See *Briefe, die neueste Literatur betreffend*, no. 82, February 14, 1760, *Jubiläumsausgabe*, V/1, 131–2.

不管这些前提如何可信，莱辛的论证还存在一个问题。他的目标是建立某种关于**视觉**艺术的真理；但是上述论证的范围无疑太宽了，因为它似乎是在说**所有**艺术都应该避免丑陋的对象。如果诗歌拿某种丑陋之物作为对象，那也会有损它的完美。莱辛明显意识到这一问题，并且在第4章和第23章作出了回应。在这里，他承认诗歌不像绘画与雕塑，可以拿形式的丑陋作为对象。尽管画家或雕塑家不能描述拉奥孔的尖叫，但诗人可以让他的拉奥孔仰天长啸。这是为什么？在第4章中，莱辛解释道，因为诗歌不像绘画与雕塑，它处理的不是一个瞬间，而是一个贯穿所有瞬间的完整动作，它可以包含某种丑陋的环节，只要它是整个动作中的一个瞬间（35）。当丑陋是一个大的整体中的一部分时，丑陋的不良效果就会得到缓和与平衡；确实，通过对比，它还额外刺激和丰富了对整体感知的快乐。在第23章里，莱辛指出，有些时候，诗人会发现有必要把丑陋作为他的作品的必要组成部分（165）。这些时候，正是诗人想要唤起荒诞或恐怖这些混合性感受的时候。

不管莱辛在第2章的论证最终效果如何，他又在第3章就画家与雕塑家为何不能再现拉奥孔的尖叫展开了新的论证。不同于第一种论证依赖于美的概念，第二种论证完全避免涉及这一概念。现在，莱辛的推理如下：由于视觉艺术只能再现存在于一瞬间的东西，而且由于它们只能再现这一瞬间的某一方面，画家或雕塑家就只能选择那内容最"丰富的"或最具"包孕性"的瞬间。内容最丰富或最具包孕性的瞬间，是允许想象力的"自由游戏（*freies Spiel*）"的瞬间（181）。当观察与思考互相促进时，这种自由游戏就起作用了，以至于我们对对象想得越多，我们就能在对象那里看到更多；而我们在对象那里看到更多，我们对对象的思考就越丰富。于是，再现心灵的极端或过度状态，比如再现拉奥孔的尖叫，这样做所存在的问题，就是会限制我们的想象力；它让想象力固定在某一点上，超越了这一点，想象力就难有作为。

莱辛的"想象力的自由游戏"原则本身就是内容丰富和具有包蕴性的。这个概念后来因为康德而变得非常有名，后者将会在《判断力批判》中用更加抽象的先验论术语来打造它。但是，问题依然存在，即它能否给莱辛一个他想要的新古典主义结果：把对心灵的极端状态的再现排除在视觉艺术之外。正如最初所描述的那样，这种论证存在某种错误之处。因为按理说，只要艺术家描述具有决定性的事物或事物的细节之处——此时艺术作品不是速写式的或印象性的——他就会限制想象力。我们的注意力聚焦在那决定性的形状或颜色上，所以不可能转移到其他东西上。因此，不管拉奥孔是在尖叫还是在叹气，都没有为想象力的游戏留下空间。

274

尽管上述论证存在问题，其背后还有一处更有价值的地方，它与想象力无关，但与敏感性密切相关。莱辛是在说——尽管没有明确地说——观众不可能在极端或过度的事物之上停留太久。极端或过度之物不会束缚想象力——这不难想象——但会压迫我们的敏感性。我们不可能重复、持续、长时间地观看那些过度刺激感官、干扰我们宁静的东西。不管是视觉艺术还是诗歌艺术，模仿原则都必须根据我们的敏感性来限定。比如说，没有人能够忍受舞台上的人物在愤怒中尖叫十分钟，即使在现实生活中，也是如此。①

六、《拉奥孔》：演绎式论证

不同于在最初的几章里运用归纳法，莱辛从第16章开始运用演绎法。几乎总是以三段论形式出现的演绎论证，包含下述几个前提（116—7）：（1）画与诗使用不同的符号。绘画使用在空间中共存的图形和颜色，而诗歌使用在时间中相继存在的声音。（2）由于符号与被指示的事物之间应该具有"相应的关系（*ein bequemes Verhältnis*）"，所以共存的符号应该只指示共存的事物，而相继存在的符号应该只指示相继存在的事物。（3）由于共存的事物是身体，而相继存在的事物是行动，所以绘画的主题应该是身体，而诗歌的主

---

① 比照休谟在其论文 "Of Tragedy" 结尾部分的评论（*Essays*, p.224）。

题应该是行动。正如莱辛后来所指出的那样，诗人的领地是相继的时间，而画家与雕塑家的领地，是并置的空间（130）。

这一论证有两个重要的蕴涵，莱辛在第18章对它们进行了阐述。第一，画家不能把时间上相距遥远的点并置在同一幅画中；画家这样做，就是在入侵诗人的领地。第二，诗人不能把空间中同时发生的事情置于一个前后相继的瞬间序列里；诗人这样做，就是在入侵画家的领地（258）。尽管莱辛的关注点是把各种艺术都置于各自合适的边界里，但他也承认，不可能完全区分开这些领域。在某种有限的程度上，他允许每一种艺术侵入其他艺术的领地。由于所有的身体都既在空间中存在，又在时间中存在，所以绘画也可以模仿时间，尽管只是通过身体来暗示（*andeutungsweise*）（245）。由于行动与身体相关，诗歌也可以描述身体，尽管只能通过行动来暗示（245）。

虽然非常模糊，这一论证的关键前提主要是第二个。莱辛想要通过"与被指示物的相应关系（*ein bequemes Verhältnis zu dem Bezeichneten*）"来表述的，似乎是符号结构与符号指示对象结构之间的相似性。二者之间必然存在某种同形性，以至于在符号中共存的事物，必然在对象中也是共存的，在符号中相继存在的，必然是对象中也相继存在的。对这样一种共形性的要求，似乎来自模仿原则，莱辛非常支持这一原则，尽管他并没有把它明确规定为这一论证的前提。

这种类比背后，似乎暗藏着某种谬误：为什么符号的特性也就是被指示物的特性？这里的问题是，莱辛认为两种艺术的符号都是自然的而非任意的，似乎它们的意义都来自符号与被指示物可见的相似性，而非约定俗成的惯例。尽管这对绘画和雕塑来说似乎是正确的，因为它们通过颜色与形状来再现事物，但对诗歌来说似乎是错误的，因为它们通过语词来再现事物。这种困难被门德尔松在评论《拉奥孔》初稿时指出来了。针对莱辛的声明，即诗歌必须描写行动，因为诗歌的符号是相继出现的，门德尔松直接而明确地说道："不对！"① 他认为，由于诗歌使用具有约定俗成意义的语词作为媒介，它既能表示身体，也能表示行动。

关于门德尔松对上述困难的提醒，莱辛尝试在该书最终版第 17 章中予以回应。他承认言语符号是任意性的，以至于在言语中相继存在的东西可能会再现一个静止的对象。但是，这不是那种最适合于诗歌的言语的特性。诗人关心的不仅仅是被理解；他并不希望他的再现只是清晰而明确的。相反，他希望我们心中的观念是活生生的东西，以至于它好像就是我们经验到的对象本身，好像我们拥有对象作用于我们的那种感官印象（123—4）。尽管诗人确实可以描述可见的身体，但是他的语词，由于要相继出现，不可能像画家那样给我们留下同样生动的印象。不同于画家的符号可以一次性完整地表现对象的所有特性，就像它们展现给我们的感官时那样，诗人的语词一个接一个在时间中出现，以至于它们只能通过一次一部分地而非全部地再生产出印象来（124，125—6）。

诗人做不到画家那样生动，尽管莱辛的这种声明很有道理，但说他关于这一事实给出了正确的诊断，还是有争议的。他认为，这是由于诗人的媒介是时间性的而非空间性的，或者如他所言，是因为"身体的共存性与言语的相继性相冲突"（127）。但是一个更简单的诊断自身表现出来：拥有约定俗成意义的语词，要比拥有自然而然的意义的符号更抽象。画面不能被语词再生产出来，不是因为语词必须在时间中说出来，而是因为它们是抽象的，而画面是具体的。在第一次前后相继地听完了所有的语词之后，我们完全可以一次性完整地考虑这些语词，这一事实说明，前后相继性不是决定性的因素；但即使如此，它们也仍然不能创造一种生动的印象。在这种情况下，唯一的解释就只能是语词的抽象性，而非时间性。

不管这些论证存在多少困难，它们都很难让莱辛不再回应门德尔松的反

276

① Mendelssohn, "Zu einem Laokoon-Entwurf Lessings", *Jubiläumsausgabe*, II, 234.

对。莱辛是如此饱受折磨，以至于在草稿和通信中多次尝试回答这种反对声音。最为有效和有趣的回答，可能出现在 1759 年 3 月 26 日致尼克莱的书信中（II/1，609—10）。这里，莱辛承认绘画并不局限于天然符号，因为它包含有象征、形状与色彩，也承认诗歌大量使用任意的符号，因为它依赖于语词的约定俗成含义。尽管如此，莱辛坚持认为，绘画的**理想**，应该是**全部**使用天然的符号，而诗歌的**理想**，应该是**接近**天然的符号。绘画越少使用天然符号，越远离其完善形态；诗歌越使用任意的符号，也越远离其完善形态。换句话说，最高形式的绘画只在空间里使用天然符号，最高形式的诗歌只在时间里使用天然符号。这一点显示出，莱辛关于艺术门类的论证，是规范性的而非描述性的。确定每一艺术门类的规范，应该是看它们是否在读者或观众那里创造了快乐的效果。问题依然存在：诗歌如何实现其理想，拥有绝对天然的符号？莱辛指出，实现这一目标的主要途径，是声韵、尺度、形象、修辞和比喻。在《拉奥孔》的早期手稿里，莱辛曾经建议诗人们使用拟声词和感叹词，建议他们把语词排列得和它们要表现的对象的秩序一样前后相继，建议他们使用明喻和暗喻（V/2，309—10）。莱辛认为比喻包含一种和对象相关的天然符号，因为尽管语词本身不是与对象相关的天然符号，但它可以意指某种东西，这种东西和对象有天然的相似性。

所有这些建议，似乎都包含许多绝望和无效的尝试，尝试消除这一完全不可消除的基本事实，即诗歌存在于任意的而非天然的符号中。但是，一旦认识到莱辛从一开始设定的就是一种特殊形式的诗歌——戏剧诗，所有反对莱辛理论的人们都会失去力量。在 3 月 26 日致尼克莱的信中，莱辛坚持认为，他的理论只对理想状态下的诗歌起作用；他还继续解释道，诗歌的理想形式就是戏剧诗。亚里士多德曾经在他的《诗学》中这样说过，而这正是莱辛接受这一教义的充足理由。不过，只要我们认识到莱辛只是围绕戏剧诗而写作，我们就会理解他为什么会认为诗歌的完美形式存在于天然符号里。这是因为戏剧诗涉及它的舞台语言与行动概念，它们可以被视为天然符号。台词与行动包含动作、表达和声音，它们都自然地指示真实的行动、思想与言语。于是，在符号与被指示物之间，确实存在一种"相应的"关系，因为舞台上前后相继出现的符号的顺序，与行动或言语实际起作用的顺序，是完全相同的。莱辛在《拉奥孔》中明确表达了这一观点，他在第 4 章指出，比起诗歌，戏剧能够更好地遵循材料绘画的法则，因为它的符号是自然的（V/2，36）。不同于诗歌给我们描绘尖叫，戏剧能够给我们尖叫本身。

七、《拉奥孔》：隐藏的议题

考察完莱辛在《拉奥孔》中的论证，我们现在就要问是什么最先驱动了这一论证。莱辛为什么会如此关注诗与画领域的区分？是什么东西濒临险境？许多学者都曾经强调温克尔曼的《古希腊雕塑绘画沉思录》促成了莱辛著作的产生。[1] 在他们看来，《拉奥孔》开始于和结束于同温克尔曼的争论，这一点也不令人奇怪。莱辛关于拉奥孔呻吟的原因另有解释，莱辛关于这尊雕像的创作时间另有主张，这些现象可没有那么简单。尽管莱辛与温克尔曼拥有共同的新古典主义趣味和理性主义遗产，但他们之间的差异却非常大。当我们注意到，温克尔曼在《沉思录》里重申诗与视觉艺术同一这个古老的教义，而莱辛希望在《拉奥孔》中把这一教义置于合适的位置时，我们就已经开始意识到他们之间的差异了。问题的关键在于，为什么这个教义的温克尔曼版会让莱辛如此不安？毕竟，同样的教义也被博德默和布莱廷格重申过，而他们从未让莱辛烦恼过。

关于莱辛不喜欢温克尔曼版教义的原因，存在各种不同解释。其中一种解释是，莱辛被温克尔曼新古典主义越来越受欢迎所烦恼，因为这意味着他

278

---

[1] 关于温克尔曼对莱辛的《拉奥孔》的产生的重要性，早已被单策尔（Theodor Danzel）和古洛尔（G. E. Guhrauer）指出过了。参见 *Gotthold Ephraim Lessing: Seine Leben und seine Werke*（Berlin: Hofmann, 1881），II, 1–53。

曾经于 18 世纪 50 年代激烈反对过的法国趣味又要重返戏剧世界。[1] 温克尔曼对希腊雕塑的描述——"高贵的单纯与静穆的伟大"——似乎特别适合新古典主义的法国悲剧，悲剧里那些言行生硬、矫揉造作的英雄们，似乎就是一些移动的雕像。这样一种描述，同样完全适用于法国舞台上的斯多葛式美德，表现这种美德的目的，是为了唤起观众的钦佩之情。于是，如果这样的新古典主义趣味被应用于戏剧世界，那么这就意味着古老的法国戏剧的重建与理性化。如果悲剧英雄显现的是高贵的单纯和静穆的伟大，那么悲剧的目的就是唤起钦佩而非怜悯之情，而莱辛从 18 世纪 50 年代就开始支持的市民悲剧，就将终结。我们被告知，莱辛之所以有充分的理由在这样的语境中看待温克尔曼的著作，是因为在 1856 年 11 月写给莱辛的信中，门德尔松引用了温克尔曼来支持他自己的悲剧理论。[2] 门德尔松虽然不是一个法国崇拜者，但仍然有一个法国式的观点：悲剧的目的是为了唤起观众的钦佩之情。门德尔松论证到，古希腊雕塑家们所崇尚的价值，就是他希望在舞台上看到的价值。

这种解释尽管很聪明，貌似可信，但也存在一些致命的问题。第一，莱辛曾经在《拉奥孔》的一些草稿里明确声称，温克尔曼并**没有**把他对绘画与雕塑的分析扩展到诗歌的意图。[3] 他指出，温克尔曼意识到雕塑家和画家受美的法则的约束，而这一法则并不适用于诗人。所以，把绘画与雕塑的标准应用于诗歌与戏剧，这一危险更多来自门德尔松而非温克尔曼。第二，莱辛并没有被应用新古典主义标准于戏剧世界所困扰，原因很简单，他自己渴望

---

[1]　这是冈布里奇（E. H. Gombrich ）论文"Lessing"（*Proceeding of the British Academy* 43 1957, 133–56）中的解释。

[2]　Mendelssohn to Lessing, First Half of December 1756, DKA 11/1, 140–1.

[3]　See *Paralipomena* 7, DKA V/2, 225; and *Paralipomena* 19, DKA V/2, 291. Cf. Winckelmann, *Geschichte der Kunst des Altertums*（Darmstadt: Wissenschaftliche Buchgesellschaft, 1972）, p.166.

做的就是这件事。认为莱辛允许演员和角色在舞台上表达狂野而过度的激情，这绝对是个错误，因为他仍然要求他们服从于中庸与节制的标准。比如说，在《汉堡剧评》第 5 章，莱辛用哈姆雷特的话给演员们提建议："在激情的急流、暴雨和……狂风中，你必须有所节制，只有节制才能抚平激情。"（VI，209）① 尽管莱辛允许演员表现怒火与激情，但是他坚持主张这种表现应该是短暂的，并且不能超过环境允许的程度；如果演员表现得过火，他就会冒犯观众的眼睛和耳朵。不存在让演员尖叫与痉挛的环境；换句话说，在莱辛的舞台上，尖叫的拉奥孔没有一席之地。莱辛还这样提醒我们："任何声音达到极端，都会令人不快；而所有太突然、太狂暴的举止，都不可能高贵。我们的眼睛与耳朵，都不应该被冒犯……"（210）莱辛接着解释道，表演应该取雕塑与诗歌中间的道路。因为就像绘画那样，表演是可见的，必须以美为最高法则；但又因为像诗歌，表演是言说性的，它不能让每一段话都是平和的（Ruhe），后者曾经让古希腊雕塑令人难忘。表演有时候可以来一些"暴风雨般的狂野和贝尔尼尼式的粗犷"；但是总体而言，戏剧诗人和演员还都必须注意适度与节制，而这些正是绘画与雕塑的特点。

　　尽管存在一些麻烦，这种解释还是开始于一种正确的洞见：让莱辛烦恼的是，温克尔曼对诗画同一这个古典教义的重申。但是让莱辛烦恼的原因，并非这种解释所认为的那样。莱辛受温克尔曼刺激，不是因为温克尔曼根据这一教义把雕塑的标准应用于舞台，而是因为他根据这一教义提升了绘画相对于诗歌的地位。温克尔曼之所以对莱辛来说是个挑战，主要是因为前者威胁到了他的一个根深蒂固的信仰，即在所有美的艺术中，诗歌的地位最高。莱辛仍然坚持理性主义的艺术等级制信仰，因为诗歌具有更高程度的理性内涵，这种信仰把诗歌置于艺术等级的顶端，而把更多手工性的艺术如绘画与雕塑置于等级的末端。这样一种自吹自擂的信仰，可能与莱辛的戏剧家和文

280

---

① *Hamlet* Act III, Scene ii.

学批评家身份密切相关。但不管其根源如何，莱辛现在的职业地位似乎受到了这个德国向导的攻击。这个莱辛一心要强化的艺术等级制，正是温克尔曼想要推翻的东西，因为挑战这种等级制，赋予绘画与雕塑新的地位，把它们和诗歌一起置于相同的基础上，正是温克尔曼在《沉思录》里所施计划的核心部分。① 温克尔曼相信，如果绘画只是寓言式的，那么它就可以获得和诗歌一样的地位。相较于绘画，诗歌在寓言方面的优越性，表现在它更理性化，更具超感觉性；但是，温克尔曼宣称，绘画也可以有这样的优势，只要它能成为寓言式的。现在，我们可以看到莱辛鄙视寓言（Allegoristerei）的原因了：不是因为它会削弱绘画的典型特征，而是因为它要代表绘画与诗歌竞争。莱辛十分明确地警告绘画不要参与这种同胞争宠行动："如果绘画想要成为诗歌的姐妹，那它至少也不应该是一个爱嫉妒的姐妹；妹妹不应该因为自己还不具备魅力就妨碍姐姐的魅力。"（V/2，83）

　　莱辛在《拉奥孔》中为诗歌相对于绘画的优越性作辩护，这已经是毋庸置疑的了。莱辛似乎一直持续不断地在为诗歌辩护。他一再提醒我们，诗人不能和画家接受一样的限制。② 诗人不必局限于美的法则，局限于单一时刻法则，或局限于规定事物如何呈现给感官的法则。比起视觉艺术，诗歌具有更加普遍化的领域。诗人不必把丑陋从他的世界里驱逐出去；他可以考虑整个行动而非某个单一时刻；他可以进入他的角色的内在世界；他可以攀升至一处更具理性的高原，在那里把握普遍的道德真理。相反，正如柏拉图在《理想国》第 5 卷所言，绘画除了能够复制可见世界的令人愉悦的表象，其他方面就乏善可陈了。

---

① See Winekelmann, *Gedancken*, p.55, and *Erläuterung der Gedancken*, pp.118–19, in *Kleine Schriften, Vorreden, Entwürfe*, ed.Walter Rehm, 2nd edn.（Berlin: de Gruyter, 2002）.

② 例如，参见 chapter 4, DKA V/2, 35–36, and chapter 6, DKA V/2, 61；关于《拉奥孔》的这一方面，特别参见 David Wellbery, *Lessing's Laoccon: Semiotics and Aesthetics in the Age of Reason*（Cambridge: Cambridge University Press, 1984）, pp.133, 135。

我们现在也可以理解莱辛对描述性诗歌表现出来的反对态度了。认为诗歌是所有艺术中最具理性的艺术，一直坚守这一信仰的莱辛，必然反对"诗意的描绘"，就像他反对画中的寓言一样。热衷于描绘的（*Schilderungssucht*）和用讽喻方式描绘的（*Allegoristerei*）一样糟糕的原因也是一样的：它意味着诗歌能力的降低。如果寓言化是把绘画提升至诗歌水平的阴谋，那么诗意的描绘就是把诗歌降低至绘画水平的诡计。描述性的诗歌不是要入侵不可见领域，而是要把诗歌贬低为仅仅对表象的模仿。如果事实如此，那么柏拉图在《理想国》第 5 卷中对绘画的攻击，就同样适用于所谓如画的诗。这样，诗歌就会失去亚里士多德曾经为它作出的伟大辩护：诗歌具有把握普遍真理的能力。

281

有人曾经聪明地看到，莱辛的《拉奥孔》是一本**针对**视觉艺术而非**相关于**视觉艺术的书。[1] 可是，有必要补充的一点是，相较于对视觉艺术的批判，它更是一本为诗歌作辩护的书。莱辛的《拉奥孔》实质上是针对当下威胁诗歌地位的两种趋势发起的双向反攻。第一种威胁，来自寓言式绘画，它尝试把绘画提升至诗歌的水平；第二种威胁，来自描述性诗歌，它尝试把诗歌降低至绘画的水平。莱辛针对这两种威胁所采取的策略简单而有效：分而治之（*divide et impera*）！莱辛只需区分开诗歌与绘画的领域，就可以让诗歌不会降至绘画的水平，也可以阻止绘画上升至诗歌的水平。这隐隐约约是一种马基雅维利式的策略：它似乎赋予两种艺术同等的权利，因为每一种艺术都得到了各自独立的领地；而且，为了维持这种平等主义的表象，莱辛的写作有时候表现得好像他在关注如何确保每一种艺术都能实现其独特之处。但是，莱辛策略的核心，其实只是为了维持一种不平等的现状；如果两种艺术从一开始就具有各自的领域，那么平等就很难实现。

只有认识到莱辛为诗歌辩护这一真正意图，我们才能解释《拉奥孔》中

---

[1]　Gombrich, "Lessing", p.140.

一个最为明显的缺点：它对视觉艺术的粗暴态度。莱辛对待视觉艺术缺乏同情心，这一点从该书初版至今不断遭到批评者的指责。从 18 世纪的尼克莱、加夫（Garve），到 20 世纪的冈布里奇（Gombrich）和韦勒克（Wellek），莱辛一直因其对视觉艺术的露骨敌意而饱受批判。这里确实有一些需要抱怨的地方：莱辛把绘画和雕塑混为一谈，好像它们是完全相同的东西；他是如此不喜欢色彩的应用，以至于他竟然不希望油画的出现；他瞧不起风景画，认为它们只是对表象的复制；他也不喜欢肖像画，因为那只是某个人的外表。整个绘画领域似乎都被仅仅归结为视觉形式的复制。人们注意到，莱辛对视觉艺术的蔑视，很难和他的主要观点保持一致，即每一种艺术都有其独特之处。[①] 人们曾经认为，莱辛的艺术门类划分，会赋予各种艺术自然而然的平等地位。但是，一旦我们认识到莱辛在《拉奥孔》中的议题是为诗歌辩护，这种不连贯性就会消失不见。对视觉艺术的不断贬低，与他更深层次的计划完全一致。事实的真相是，莱辛从一开始就没有想过要平等对待各种艺术；他的目标只是去维护一种等级制，而诗歌作为最具理性的艺术，位于这一等级的顶端。从这方面看，就像从其他很多方面看一样，莱辛仍然是理性主义传统中的孩子。

282

---

① Hettner, *Geschichte*, I, 751.

主要文献

Addison, Richard, *Spectator*, ed. Donald Bond, 5 vols. (Oxford: Clarendon Press,1965).

Aristotle, *The Complete Works of Aristotle*, ed. Jonathan Barnes, 2 vols. (Princeton: Princeton University Press, 1984).

Batteux, Charles, *Les Beaux Arts reduits a un même Principe*. (Paris: Saillant & Nyon,1773).

Baumgarten, Alexander, *Meditationes philosophicae de nonnullis poema pertinentibus*. (Halle: Grunert, 1735).

——*Aesthetica*. (Frankfurt an der Oder: Kleyb, 1750). Reprint: Hildesheim: Olms,1986.

——*Ethica Philosophica*. (Halle: Hemmerde, 1763). Reprint: Hildesheim: Olms, 1969.

——*Philosophia Generalis*. (Halle: Hemmerde, 1770). Reprint: Hildesheim: Olms, 2002.

——*Metaphysica*. Editio VII.（Halle: Hemmerde, 1779）. Reprint: Hildesheim: Olms, 1963.

——*Reflections on Poetry*, eds. Karl Aschenbrenner and William Holther.（Berkeley: University of California Press, 1954）.

——*Texte zur Grundlegung der Ästhetik*, ed. Hans Schweizer.（Hamburg: Meiner, 1983）.

——*Theoretische Ästhetik*, ed. Hans Schwiezer.（Hamburg: Meiner, 1988）.

Bodmer, Johann, Joachim, *Die Discourse der Mahlern*.（Zurich: Lindinner, 1721）.

——*Von dem Einfluß und Gebrauche der Einbildungs-Krafft zur Ausbesserung des Geschmack-es*.（Frankfurt, 1727）.

——*Brief-Wechsel von der Natur des Poetischen Geschmacks*.（Zurich: Conrad Orell, 1738）.

——*Critische Abhandlung von dem Wunderbaren in der Poesie und dessen Verbindung mit dem*

Wahrscheinlichen.（Zurich: Conrad Orell, 1740）. Reprint: Stuttgart: Metzler, 1966.

——*Critische Betrachtungen über die poetischen Gemählde der Dichter*.（Zurich: Conrad Orell, 1740）. Reprint: Frankfurt: Athenäum, 1971.

Boileau-Despréaux, Nicholas, *L'Art poétique*.（Paris, 1674）.

Breitinger, Johann, Joachim, *Die Discourse der Mahlern*.（Zurich: Lindinner, 1721）.

——*Critische Abhandlung von der Natur, den Absichten und dem Gebrauche der Gleichnisse*.（Zurich: Conrad Orell, 1740）. Reprint: Stuttgart: Metzler, 1967.

——*Critische Dichtkunst*.（Zurich: Conrad Orell, 1740）.

——*Critische Briefe*.（Zurich: Heidegger, 1746）. Reprint: Hildesheim:

Olms, 1969.

Burke, Edmund, *A Philosophical Enquiry into the Origin of our Ideas of the Sublime and Beautiful*, ed. James

Boulton. (London: Routledge & Kegan Paul, 1958).

Cooper, Anthony, Ashley, Third Earl of Shaftesbury. *Characteristicks of Men, Manners, Opinion, Times*. (London: Purser, 1732). Reprint: Indianapolis: Liberty Fund, 2001.

Du Bos, Jean Baptiste, *Critical Reflections on Poetry, Painting and Music*, 3 vols. (London:John Nourse, 1748). Reprint: AMS Press, 1978.

——*Réflexions critiques sur la poësie et sur la peinture*. (Paris: Pissot, 1750).

Fabricius, J.A., *Abriß der allgemeinen Historie der Gelehrsamkeit*. (Leipzig: Weidmann, 1752).

Fontenelle, Bernard, *Œuvres Complétes*, ed. G-B Depping, 3 vols. (Geneva: Skatlines Reprints, 1968).

Gerstenberg, Heinrich Wilhelm, *Briefe über Merkwürdigkeiten der Literatur* Deutsche Literaturdenkmaler des 18.

Und 19. Jahrhunderts. Band 29. (Heilbrom: Henninger, 1888).

Goethe, Johann Wolfgang, *Sämtliche Werke, Briefe, Tagebücher und Gespräche*, eds. Dieter Borchmeyer, et.al., 40 vols. (Frankfurt: Deutscher Klassiker Verlag, 1986).

Gottsched, Johann Christoph, *Die vernünftigen Tadlerinnen*, 2 vols. (Halle: Spörl, 1725– 1727). Reprint: Hildesheim: Olsm, 1993.

——*Der Biedermann*. (Leipzig: Deer, 1727– 29). Reprint: Stuttgart: Metzler, 1975.

——*Erste Gründe der gesamten Weltweisheit*. (Leipzig: Breitkopf, 1733).

284

Reprint: Frank- furt: Minerva, 1965.

——*Gottscheds Gesammelte Schriften*, ed. Eugen Reichel, 6 vols. (Berlin: Gottsched Verlag, 1902）.

——*Ausgewählte Werke*, eds. Joachim and Brigitte Birke, 7 vols. (Berlin: de Gruyter, 1973）.

Hamann, Johann Georg, *Sämtiche Werke*, ed. J. Nadler, 6 vols. (Vienna: Herder, 1949– 57）.

——*Briefwechsel*, eds. Walther Ziesemer and Arthur Henkel. 6 vols. (Wiesbaden: Insel, 1956）.

Hegel, G.W.F., *Werke in zwanzig Bänden*, eds. Eva Moldenhauer and Karl Michel, 20 vols. (Frankfurt: Suhrkamp, 1970）.

Herder, Gottfried, *Sämtliche Werke*, ed. Bernard Suphan. (Berlin: Weidmann, 1881– 1913）.

——*Werke*, ed. Martin Bollacher et al., 10 vols. (Frankfurt: Deutscher Klassiker Verlag, 1993）.

Heydenreich, Karl Heinrich, *System der Aesthetik*. (Leipzig: Gößchen, 1790）. Reprint: Hildesheim: Gersten, 1978.

Hogarth, William, *The Analysis of Beauty*, ed. Richard Paulson. (New Haven: Yale University Press, 1997）.

Home, Henry, *Elements of Criticism*, 3 vols. (Edinburgh: Millar, 1777）. Reprint: New York: Garland, 1967.

Hume, David, 'Of the Standard of Taste', in *Essays Moral, Political and Literary*. (Indianapolis: Liberty Fund, 1985）.

Hutcheson, Francis, *An Inquiry into the Original of Our Ideas of Beauty and Virtue*. (London, 1726）.

——*Collected Works*. (Hildesheim: Olms 1969）.

285

——*Illustrations of the Moral Sense*, ed. Bernard Peach. (Cambridge: Harvard University Press, 1971).

Kant, Immanuel, *Gesammelte Schriften*, ed. Prussian Academy of Sciences. (Berlin: de Gruyter, 1902).

Le Brun, Charles, *Méthode pour apprendre à dessiner les passions*. (Paris, 1698).

Leibniz, Gottfried Wilhelm, *Briefwechsel zwischen Leibniz und Christian Wolff*, ed. C. I. Gerhardt. (Halle: Niemeyer, 1860). Reprint: Hildesheim: Olms, 1963.

——*Die philosophischen Schriften von Gottfried Wilhelm Leibniz*, ed. C.I. Gerhardt., 7 vols. (Berlin: Weidmann, 1875– 1890). Reprint: Hildesheim: Olms, 1978.

——*Opuscules et fragments inédits*, ed. Louis Couturat. (Paris: Presses Universitaires de France, 1903). Reprint: Hildesheim: Olms, 1966.

——*Sämtliche Schriften und Briefe*, ed. Deutsche Akademie der Wissenschaften. (Berlin:Akademie Verlag, 1923—   ).

——*Textes inédits*, ed. Gaston Grua, 2 vols. (Paris: Presses Universitaires de France, 1948).

——*Hauptschriften zur Grundlegung der Philosophie*, ed. Ernst Cassirer, 2 vols. (Meiner: Hamburg, 1966).

——*Confessio Philosophi*, ed. Otto Saame (Frankfurt: Klostermann, 1967).

——*The Leibniz-Arnauld Correspondence*, ed. H. T. Mason. (Manchester: Manchester University Press, 1967).

——*Philosophical Papers and Letters*, ed. L. Loemker. 2nd edn. (Dordrecht: Reidel, 1969).

——*Political Writings*, ed. Patrick Riley, 2nd edn. (Cambridge: Cambridge

University Press, 1988）．

——*Theodicy*, ed. E. M. Huggard.（La Salle, Il.: Open Court, 1988）．

——*Philosophical Essays*, eds. Roger Ariew and Daniel Garber.（Indianap-olis: Hackett, 1989）．

——*De Summa Rerum: Metaphysical Papers 1675– 76*, ed. G H. R. Parkin-son.（New Haven: Yale University Press, 1992）．

——*The Labyrinth of the Continuum: Writings on the Continuum Problems, 1672– 1686,*

ed. Richard Arthur.（New Haven: Yale University Press, 2001）．

Lenz, J. M. R., 'Anmerkungen übers Theater', in *Deutsche Literatur Sam-mlung literarischer Kunst und Kulturdenkmäler in Entwicklungsreihen*. Reihe 15, Band 6.（Leipzig: Reclam, 1935）．

——*Werke und Schriften*, eds. Britta Titel and Helmut Lang, 3 vols.（Stutt-gart: Gowert, 1966）．

Lessing, Gotthold Ephraim, *Lessing im Urtheile seiner Zeitgenossen*, ed. Ju-lius Braun., 2vols.（Berlin: Stahn, 1884）．

——*Lessings Briefwechsel mit Mendelssohn und Nicolia über das Trauer-spiel*, ed. Robert Petsch.（Leipzig: Meiner, 1910）．Reprint: Darmstadt: Wissen-schaftliche Buchge- sellschaft, 1967.

Lessing, Gotthold Ephraim, *Lessing im Gespräch: Berichte und Urtheile von Freunden und Zeitgenossen*, ed. Richard Daunicht.（Munich: Fink, 1971）．

——*Briefwechsel über das Trauerspiel*, ed. Jochen Schulte-Sasse.（Munich: Winckler, 1972）．

——*Werke und Briefe*, eds. Wilfried Barner, et.al., 14 vols.（Frankfurt: Deutscher Klassiker Verlag, 1985– 1990）．

Locke, John, *An Essay concerning human Understanding*, ed. Peter Nidditch.

286

（Oxford: Clarendon Press, 1975）.

Maimon, Salomon, 'Ueber den Geschmack', *Deutsche Monatsschrift* I
（1792）, 204–226.

—— 'Ueber den Geschmack. Fortsetzung', *Deutsche Monatsschrift* I
（1792）, 296–315.

——*Gesammelte Werke*, ed. Valerio Verra, 5 vols.（Hildesheim: Olms,
1965）.

Meier, Georg Friedrich, *Anfangsgründe aller schönen Wissenschaften*, 3 vols.
（Magdeburg: Hemmerde, 1754）.

——*Versuch einer allgeminen Auslegungskunst*.（Magdeburg: Hemmerde,
1757）. Reprint: Dusseldorf: Stern Verlag, 1965.

Mendelssohn, Moses, *Gesammelte Schriften, Jubiläumsausgabe*, eds. Fritz
Bamberger et.al.（Stuttgart-Bad Cannstatt: Frommann, 1929）.

——*Philosophical Writings*, ed. Daniel Dahlstrom.（Cambridge: Cambridge
University Press, 1997）.

——*Ästhetische Schriften in Auswahl*, ed. Otto Best.（Darmstadt: Wissen-
schaftlichen Buchgesellschaft, 1974）.

Mengs, Anton Raphael, *Gedanken über die Schönheit und den Geschmack in
der Malerey*.
（Zurich: Orell, Geßner, Füeßlin und Compagnie, 1771）.

Montesquieu, Charles. *Œuvres Complètes*, ed. Roger Caillois, 2 vols.（Paris:
Gallimard, 1949–51）.

Moritz, Karl Phillip, *Werke*, ed. Horst Günther, 3 vols.（Frankfurt: Insel,
1981）.

Nicolai, Friedrich, 'Abhandlung vom Trauerspiel', *Bibliothek der schönen
Wissenschaften und freyen Künste* I（1757）,17–68.

——*Satiren und Schriften zur Literatur*.（Munich: Beck, 1987）.

Nietzsche, Friedrich, *Sämtliche Werke*, *Kritische Studienausgabe*, eds. Giorgio Colli and Mazzino Montinari., 15 vols.（Berlin: de Gruyter, 1980）.

Plato, *The Collected Dialogues*, eds. Edith Hamilton and Huntington Cairns.（New York: Pantheon, 1963）.

Resewitz, F. G., 'Versuch über das Genie', in *Sammlung vermischter Schriften zur Beförderung der schönen*

Wissenscahften und der freyen Künste II（1759）, 131– 79.

Reynolds, Joshua, *Discourses on Art*.（New Haven: Yale University Press, 1997）.

Rousseau, Jean Jacques, *Œuvres complètes*.（Paris: Gallimard, 1964）.

Schelling, Friedrich, *Sämtliche Werke*, ed. K.F.A. Schelling, 14 vols.（Stuttgart: Cotta, 1856）.

Schiller, Friedrich, *Werke*, *Nationalausgabe*, eds. Benno von Wiese et.al.（Weimar: Böhlausnachfolger, 1962）.

Schlegel, Friedrich, *Kritische Friedrich Schlegel Ausgabe*, eds. Ernst Behler, Jean Jacques

Anstett, and Hans Eichner.（Munich: Schö ningh, 1958）.

287　Schlegel, August Wilhelm, *Sämtliche Werke*, ed. Eduard Böcking.（Leipzig: Weidmann, 1846）.

——*August Wilhelm Schlegel, Kritische Ausgabe der Vorlesungen*, ed. Ernst Behler.（Pader- born: Schöningh, 1984）.

Sulzer, J.G., 'Analyse du Génie'. *Historie de l'Academie* XIII（19757）, 392– 404.

——*Allgemeine Theorie der schönen Künste*, 4 vols.（Leipzig: Weidmann, 1792）.

Vasari, Giorgio, *Lives of the Artists*, ed. George Bull, 2 vols. (London: Penguin, 1965).

Walch, J.G., *Philosophisches Lexicon*. (Leipzig, 1740).

Winckelmann, Johann Joachim, *Versuch einer Allegorie, besonders für die Kunst*. (Dresden: Walther, 1766).

Reprint: New York: Garland, 1976.

——*Sämtliche Werke*, ed. Joseph Eiselein, 12 vols. (Donauschingen: 1825–9).

——*Briefe*, ed. Walter Rehm, 6 vols. (Berlin: de Gruyter, 1952–1957)

——*Kleine Schriften und Briefe*, ed. Wilhelm Senff. (Weimar: Böhlaus Nachfolger, 1960).

——*Geschichte der Kunst des Altertums*. (Darmstadt: Wissenschaftliche Buchgesellschaft, 1972).

——*Writings on Art*, ed. David Irwin. (London: Phaidon, 1972).

——*Kleine Schriften, Vorreden, Entwürfe*, ed. Walter Rehm. 2nd edn. (Berlin: de Gruyter, 2002).

——*Schriften und Nachlaß*. (Berlin: de Gruyter, 2002—).

Wolff, Christian, *Christian Wolffs eigene Lebensbeschreibung*, ed. H. Wuttke. (Leipzig: Weidmann, 1841). Reprint: Kö nigstein: Scriptor, 1982.

——*Gesammelte Werke*, eds. Jean Ëcole, J. E. Hofmann and H.W. Arndt. (Hildesheim: Olms, 1965).

——*Preliminary Discourse on Philosophy in General*, ed. Richard Blackwell. (Indianapolis: Bobbs-Merrill, 1963).

次要文献

总体研究

Baeumler, Alfred, *Das Irrationalitätsproblem in der Aesthetik und Logik des 18.*

Jahrhunderts bis zur Kritik der Urteilskraft. vol. I *of Kants Kritik der Urteilskraft: Ihre Geschichte und Systematik.* (Halle: Niemeyer, 1923）.

Beardsley, Monroe, *Aesthetics from Classical Greece to the Present.*（New York: Macmillan, 1966）.

Beck, Lewis White, *Early German Philosophy.*（Cambridge: Harvard University Press, 1969）.

Braitmaier, Friedrich, *Geschichte der poetischen Theorie und Kritik von der Diskursen*

derMaler bis auf Lessing. 2 vols.（Frauenfeld: Huber, 1888– 1889）. Reprint: Hildesheim: Olms, 1972.

Bosanquet, Bernard, *A History of Aesthetic.*（London: George, Allen & Unwin, 1892）.

Butler, E. M., *The Tyranny of Greece over Germany.*（Boston: Beacon Press, 1958）.

Cassirer, Ernst, *Freiheit und Form.*（Berlin: Cassirer, 1916）.

Cassirer, Ernst, *The Philosophy of the Enlightenment.*（Princeton: Princeton University Press, 1951）.

Croce, Benedetto, *Aesthetic.*（Boston: Nonpareil, 1978）.

Gilbert, Katharine, *A History of Esthetics.*（Bloomington: Indiana University Press, 1954）.

Guthke, Karl, *Literarisches Leben im achtzehnten Jahrhundert.*（Bern:

288

Francke Verlag, 1975）.

Guyer, Paul, *Values of Beauty: Historical Essays in Aesthetics*. （Cambridge: Cambridge University Press, 2005）.

Hammermeister, Kai, *The German Aesthetic Tradition*. （Cambridge: Cambridge University Press, 2002）.

Hatfield, Henry, *Aesthetic Paganism in German Literature*. （Cambridge: Harvard University Press, 1964）.

Hettner, Hermann, *Geschichte der deutschen Literatur im Achtzehnten Jahrhundert*, 2 vols. （Braunschweig: Vieweg, 1862– 70）.

Hohendahl, Peter （ed.）, *A History of German Literary Criticism, 1730– 1980*. （Lincoln: University of Nebraska Press, 1988）.

Honour, Hugh, *Neo-Classicism*. （London: Penguin, 1968）.

Krauss, Werner, *Antike und Moderne in der Literaturdiskussion des 18. Jahrhunerts*. （Berlin: Akademie Verlag, 1966）.

Kristeller, Paul, *Renaissance Thought and the Arts*. （Princeton: Princeton University Press, 1980）.

Levine, Joseph, *The Battle of the Books*. （Ithaca: Cornell University Press, 1991）.

Linden, Walther, *Geschichte der deutschen Literatur*. （Leipzig: Reclam, 1937）.

Lotze, Hermann, *Geschichte der Aesthetik in Deutschland*. （Munich: Cotta, 1868）.

Nivelle, Armand, *Kunst und Dichtungstheorien zwischen Aufklärung und Klassik*. （Berlin: de Gruyter, 1960）.

Scherer, Wilhelm, *A History of German Literature*, 2 vols. （New York: Haskell, 1971）.

Sommer, Robert, *Grundzüge einer Geschichte der deutschen Psychologie und Aesthetik*. （Würzburg: Stahel, 1892）.

Stein, Heinrich von, *Die Entstehung der neueren Ästhetik*. （Stuttgart: Cotta, 1886）.

Tatarkiewicz, Wladyslaw, *A History of Six Ideas*. （Warsaw: Polish Scientific Publishers, 1980）.

Wellek, René, *A History of Modern Criticism, 1750– 1950*, 2 vols. （New Haven: Yale University Press, 1955）.

Wolff, Hans, *Die Weltanschauung der deutschen Aufklärung*. （Berne: Francke, 1949）.

Wundt, Max, *Die deutsche Schulmetaphysik des 17. Jahrhunderts*. （Tübingen: Mohr, 1939）.

鲍姆加登

Bergmann, Ernst, *Die Begründung der deutschen Ästhetik durch Alexander Gottlieb*

Baumgarten und Georg Friedrich Meier. （Leipzig: Röder & Schunke, 1911）.

Franke, Urusla, *Kunst als Erkenntnis: Die Rolle der Sinnlichkeit in er Ästhetik des Alexander*

Gottlieb Baumgarten. Studia Leibnitiana, Band IX. （Wiesbaden: Steiner Verlag, 1972）.

Gregor, Mary, 'Baumgarten's Aesthetica', *Review of Metaphysics* 37 （1983）, 357– 85.

Groß, Steffan, *Felix Aestheticus: Die Ästhetik als Lehre vom Menschen*. （Würzburg: Könisghausen & Neumann, 2001）.

289

Jäger, Michael, *Kommentierende Einführung in Baumgartens "Aesthetica"*. (Hildesheim: Olms, 1980）.

Poppe, Bernhard, *Alexander Gottlieb Baumgarten, Seine Bedeutung und Stellung in der Leibniz- Wolffischen Philosophie und seine Beziehungen zu Kant.* (Borna-Leipzig: Noske, 1907）.

Prieger, Erich, *Anregung und metaphysische Grundlagen der Aesthetik von Alexander Gottlieb Baumgarten.* (Berlin: Schade, 1875）.

Riemann, Albert, *Die Aesthetik Alexander Gottlieb Baumgartens.* (Halle: Niemeyer, 1928）.

Schmidt, Johannes, *Leibnitz und Baumgarten.* (Halle: Niemeyer, 1875）.

Schweizer, Hans, *Ästhetik als Philosophie der sinnlichen Erkenntnis.* (Basel: Schwabe, 1973）.

Wessel, Leonard, 'Baumgarten's Contribution to the Development of Aesthetics', *Journal of Aesthetics and Art Criticism* 30（1972）, 333– 42.

高特谢德

Dahlstrom, Daniel, 'The Taste for Tragedy: The Briefwechsel of Bodmer and Calepio', *Deutsche Vierteljahrschrift fur Literaturwissenschaft und Geistesgeschichte* 59（1985）, 206– 23.

Danzel, Theodor, *Gottsched und seine Zeit.* (Leipzig: Dyke, 1848）.

Reichel, Eugen, *Gottsched.* (Berlin: Gottsched Verlag, 1912）.

Riecke, Werner, *Johann Christoph Gottsched: Eine kritische Würdigung seinse Werkes.* (Berlin: Aufbau, 1972）.

Waniek, Gustav, *Gottsched und die duetsche Litteratur seiner Zeit.* (Leipzig: Breitkopf und Härtel, 1897）.

莱布尼茨

Brown, Stuart, ed. *The Young Leibniz and his Philosophy*（*1646– 76*）．（Dordrecht: Kluwer, 1999）．

Cassirer, Ernst, *Freiheit und Form*.（Berlin: Cassirer, 1916）．

Kabitz, Willy, *Die Philosophie des jungen Leibniz*.（Heidelberg: Carl Winter, 1909）．

Reprint: Hildesheim: Olms, 1997.

Loemker, Leroy, *Struggle for Synthesis: The Seventeenth Century Background of Leibniz's Synthesis of Order and Freedom*.（Cambridge, Mass: Harvard University Press, 1972）．

Martin, Gottfried, *Leibniz: Logic and Metaphysics*.（New York: Barnes & Noble, 1967）．

Mercer, Christia, *Leibniz's Metaphysics: Its Origins and Development*.（Cambridge: Cambridge University Press, 2001）．

Rutherford, Donald, *Leibniz and the Rational Order of Nature*.（Cambridge: Cambridge University Press, 1998）．

Wilson, Catherine, *Leibniz's Metaphysics*.（Princeton: Princeton University Press, 1989）．

290　莱辛

Albrecht, Wolfgang, *Gotthold Ephraim Lessing*.（Stuttgart: Metzler, 1997）．

Batley, Edward, *Catalyst of Enlightenment: Gotthold Ephraim Lessing*.（Bern: Lang, 1990）．

Blümner, H., *Laokoon-Studien*, 2 vols.（Freiburg: Tübingen, 1882）．

Brown, F.A., *Gotthold Ephraim Lessing*.（New York: Twayne, 1971）．

Danzel, Theodor and Guhrauer, G.E., *Gotthold Ephraim Lessing*, 2 vols.

（Berlin: Hofmann, 1880）.

Dilthey, Wilhelm, 'Gotthold Ephraim Lessing', in *Das Erlebnis und die Dichtung*. 2 nd edn. (Leipzig: Tuebner 1907), pp. 1-158

Garland, Henry, *Lessing*. (New York: Macmillan, 1962).

Gombrich, E. H., 'Lessing', *Proceedings of the British Academy*. XLIII (1957), 133– 56.

Guthke, Karl, *Der Stand der Lessing-Forschung: Ein Bericht über die Literatur von 1932– 1962*. (Stuttgart: Metzler, 1965).

Heitner, Robert, 'Rationalism and Irrationalism in Lessing', *Lessing Yearbook* V (1973), 82– 106.

Hillen, Gerd, *Lessing Chronik*. (Munich: Hanser, 1979).

Lamport, F.J., *Lessing and the Drama*. (Oxford: Clarendon Press, 1981).

Michelsen, Peter, 'Zu Lessings Ansichten über das Trauerspiel im Briefwechsel mit Mendelssohn und Nicolai', in *Deutsche Vierteljahrschrift fur Literaturwissenschaft und Geistesgeschichte* 40 (1966), 548– 66.

——*Der unruhige Bürger: Studien zu Lessing und zur Literatur des achtzehnten Jahrhunderts*. (Würzburg: Königshausen & Neumann, 1990).

Nisbet, H. B., 'Lessing's Ethics', *Lessing Yearbook* XXV (1993), 1– 40.

Rehm, Walter, 'Winckelmann und Lessing', in *Götterstille und Göttersprache*. (Salzburg: Bergland 1951), pp. 183– 201.

Rilla, Paul, *Lessing und sein Zeitalter*. (Berlin: Aufbau Verlag, 1969).

Robertson, J. G., 'Notes on Lessing's Beyträge zur Historie und Aufnahme des Theaters', *Modern Language Review* 8 (1913), 511– 32 and (1914), 213– 22.

Savile, Anthony, *Aeshetic Reconstructions: The Seminal Writings of Lessing, Kant and Schiller*. Aristotelian Society Series, vol. 8. (Oxford: Blackwell,

1987）.

Schings, Hans-Jürgen, *Der mitleidigste Mensch ist der beste Mensch: Poetik des Mitleids von Lessing bis Büchner*. (Munich: Beck, 1980）.

Sime, James, *Lessing*, 2 vols. (Leipzig: Brockhaus, 1878）.

Wellbery, David, *Lessings Laocoon*. (Cambridge: Cambridge University Press, 1984）.

门德尔松

Altmann, Alexander, *Moses Mendelssohns Frühschriften zur Metaphysik*. (Tübingen: Mohr, 1969）.

Arkush, Allan, *Moses Mendelssohn and the Enlightenment*. (Albany: Suny Press, 1994）.

Hinske, Norbert, (ed.), *Ich handle mit Vernunft: Moses Mendelssohn und die europäische Aufklärung*. (Hamburg: Meiner, 1981）.

Schoeps, Julius, *Moses Mendelssohn*. (Königsstein: Athenäum, 1979）.

Sorkin, David, *Moses Mendelssohn*. (London: Halban, 1996）.

温克尔曼

Baumecker, Gottfried, *Winckelmann in seinen Dresdner Schriften*. (Berlin: Junker and Dünnhapt, 1933）.

Bieber, Margaret, *Laocoon*. (New York: Columbia, 1942）.

Bosshard, Walter, *Winckelmann: Aesthetik der Mitte*. (Zurich: Artemis Verlag, 1960）.

Gaehtgens, Thomas, ed., *Johann Joachim Winckelmann 1717– 1768*. Studien zum Achtzehnten Jahrhundert, Band 7. (Hamburg: Meiner, 1986）.

Hatfield, Henry, *Winckelmann and his German Critics, 1755– 1781*. (New

291

York: Columbia University Press, 1943）.

Justi, Carl, *Winckelmann und seine Zeitgenossen*, 3 vols.（Köln: Phaidon Verlag, 1956）.

Kreuzer, Ingrid, *Studien zu Winckelmanns Aesthetik.*（Berlin: Akademie Verlag, 1959）.

Kunze, Max, *Johann Joachim Winckelmann: Neue Forschungen.* Schriften der Winckelman-Gesellschaft Band 11.（Stendal: Winckelmann Gesellschaft, 1990）.

Leppmann, Wolfgang, *J. J. Winckelmann.*（London: Gollanz, 1971）.

Mayer, Heinrich, 'Winckelmanns Tod und die Enthüllung des Doppellebens', in *Außenseiter.*（Frankfurt: Suhrkamp, 1975）, pp. 198– 206.

Morrison, Jeffrey, *Winckelmann and the Notion of Aesthetic Education.*（Oxford: Clarendon Press, 1996）.

Nisbet, H.B., 'Laocöon in Germany: The Reception of the group since Winckelmann', *Oxford German Studies* 10（1979）, 22– 63.

Pater, Walter, 'Winckelmann', in *The Renaissance.*（New York: Random House, 1957）, pp. 147– 93.

Potts, Alex, *Flesch and the Ideal: Winckelmann and the Origins of Art History.*（New York: Yale University Press, 1994）.

Schulz, Arthur, *Winckelmann und seine Welt.*（Berlin: Akademie Verlag, 1962）.

Seeba, Heinrich, 'Winckelmann: Zwischen Reichshistorik und Kunstgeschichte', in *Aufklärung und Geschichte*, eds. Hans Erich Bödeker, et.al.（Göttingen: Vandenhoecke & Ruprecht 1986）, pp.299– 323.

沃尔夫

Arndt, H.W., 'Rationalismus und Empirismus in der Erkenntnislehre Christian Wolffs', in *Christian Wolff 1679– 1754*, ed. Werner Schneiders. (Hamburg: Meiner,1983), pp.31– 47.

Arnsperger, Walther, *Christian Wolffs Verhaltnis zu Leibniz*. (Weimar: Felber, 1897).

Birke, Joachim, *Christian Wolffs Metaphysik und die Zeitgenöissche Literatur- und Musik- theorie: Gottsched, Scheibe, Mizler*. (Berlin: de Gruyter, 1966).

Burns, John, *Dynamism in the Cosmology of Christian Wolff*. (New York: ExpositionPress, 1966).

Corr, Charles, 'Certitude and Utility in the Philosophy of Christian Wolff ', *The Southwestern Journal of Philosophy* I (1970), 133– 42.

—— 'Christian Wolff and Leibniz', *Journal of the History of Ideas* 36 (1975), 241– 62.

—— 'Chistian Wolffs Treatment of Scientific Discovery', *Journal of the History of Philosophy* 10 (1972), 323– 34.

École, Jean, *La metaphysique de Christian Wolff, in Wolff: Gesammelte Werke*. Abteilung III: materialien und Dokumente. Band 12.1 (Hildesheim: Olms, 1990).

Kohlmeyer, Ernst, *Kosmos und Kosmonomie bei Christian Wolff*. (Göttingen: Vanden- hoeck & Ruprecht, 1911).

Schneiders, Werner (ed.), Christian Wolff 1679– 1754. (Hamburg: Meiner, 1983).

Tonelli, Giorgio, 'Der Streit über die mathematische Methode in der Philosophie in der ersten Hälfte des 18. Jahrhunderts und die Entstehung von Kans

292

Schrift über die Deutlichkeit', *Archiv für Geschichte der Philosophie* 9（1959），
37–66.

Vleeschauwer, H.J., 'La Genèse de la Méthode Mathématique de Wolff'，
Revue Belge de
Philologie et d'Histoire* 11（1932），651–77.

索　引

本索引是根据英文版索引编制的，页码是英文版原书页码（即本书边码）。

B